Heide Liebmann – Die Magie der unternehmerischen Persönlichkeit

Heide Liebmann

Die Magie der unternehmerischen Persönlichkeit

Wie Trainer und Coachs auf allen Ebenen erfolgreich werden

managerSeminare Verlags GmbH – Edition Training aktuell

Heide Liebmann
Die Magie der unternehmerischen Persönlichkeit
Wie Trainer und Coachs auf allen Ebenen erfolgreich werden

Endenicher Str. 41, D-53115 Bonn
Tel: 0228-977910, Fax: 0228-9779199
info@managerseminare.de
www.managerseminare.de/shop

Printed in Germany

ISBN: 978-3-95891-010-2

Herausgeber der Edition Training aktuell:
Ralf Muskatewitz, Jürgen Graf, Nicole Bußmann

Lektorat: Vera Sleeking
Cover: depositphotos©panxunbin
Druck: Kösel GmbH und Co. KG, Krugzell

Inhaltsverzeichnis

Vom Nasenfaktor-Coach zur Potenzialdetektivin

Um zu verstehen, was mich dazu motiviert hat, dieses Buch zu schreiben, lade ich Sie ein, mir ein Stück auf meiner „Unternehmer-Timeline" zu folgen.

Ich bin inzwischen seit 13 Jahren selbstständig – und erst seit relativ kurzer Zeit, seit ca. 4 Jahren, begreife ich mich ernsthaft als Unternehmerin. Über den Unterschied zwischen diesen beiden Formen des Arbeitens außerhalb eines Angestelltenverhältnisses wurde schon viel gesagt. Für mich macht er sich daran fest, dass ich als *Selbstständige* immer nur meine Zeit verkaufen kann und daher irgendwann Grenzen erreicht sind: der eigenen Leistungsfähigkeit, der möglichen Erträge, und nicht zuletzt des eigenen Selbstbilds. Viele Coachs und Trainer, die als sogenannte „Einzelkämpfer" unterwegs sind, verharren lange in diesem Bereich. Sie arbeiten zwar sehr viel, aber letztlich immer in der gleichen Rolle, und irgendwann stagniert die Entwicklung, es geht einfach nicht weiter. Oder es sind sogar Rückschritte zu verzeichnen, weil bisher bewährte Angebote oder Strategien plötzlich nicht mehr funktionieren.

Als *Unternehmerin* hingegen arbeite ich nur in begrenztem Umfang in meinem Unternehmen. Stattdessen investiere ich Zeit und Energie in die Frage, wie ich es schaffen kann, unabhängig von dem mir zur Verfügung stehenden Zeit- und Arbeitspotenzial Umsätze zu generieren. Das bedeutet, ich arbeite an meinem Unternehmen, um es in einer Weise zu entwickeln, dass es bis zu einem gewissen Grad auch unabhängig von mir existieren könnte.

Meine ganz persönliche Magie der unternehmerischen Persönlichkeit hat sich erst nach und nach entfaltet. Vielleicht brauchte es auch einige meiner „Irrungen und Wirrungen", damit sich mein Selbstbild als Unternehmerin entwickeln konnte. Begleiten Sie mich zu Beginn dieses Buches also auf meiner Reise in die Selbstständigkeit und schlüpfen Sie gedanklich mit mir in die jeweiligen Schuhe, die für mich die unterschiedlichen Phasen meiner unternehmerischen Tätigkeit symbolisieren.

Der Ruf zur Selbstverwirklichung

Ich bin in die Selbstständigkeit mit einem hohen Maß an Blauäugigkeit und Naivität geschlittert, was ich nicht unbedingt zur Nachahmung empfehlen würde. Aber die Magie des Anfangs, die Unbeschwertheit, das lässige „Schau'n mer mal" – das gibt es in dieser Form vielleicht wirklich nur ganz am Anfang. Dafür stehen die Flipflops in meiner Welt.

Man spürt den Impuls zur Veränderung, entweder von innen oder von außen. In meinem Fall nahte das Ende meines Arbeitsverhältnisses in einem großen Telekommunikationskonzern, wo ich für die Öffentlichkeitsarbeit sowie die interne Kommunikation eines Teilbereichs zuständig gewesen war. Gleichzeitig wurde mir immer klarer, dass die Hierarchien eines Konzerns nicht meinem Selbstverständnis entsprachen. Ich wollte freier arbeiten, eigene Entscheidungen treffen, nicht ständig andere um Erlaubnis bitten müssen! Die Selbstständigkeit schien da die vielversprechendste Lösung.

Meine bestimmende Motivation in dieser ersten Zeit war ganz klar Selbstverwirklichung. Ich wollte endlich das tun, was mir wirklich entspricht, mich ausprobieren, meinen eigenen Weg finden. Welche Konsequenzen das tatsächlich haben würde, habe ich mir wohl nicht wirklich klargemacht. Natürlich hatte ich einen Businessplan erstellt – ohne diesen gab es damals kein Überbrückungsgeld vom Arbeitsamt, das den Start in die Selbstständigkeit erleichtern sollte. Mich mit Zahlen zu beschäftigen, fand ich damals jedoch höchst lästig. Das war doch gar nicht mein Ding! Ich wollte Menschen coachen und trainieren, wollte sie dabei unterstützen, ihren eigenen Weg zu finden. Die ganze Zahlenspielerei fand ich völlig unrealistisch. Woher sollte ich wissen, mit welchen Produkten und Angeboten ich wie viel Umsatz generieren würde? Das interessierte mich alles nur am Rande. Ich werkelte einfach drauflos und warf mich 2003 mit einem klassischen Bauchladen-Angebot in den gerade kollabierten Bildungsmarkt. Dass Selbstverwirklichung nicht so gut funktioniert ohne Selbstverantwortung, war wahrscheinlich eine der härteren Wahrheiten, die ich in dieser ersten Phase lernte.

Erste Hindernisse und ihre Überwindung

Ziehen Sie mit mir die Turnschuhe an für die zweite Phase meines Unternehmerinnendaseins. Allmählich gewann ich besseren Halt in diesem für mich neuen Kontext. Ich blieb immer in Bewegung, war sehr flexibel und probierte ganz viel aus. Selbst gut funktionierende Produkte bzw. Dienstleistungen verwarf ich allerdings schnell wieder, weil anderes doch noch so viel spannender war. Ständig brütete ich neue Ideen aus, fiel auch öfters auf die Nase, stand jedoch auch immer wieder auf. Ich habe ganz viel gelernt in diesen ersten Jahren, und das war auch meine bestimmende Motivation jener Zeit: Kompetenzerweiterung, dazulernen auf allen Ebenen, mich weiterbilden.

Diese Phase dauert in gewisser Weise immer noch an, denn neue Ideen zu entwickeln sowie die Fähigkeit, aus Fehlern zu lernen, sind für die unternehmerische Persönlichkeit überlebenswichtig. Wenn allerdings ausschließlich die Kreativität im Fokus steht und andere unternehmerische Tugenden vernachlässigt werden, wird es schwierig. Dazu später mehr.

Diese ersten paar Jahre waren für mich sehr lehrreich, weil ich mich tatsächlich ausprobierte und verschiedene Richtungen antestete. „Umwege erweitern die Ortskenntnis" war mein Wahlspruch. Es gab da aber in mir immer dieses Gefühl, dass ich mein Potenzial noch nicht ganz lebte, dass da noch etwas in mir darauf wartete, zum Vorschein zu kommen. Nur was das sein sollte – dem kam ich in dieser Zeit noch nicht so ganz auf die Spur, auch wenn ich manchmal schon ganz sicher war, „mein Ding" gefunden zu haben. Meine Freundinnen haben damals sicher oft innerlich mit dem Kopf geschüttelt: Was fällt ihr denn jetzt wieder ein? Schon wieder was Neues? Ich weiß, dass sie zuweilen hin- und hergerissen waren zwischen Bewunderung für meinen Ideenreichtum und Hilflosigkeit gegenüber meinen ständigen Geldsorgen. Denn all meine Unternehmungen in dieser Phase waren zwar spannend, sogar innovativ, brachten mir aber nur so viel Umsatz, dass ich gerade so eben über die Runden kam. Ohne die ein oder andere Geldspritze von wohlmeinenden Freunden und Verwandten hätte ich damals tatsächlich aufgeben müssen. In den ersten fünf Jahren konnte ich mir keinen Urlaub leisten und fühlte mich irgendwann kurz vor dem Burnout.

Dass ich um Hilfe und Unterstützung bitten musste, war eine teilweise bittere, teilweise aber auch bereichernde Erfahrung. Ich durfte mich verabschieden von der Idee, ausnahmslos alles ganz allein stemmen zu müssen.

Image-Refresh als Vordenkerin

Nach circa vier Jahren kam eine Phase der Konsolidierung, und ich schlüpfte, bildlich gesprochen, in die Pumps. Mein Auftreten professionalisierte sich, ich arbeitete an meinem Image und meiner Außenpräsentation. Ich begab mich auch in neue Kontexte, erhielt größere Aufträge, meine Honorare stiegen.

Ich schaute mir an, was erfolgreiche Kolleginnen und Kollegen anders machten und mir wurde klar, dass die richtige Positionierung ein ganz entscheidender Erfolgsfaktor war. Daher fing ich an, mich intensiv damit zu beschäftigen, wie Coachs, Trainer und Berater ihren Markt identifizieren und sich dort erfolgreich aufstellen. Besonderes Augenmerk legte ich dabei auf die Persönlichkeit des Solo-Selbstständigen. Mir erschien logisch, dass jemand, der allein für sein Unternehmen steht, sich weniger durch seine Kompetenz vom Wettbewerb abhebt. Viel herausstechender ist seine ganz eigene und unverwechselbare Weise, sein Wissen zu vermitteln, die sich aus seinem Charakter und seinen ganz spezifischen Fähigkeiten speist.

Diesen Wissensvorsprung zum Thema Positionierung nutzte ich, um ein ganz eigenes Angebot zu kreieren: Ich positionierte mich mutig als „Vordenkerin für authentisches Marketing“, denn das war damals noch ein ziemlich neuer Ansatz. Zunächst entwickelte ich einen Online-Workshop, mit dem ich eine Vielzahl von Coachs und Trainern dabei unterstützte, sich an ihrem Markt besser zu positionieren. Auf diesem Workshop basierte dann auch mein Ratgeber „Der Nasenfaktor – Wie Berater sich unverwechselbar positionieren“, der 2007 erschien. In der Folge kannten mich zunehmend mehr Menschen aus meiner Wunschzielgruppe als den „Positionierungscoach mit dem Nasenfaktor“ – ein großer Erfolg für mich, der mein Image bis heute nachhaltig bestimmt. Erfolg war auch die bestimmende Motivation dieser Phase. Nun wollte ich auch wirklich als Unternehmerin reüssieren, doch es lag noch ein weiter Weg vor mir …

Raus aus den Konventionen

Wenn man als Frau auffallen möchte, zieht man sich gerne High Heels an. Diese stehen in meiner Geschichte für eine Zeit, in der ich sehr viel unternommen habe, um Aufmerksamkeit zu erzeugen. Ich hatte mehr Mut, mich zu zeigen, befreite mich zunehmend von Konventionen, denen ich anfangs doch immer noch gefolgt war. Das zeigte sich schon darin, dass ich selbstbewusster dazu stand, meinem eigenen Kleidungsstil zu folgen: meist Jeans in Kombination mit hochwertigen Shirts und Jacken statt dem klassischen Businessoutfit. Ich wollte mich auch äußerlich nicht mehr Rahmenbedingungen unterordnen, die mir im wahrsten Sinnes des Wortes nicht mehr passten.

Darüber hinaus veranstaltete ich als eine der ersten Businessbloggerinnen schon 2008 eine Blogparade zum Thema Wunschkunden. Heute ist das kein großes Ding mehr, denn viele Coachs und Berater betreiben mittlerweile ihr eigenes Blog. Ich darf aber schon behaupten, zu den Ersten zu gehören, die mit dem Bloggen angefangen haben, um höhere Bekanntheit zu erzielen und dazu Blogparaden erfolgreich einsetzten. Langsam wurde mir ein weiterer Antrieb klar: Ich wollte gerne Vorbild sein für andere und durch meine eigene Geschichte zeigen, was tatsächlich möglich ist, wenn man sich seinen Ängsten stellt und sich auf den Weg macht. Mein neuer Leitspruch wurde „Wo die Angst ist, da geht's lang". Meine Adventsaktionen, die ich einige Jahre betrieb, brachten mir viel Aufmerksamkeit. Ich eroberte mir meinen Platz in einem noch immer recht umkämpften Markt und erhielt viel Anerkennung von verschiedenen Seiten. Das tat und tut gut, doch es reichte mir noch immer nicht.

Aufbruch zu neuen Ufern

Ich hatte nun schon einige Jahre Erfahrung als Coach und Beraterin, im Großen und Ganzen funktionierte das Geschäftsmodell, aber große Sprünge waren immer noch nicht möglich, und ich bekam langsam, aber sicher ein Gefühl von Stagnation. Ich hatte mir über die Jahre bereits eine gewisse „Fangemeinde" geschaffen – Menschen, die meine Ideen und Impulse schätzten und mir auf vielen Ebenen Unterstützung schenkten: indem sie mich weiterempfahlen, selbst an Coachings und Veranstaltungen teilnahmen, Ankündigungen meiner Termine in ihren sozialen Netzwerken teilten oder mir wertvolle Kontakte vermittelten. Ich wusste, dass ich mit meinen Positionierungscoachings gute Arbeit leistete, doch mir fehlte zunehmend die Motivation. Das machte sich auch an den Umsätzen bemerkbar. Irgendetwas musste sich ändern.

2012 nahm ich mir daher eine dreimonatige Auszeit. In der Zeit arbeitete ich zwar weiterhin mit einigen wenigen Kunden, aber vor allem lebte ich am Meer in der Türkei und war in der Gästebetreuung eines Seminarcenters tätig. So schön diese Zeit war – für mein Business schien das zunächst kaum eine gute Idee gewesen zu sein. Da ich während meines Auslandsaufenthalts so gut wie keine Zeit in Marketing und Akquise investiert hatte, stand ich nach meiner Rückkehr praktisch wieder auf null. Der Wiedereinstieg war mühsam und zäh, denn noch immer fehlte mir eine echte neue Perspektive.

Doch ich hatte eine wertvolle neue Erfahrung gemacht: Ich war mit meinem Business im Grunde ortsunabhängig! Das hatte ich bei diesem ersten längeren Auslandsaufenthalt noch nicht konsequent ausgeschöpft, aber grundsätzlich erkannte ich plötzlich die Möglichkeiten. Im darauffolgenden Jahr entschied ich mich, wieder einige Zeit in der Türkei zu verbringen, diesmal jedoch unter anderen Voraussetzungen. Ich nahm mir ein Zimmer mit WLAN, bot im Seminarcenter Coachings an und forcierte meine Online-Angebote weiter.

Darüber hinaus erkannte ich, dass Positionierung und Marketing zwar einen Eckpfeiler meiner Arbeit ausmachten, aber nicht den Kern. Meine eigentliche Berufung ist es, Menschen in ihr Potenzial zu führen, sie erkennen zu lassen, welche Möglichkeiten ihnen tatsächlich offenstehen, und ihnen Mut zu machen, ihren ganz eigenen Weg zu gehen. In der Türkei fand ich zu meiner tiefsten Motivation zurück, und das gab mir die notwendige Energie für einige Veränderungen.

Seit 2014 firmiere ich als Potenzialdetektivin. Unter diesem Dach biete ich nach wie vor Positionierungscoachings an, aber der Schwerpunkt hat sich verschoben hin zu tieferer und nachhaltiger Arbeit an der Persönlichkeit, insbesondere, jedoch nicht ausschließlich, von Unternehmerinnen und Unternehmern.

Heute trage ich bunt bestickte Stiefel, die alle vier bisherigen Phasen vereinen:

- Sie sind verspielt und trotzdem weiblich, und sie bilden meine Lust an bunter Vielfalt ab.
- Sie sind bequem und geben mir guten Halt.
- Sie sind aus hochwertigen Materialien hergestellt und lassen sich auch im Businesskontext tragen.
- Sie sind „Hingucker", mit denen ich durchaus auffalle.

Man könnte im übertragenen Sinne sagen, dass ich meine Schuhe je nach Anlass und Kontext wechsle: Ich lasse die verspielte Anfängerin mit dem Kindheitsgeist ans Steuer, wenn es um neue Ideen geht. Wenn ich etwas ausprobieren oder neu lernen will, sind die Turnschuhe dran. Will ich besonders seriös wirken, können die Pumps helfen, und wenn es darum geht, dass man mich bemerkt, müssen es eben auch mal die High Heels sein. Kurz: Ich habe die verschiedenen Anteile integriert und kann wählen, welcher wann angemessen ist. Das macht für mich einen großen Teil der unternehmerischen Persönlichkeit aus: eine Klarheit über die verschiedenen Rollen, die ich innehabe, und die Möglichkeit, flexibel zu entscheiden, wie ich damit umgehe und sie gezielt einsetzen kann.

Vielleicht gibt es in Ihrer eigenen unternehmerischen Entwicklung Parallelen zu den von mir geschilderten Stationen, vielleicht haben Sie eher Wanderschuhe getragen oder fühlen sich in maßgefertigten Lederschuhen am wohlsten. Auf jeden Fall haben Sie wahrscheinlich erkannt, dass Sie an bestimmten Aspekten Ihrer unternehmerischen Persönlichkeit arbeiten wollen, um Ihr volles Potenzial entfalten zu können. Für Sie habe ich dieses Buch geschrieben, denn ich glaube, dass es grundsätzlich möglich ist, bestimmte, bisher eher unterentwickelte Aspekte strukturiert und systematisch auszubilden. Das Ziel sollte sein, voller Energie das eigene Business als Coach, als Trainer oder als Beraterin nach vorn zu bringen.
Mir liegt daran, dass Sie die Freude am unternehmerischen Dasein (neu) entdecken und erkennen, dass Sie nur wenige Schritte davon entfernt sind, den Erfolg zu erzielen, von dem Sie möglicherweise schon immer geträumt haben.

> Selbstständigkeit ist ein durchlaufender Lernprozess.
> *Carola Heine, Online-Marketing Professional*

Menschen sind selten zum Unternehmer geboren. Viele von uns kommen nicht unbedingt aus Unternehmerfamilien, und wir haben daher wenig Vorbilder, an denen wir uns orientieren könnten. Hinzu kommt, dass wir zuweilen störende Bilder und Annahmen im Kopf haben, was den Begriff „Unternehmer" bzw. „Unternehmerin" betrifft. Es wird Zeit, sich davon zu verabschieden und zu begreifen, dass wir es in der Hand haben, diesen Begriff mit Leben zu füllen – so, wie es zu uns und unserer Arbeit passt.

Dieses Buch wird Ihnen dazu die nötigen Impulse vermitteln und Hilfestellungen geben. Große Entwicklungsschritte erfordern oft aber auch, dass wir die Außenperspektive zulassen. Denn blinde Flecken haben die fatale Eigenschaft, für das eigene Auge unsichtbar zu bleiben. Ambitionierte Coachs, Trainer und Berater suchen sich daher qualifizierte Unterstützung auf ihrem unternehmerischen Weg, sei es in Form von Mentoren, in Erfolgsteams mit kollegialer Intervision oder in der intensiven Arbeit mit dem eigenen Coach. Als Coach wissen Sie ja, welche Prozesse durch ein gutes und zielführendes Coaching angestoßen werden können, wie bei einem Entwicklungsbeschleuniger. Ich bin davon überzeugt, dass Unternehmerinnen und Unternehmer eine einzigartige Möglichkeit haben, mit der Art, wie sie ihr Leben führen, positiven Einfluss auf die Gesamtgesellschaft zu nehmen. Wir haben die Chance, durch unser Beispiel zu einem Bewusstseinswandel beizutragen, und ich wünsche mir, dass noch viel mehr Kolleginnen und Kollegen erkennen, dass ihre Arbeit weit mehr sein kann als nur persönliche Selbstverwirklichung und Bedürfnisbefriedigung.

Die Arbeit an diesem Buch hat mir noch einmal sehr deutlich gemacht, welche Entwicklungsschritte ich selbst bereits gegangen bin. In den letzten neun Monaten habe ich mich intensiv konfrontiert mit meinen eigenen Erfahrungen, meinen Fehlern und Unterlassungssünden, und ich habe versucht, die Lehren und Erkenntnisse, die ich daraus gewonnen habe, für Sie in eine pragmatische und umsetzbare Form zu bringen. Ehrlich gesagt war ich nicht darauf gefasst, wie viel sich dadurch bei mir noch einmal bewegt hat, und das war mitunter sehr fordernd und anstrengend. Doch während ich damit beschäftigt war, konnte ich in gleichem Maß wahrnehmen, was bereits alles hinter mir liegt – und welche Perspektiven ich mir aus eigener Kraft geschaffen habe. Ich durfte erkennen, dass ich inzwischen viel größer denke, mehr wage in unternehmerischer Hinsicht, und tatsächlich ein anderes Selbstverständnis gewonnen habe. Vielleicht zeigt Ihnen die Beschäftigung mit den Themen in diesem Buch, dass auch Sie größer denken sollten – nicht nur, was Ihre Projekte und Umsätze betrifft, sondern auch, was Ihren Impact ausmacht in dieser Welt. Es ist an der Zeit, dass Ihre unternehmerische Persönlichkeit als Coach, als Trainerin oder als Berater flügge wird und abhebt zu neuen Höhenflügen. Es ist an der Zeit, dass Sie entdecken, wie erfüllend und beglückend es sein kann, unternehmerisch zu agieren.

Danke, dass ich Sie dabei begleiten darf.
Ihre Heide Liebmann

> Es hat ein paar Jahre gedauert, bis wir gelernt haben, Scheitern gehört zum Geschäft. Was wir daraus gelernt haben? Hinfallen, Schmerzen haben, den Stolperstein anschauen, ihn aus dem Weg räumen, aufstehen, Hose abklopfen und weitermachen. Das hat sich bei uns bewährt. Aufgeben ist für uns nie in Frage gekommen. Daher haben wir immer nur nach vorne geschaut. Als der Knoten geplatzt war, hat das Druck rausgenommen. Wir haben dann überlegt, wie wir günstiger scheitern können, sprich: beim Scheitern nicht mehr so viel Geld und/oder Zeit verlieren. Das hat dazu geführt, dass wir neue Ideen strategischer angegangen sind. Und das führte letztlich irgendwann dazu, dass wir uns mit dem Thema Innovationsmanagement auseinandergesetzt und in dem Bereich eine Ausbildung gemacht haben. Seit der Zeit scheitern wir signifikant weniger und wenn wir scheitern, dann in einem deutlich kleinerem Rahmen. Ich glaube sogar, dass wir das heute gar nicht mehr wirklich als Scheitern wahrnehmen, sondern nur noch als Adaption an eine Situation, die wir anders eingeschätzt hatten.
>
> *Melanie Vogel, Change-Management-Expertin*

Was Sie in diesem Buch finden

Es sind sehr vielseitige Facetten, die eine unternehmerische Persönlichkeit ausmachen. In diesem Buch sind die einzelnen Facetten kapitelweise vier verschiedenen Hauptfeldern zugeordnet, sogenannten „Mosaiksteinen", aus denen sich die unternehmerische Persönlichkeit zusammensetzt und die im ersten Kapitel auf S. 21 ff. vorgestellt werden.

Sie werden sehr schnell erkennen, innerhalb von welchem der vier Mosaiksteine bei Ihnen ganz persönlich noch „Luft nach oben" ist. Gleichzeitig werden Sie sehen, dass Sie bei einigen Punkten schon viel erreicht haben. Ihre Aufgabe als unternehmerische Persönlichkeit ist es, zwischen den verschiedenen Bereichen eine möglichst große Balance herzustellen, damit Sie für alle Aufgaben gewappnet sind, die Ihnen in Ihrem Alltag begegnen. Sie können sich also den Abschnitten dieses Buches, bei denen Sie den größten Handlungsbedarf erkennen, ganz gezielt widmen. Im lebendigen Zusammenspiel zwischen den vier Mosaiksteinen kommt es dann tatsächlich zu so etwas wie „magischen" Effekten: Denn wenn Sie sich einem Thema besonders intensiv widmen, kann sich das ganz unmittelbar auf die anderen Bereiche auswirken und auch hier ungeahnte Folgen haben.

Wenn Sie nach einem bestimmten Thema suchen, können Sie dazu das Stichwortverzeichnis auf S. 285 sowie die Inhaltsübersichten zu Beginn eines jeden Kapitels zu Rate ziehen.

Um festzustellen, wo Sie selber stehen, machen Sie nach der Lektüre des einführenden Kapitels, in dem die Struktur dieses Buches erläutert wird, am besten direkt mit dem ersten Mosaikstein weiter. Dieser erste Mosaikstein beschäftigt sich mit dem Aspekt der Persönlichkeit. Dort ziehen wir Bilanz und überprüfen, wo Ihre Wachstumspotenziale am größten sind, sprich: woran Sie vermutlich am meisten arbeiten müssen. Von dort ausgehend können Sie dann die

Abschnitte bearbeiten, von denen Sie wahrscheinlich stark profitieren können. Manche davon ergänzen sich gut oder bauen aufeinander auf. Sie finden in jedem Abschnitt entsprechende Hinweise.

Mit Denkfragen, kreativen Impulsen und interessanten Aufgaben können Sie sich zu jeder Fragestellung mögliche alternative Handlungen und Lösungsmöglichkeiten erarbeiten, um so Ihr unternehmerisches Selbstbild nach und nach zu verändern und Ihr tatsächliches Potenzial auszuschöpfen. Ein Tipp: Stellen Sie sich darauf ein, Ihre Erkenntnisse dabei festzuhalten, sodass Sie auch später wieder Zugriff darauf haben. Also entweder in einer Datei auf Ihrem Rechner oder vielleicht in einer Kladde, die Sie für die Arbeit mit diesem Buch anlegen.

Ein Buch spricht natürlich überwiegend unsere mentalen und kognitiven Fähigkeiten an. Daher finden Sie hier viele Übungen, die Sie schriftlich bearbeiten können. Die hier gezeigten Arbeitsblätter stehen Ihnen auch zum Herunterladen zur Verfügung. Die Downloadressourcen sind mit einem Pfeilsymbol versehen, den entsprechenden Link finden Sie in der inneren Umschlagklappe.

Zuweilen bitte ich Sie aber auch, etwas anderes auszuprobieren und mit vielleicht eher ungewohnten Methoden zu experimentieren. Das kann die Erstellung einer Collage sein, ein Wahrnehmungsspaziergang oder eine kurze Meditation. Meine Bitte an Sie: Gerade dann, wenn Sie einen Widerstand spüren, können Sie von solchen Impulsen am meisten profitieren. Wer immer nur dieselben Lösungspfade beschreitet, wird selten zu neuen Erkenntnissen kommen. Lassen Sie Ihren inneren Kritiker daher ab und zu mal außen vor und geben Sie sich die Erlaubnis, etwas Neues auszuprobieren.

Zusätzliche wertvolle Perspektiven und Eindrücke eröffnen die Interviewausschnitte, die jedes Kapitel ergänzen und die die dort behandelten Bereiche besonders beleuchten. Die Unternehmerinnen und Unternehmer, die ich für dieses Buch interviewt habe, werden auf S. 280 f. vorgestellt. Sie sind als Trainer, Coachs oder Berater an ihrem Markt sehr erfolgreich – lernen Sie auch aus ihren Erfahrungen und lassen Sie sich inspirieren.

Last but not least: Dieses Buch schließt selbstverständlich alle Geschlechter ein. Um dies zu verdeutlichen, wurde in der Einzahl abwechselnd auch die weibliche Form verwendet.

Kapitel 1

Die vier Mosaiksteine der unternehmerischen Persönlichkeit

Die vier Mosaiksteine der unternehmerischen Persönlichkeit

Schnellfinder 1. Kapitel

Vier Mosaiksteine, die zusammen ein Ganzes bilden

- *Ich müsste endlich mal …*
- *Wenn ich dies oder jenes anpacken würde, dann …*
- *Eigentlich sollte ich mich dringend mal mit … beschäftigen …*

Bestimmt sind Ihnen solche oder ähnliche Gedanken vertraut. Immer wieder finden wir uns in Situationen, in denen wir spüren, dass es etwas gibt, dem wir nicht ausreichend Aufmerksamkeit schenken. Das gilt im privaten Leben, aber noch viel mehr in Bezug auf die Selbstständigkeit. Meist denken wir solche Sätze bei Themen, die uns im Grunde eher unangenehm sind – und deshalb schieben wir sie dann auch möglichst schnell wieder weg. Wir sind zudem oft gut darin, Ausreden dafür zu finden, warum wir uns gerade jetzt wirklich nicht mit diesem oder jenem Thema beschäftigen können, obwohl wir natürlich einsehen, dass es „eigentlich" wichtig wäre. Oder wir machen uns vor, wir sollten uns besser nur auf unsere Kernkompetenzen besinnen. Diesen im Grunde richtigen Rat interpretieren wir dann gerne so, dass wir uns mit den für uns schwierigen Aspekten unserer unternehmerischen Tätigkeit gar nicht auseinandersetzen müssen, weil uns das ja nur ablenken würde. Der Mensch ist ein Wunder im Verdrängen, und Coachs, Trainer und Berater unterscheiden sich da nicht vom Rest der Welt.

Manchmal hindert uns dieses Durcheinander im Kopf leider daran, die nötigen Schritte zu gehen. Wir wissen einfach nicht, wo wir anfangen sollen, weil es scheinbar so viele unterschiedliche Themen sind, die wir anpacken müssten. Unsere Schultern sacken entmutigt nach unten, noch bevor wir überhaupt angefangen haben. Doch die Entscheidung, ob Sie Ihre bisherige Strategie ändern wollen, liegt bei Ihnen. Und ist es nicht großartig, dass Sie die Möglichkeit haben, diese Entscheidung bewusst zu treffen und damit neue Räume zu erobern? Bestimmt haben Sie in Ihrem Leben schon mehrfach die Erfahrung machen können, dass eine klare innere Ausrichtung sehr viel bewirken kann.

Welche Entscheidungen wurden getroffen?

Nehmen Sie sich einen Moment Zeit und notieren Sie mindestens zehn solcher Erfahrungen aus Ihrem Leben, ganz egal ob aus dem privaten oder beruflichen Bereich. Welche Ihrer Entscheidungen haben dazu geführt, dass Sie in einen Flow gekommen sind? Wann ging plötzlich alles ganz einfach und fast wie von selbst?

Wenn Sie Ihre Liste nun betrachten, wissen Sie, dass Ihre Entscheidung immer den Ausschlag dafür gegeben hat, dass sich Dinge in Ihrem Leben positiv verändert haben. Da Sie Ihre Entscheidung für eine Änderung Ihrer bisherigen Herangehensweise nun mit einem guten Gefühl getroffen haben, gehen wir als Nächstes daran, das Durcheinander in Ihrem Kopf und die daraus zuweilen resultierende Verwirrung etwas auseinanderzudröseln. Eine gewisse Struktur kann dabei sehr hilfreich sein, und wer einen Faden hat, an dem er sich entlanghangeln kann, um den Weg aus dem Labyrinth zu finden, erhöht die Erfolgswahrscheinlichkeit.

Orientierung über Entwicklungspotenziale

Diesen „Ariadnefaden" lernen Sie nun kennen, in Form eines Modells, das die Entwicklung der unternehmerischen Persönlichkeit strukturiert. Es ist das Modell der vier Mosaiksteine, welches die ausschlaggebenden Aspekte für die Entwicklung einer unternehmerischen Persönlichkeit abdeckt, bezogen insbesondere auf die Situation von Coachs, Trainern und Beratern. Es ermöglicht Ihnen, Ihre Entwicklungspotenziale auf einen Blick zu erkennen. So identifizieren Sie schnell, woran Sie vordringlich arbeiten sollten.

Vier Bereiche formen die unternehmerische Persönlichkeit

Dabei folgt das Modell der Erkenntnis, dass die unternehmerische Persönlichkeit in den folgenden vier verschiedenen Bereichen gefordert ist:

- **Persönlichkeit**
  Jeder von uns hat ein reiches Innenleben, das unsere Persönlichkeit bestimmt: Unser Selbstwert ist mehr oder weniger stark ausgeprägt und beeinflusst unser aktuelles Selbstbild. Unsere Überzeugungen und Werte steuern bewusst und häufiger noch unbewusst unser Handeln, und wir tragen verschiedene Ängste, Zweifel und Widerstände mit uns herum. Zudem haben wir eine bestimmte Beziehung zu unserem Körper und unserer Gesund-

heit, was sich in unserer Haltung ausdrückt und der Weise, wie wir Selbstfürsorge betreiben. Unsere Intuition macht sich hier und da bemerkbar, und wir vertrauen diesem Bauchgefühl in unterschiedlichem Maß. Und nicht zuletzt sind wir innerlich auf der Suche nach dem, was unserem Leben Sinn gibt, also unserem „Ruf" oder unserer Vision.

- **Rahmenbedingungen**
  Als Coach, als Trainer oder als Beraterin werden wir zum anderen natürlich auch durch unsere Umwelt und die von außen vorgegebenen Rahmenbedingungen beeinflusst, also z.B. durch unseren Markt und die entsprechenden Honorarstrukturen sowie durch unsere jeweilige Zielgruppe und deren spezifische Bedürfnisse. Wir begegnen verschiedenen Machtstrukturen und müssen daher ein Verhältnis zu unserer Selbstmächtigkeit finden. Daneben stoßen wir auf meist eher informelle Regeln und folgen bestimmten Ritualen. Auch gesellschaftliche und geschäftliche Trends gehören in diesen Bereich, der von außen bestimmt ist und messbaren Kriterien folgt, auch wenn das nicht immer sofort offensichtlich ist.

- **Zugehörigkeiten**
  Mit diesen Rahmenbedingungen im Außen stehen wir in Beziehung, das heißt, wir haben bestimmte Zugehörigkeiten, da wir als Individuen immer auch Bestandteil eines Systems sind. Wir sind als Einzelpersönlichkeiten immer auch Teil eines größeren Wir – einerseits „zufällig", zum Beispiel als Mitglied einer bestimmten Nation und Kultur, andererseits aus freier Wahl, wenn es etwa um Netzwerke geht. Hier geht es also um das Unternehmens- oder Organisationssystem, in dem wir uns bewegen, um unsere Familie und unser soziales Umfeld, um Netzwerke, vielleicht Berufsverbände, oder möglicherweise auch eine spirituelle Gemeinschaft, als deren Teil wir uns verstehen. Auch die Frage, welche Rollen wir in welchem System einnehmen, hat hier ihren Platz. Darüber hinaus ist es zuweilen nötig, Trennungen zu vollziehen und Zugehörigkeiten aufzulösen, um uns unternehmerisch weiterzuentwickeln.

- **Außenwirkung**
  Nicht zuletzt wirken wir auch als individuelle unternehmerische Persönlichkeit nach außen. Es kommt also auch auf die Art und Weise an, wie wir von anderen schließlich wahrgenommen

werden. Die Außenwirkung setzt sich aus unterschiedlichen Facetten zusammen: Wir profilieren uns beispielsweise über Ausbildungen und Qualifikationen, über unsere berufliche Praxis und Erfahrung, Referenzen und Zeugnisse, Auszeichnungen usw. Im Vordergrund stehen hier natürlich in erster Linie unsere Produkte und Leistungen, die nach außen sichtbar für unser Angebot stehen und uns von anderen unterscheiden. Wie wir unsere Kommunikation und unser Marketing gestalten, lässt ebenfalls Rückschlüsse auf uns zu. Besonders interessant ist dabei das Spannungsfeld zwischen Image und Realität, in dem wir uns bewegen. Auch die Balance zwischen Geben und Nehmen, die sich beispielsweise in Honorarverhandlungen zeigt, lässt von außen Rückschlüsse auf uns zu und ist daher in diesem Bereich anzusiedeln.

Diese vier Mosaiksteine – Persönlichkeit, Rahmenbedingungen, Zugehörigkeiten und Außenwirkung – helfen dabei, alle Phänomene, die wir als unternehmerische Persönlichkeit erleben und beobachten, zuzuordnen und miteinander in Beziehung zu setzen. Dabei sollte klar sein, dass keiner dieser Bereiche isoliert zu betrachten ist. Das Modell soll nur dabei helfen, bestimmte Aspekte hervorzuheben und von allen Seiten zu untersuchen. In der Realität sind diese vier Felder miteinander verwoben, und es gibt systemische Wechselwirkungen zwischen ihnen. Jedes Steinchen wirkt auf jedes andere ein, positiv wie negativ. Wenn ich also in einem Bereich etwas verändere, wirkt sich das automatisch auch auf die anderen Bereiche aus.

In der Grafik auf der rechten Seite sind die vier Mosaiksteine dargestellt. Sie sind einerseits gekennzeichnet durch eine Innen-Außen-Orientierung, andererseits durch eine Unterscheidung zwischen subjektiven und objektiven Faktoren. Sie können sich diese Grafik als Arbeitsblatt unter den Downloadressourcen zum Buch herunterladen.

Skalieren Sie Ihre Selbsteinschätzung

Wenn Sie jeden Pfeil als eine Skala von null bis zehn verstehen, wobei der Nullpunkt in der Mitte der vier Quadrate liegt, können Sie jeden Bereich skalieren. Kreuzen Sie nun an, wo Sie sich selbst aktuell sehen. Das gibt Ihnen bereits eine erste Idee davon, welchen spezifischen Bereichen Sie Ihre besondere Aufmerksamkeit schenken sollten.

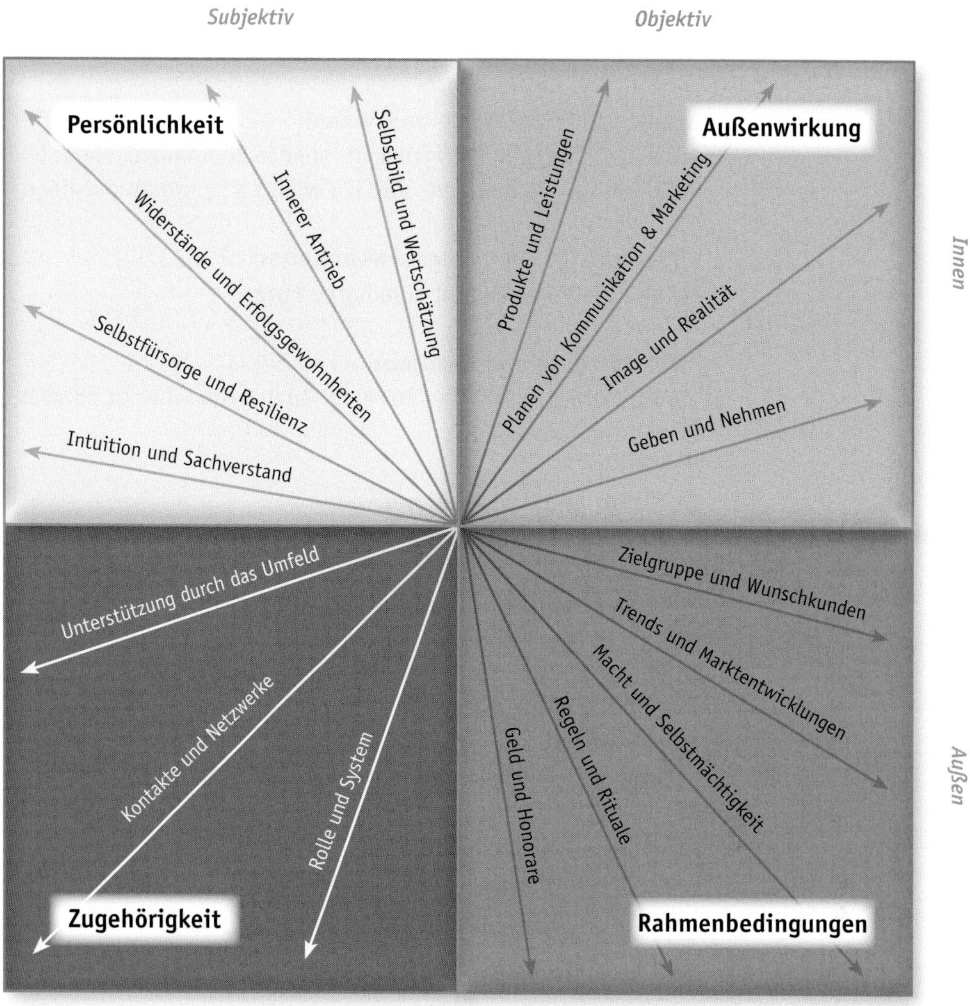

Abb.: Das Mosaik der unternehmerischen Persönlichkeit

Wo liegen Ihre Herausforderungen?

Überlegen Sie nun im nächsten Schritt, wo in jedem der genannten Bereiche Ihre größte Herausforderung liegt. Eine typische Liste könnte beispielsweise aussehen, wie auf der folgenden Seite dargestellt.

Vorbereiteter Selbsttest

Wenn Sie Probleme haben, eine Liste zu erstellen, können Sie stattdessen auch einfach den Selbsttest auf S. 270 durchführen.

- **Selbstbild und Wertschätzung**
  Ich traue mir nicht zu, größer zu denken.

- **Innerer Antrieb, Werte und Vision**
  Ich habe mich schon aufgemacht, aber jetzt stagniert die Entwicklung seit einiger Zeit, und ich weiß nicht, woran das liegt.

- **Widerstände und Erfolgsgewohnheiten**
  Meine Kreativität kommt ständig zu kurz.

- **Selbstfürsorge und Resilienz**
  Ich treibe viel Sport, aber ich kann mich ganz schlecht entspannen.

- **Intuition und Sachverstand**
  Meinem Bauchgefühl kann ich vertrauen. Keine Baustelle.

- **Zielgruppe und Wunschkunden**
  Ich kenne meine Zielgruppe, aber über Wunschkunden weiß ich zu wenig.

- **Trends und Marktentwicklungen**
  Da habe ich gar keinen Plan, wo ich mich informieren könnte.

- **Macht und Selbstmächtigkeit**
  Ich hatte das Problem, dass ich in eine Sandwichposition zwischen Alphatieren geraten bin.

- **Regeln und Rituale**
  In meiner bisherigen Branche kenne ich mich aus, aber was ist mit dem neuen Umfeld?

- **Geld und Honorare**
  Eine einzige Baustelle!

- **Unterstützung durch das Umfeld**
  Mein Umfeld unterstützt mich, hier habe ich keine Probleme.

- **Kontakte und Netzwerke**
  Ich bin zwar online gut vernetzt, nutze das aber zu wenig.

- **Rolle und System**
  So richtig habe ich meine Rolle als Unternehmer/in noch nicht akzeptiert.

- **Produkte und Leistungen**
  Ich habe viele Angebote, aber irgendwie fehlt der rote Faden.

- **Das Planen von Kommunikation und Marketing**
  Ich habe einen großen Newsletterverteiler und bin viel im Social Web unterwegs, aber ich bekomme trotzdem zu wenig verkauft.

- **Image und Realität**
  Ich werde als erfolgreicher wahrgenommen, als ich tatsächlich bin.

- **Geben und Nehmen**
  Ich kann ganz schlecht verhandeln!

Wenn Sie Ihre Liste betrachten, stellen Sie vielleicht – ähnlich wie hier im Beispiel – fest, dass es an vielen Punkten noch nicht perfekt läuft. Wie gut, dass Sie das erkannt haben und sich Ihren Herausforderungen nun stellen werden. Betrachten Sie diese Punkte als Ihre To-do-Liste, mit der Sie sich in nächster Zeit intensiv befassen werden. Das Ziel sollte sein, irgendwann Erfolgssätze hinter Ihren Herausforderungen notieren zu können. In diesem Buch erhalten Sie zu jedem der angesprochenen Bereiche wertvolle Impulse, die Ihnen helfen können, hier und da weitere Schritte zu gehen.

Ihre To-do-Liste als Ausgangspunkt

Die Reihenfolge der Mosaiksteine in diesem Buch

Jedes der Kapitel in diesem Buch ergänzt einen Mosaikstein. Wir schauen uns zunächst den Mosaikstein „Persönlichkeit" an (in der Grafik auf S. 25 das Feld links oben), und vertiefen darin die Aspekte, die Ihre innere Verfassung und Charakterzüge betreffen. Im nächsten Kapitel wenden wir uns mit dem Mosaikstein „Rahmenbedingungen" (Feld rechts unten) den objektiven Gegebenheiten zu, mit denen Sie in Ihrem Leben als Coach, als Trainerin oder als

Berater konfrontiert sind. Es folgt der Mosaikstein „Zugehörigkeit“, in dem wir daran arbeiten, ein unterstützendes Umfeld zu schaffen und auf verschiedene Art und Weise erfolgreich zu netzwerken. Im abschließenden Kapitel geht es dann um Ihre Außenwirkung (der Mosaikstein rechts oben). Dieser Mosaikstein wird bewusst zum Schluss vertieft, denn letztendlich bestimmt sich Ihre Außenwirkung durch das Zusammenspiel der anderen drei Bereiche und die Art und Weise, wie Sie dieses gestalten.

In dem zuerst betrachteten Feld dieses Mosaiks, das sich mit den unterschiedlichen Aspekten Ihrer Persönlichkeit beschäftigt, werden Sie zunächst Bilanz ziehen. Ihre Bilanz bildet die Grundlage für die Auseinandersetzung mit allen weiteren Bereichen. Von dort aus folgen Sie entweder der im Buch vorgeschlagenen Reihenfolge, oder Sie lassen sich von einzelnen Aspekten führen, die Sie besonders ansprechen, und bearbeiten diese ganz gezielt.

Kapitel 2

Mosaikstein Persönlichkeit

Schnellfinder 2. Kapitel

Was macht Sie wirklich aus?

In diesem Kapitel

Das Thema dieses Buches sind alle Aspekte der unternehmerischen Persönlichkeit von Solo-Entrepreneuren, insbesondere von Coachs, Trainern und Beratern. Wir beginnen damit, zunächst zu hinterfragen, was genau Ihre Persönlichkeit auf der subjektiven Ebene eigentlich ausmacht. Wie nehmen Sie sich selbst wahr? Welche Bestandteile gehören zu Ihrem Selbstbild, welchem Ruf folgen Sie, und auf welche Werte und Überzeugungen gründet sich Ihr Selbstverständnis? Auf der anderen Seite schauen wir uns auch die Ängste an und die persönlichen Herausforderungen, vor denen Sie stehen. Sie werden in diesem Buch angeleitet, hier individuelle Lösungswege zu entwickeln. Dazu gehört auch, wie Sie sich neue Gewohnheiten aneignen können, die Sie darin unterstützen, Ihre Ziele zu erreichen. Nicht zuletzt widmen wir uns auch dem Thema Selbstfürsorge und Gesundheit, denn das hat besonders für Einzelunternehmer eine hohe Relevanz. Zum guten Schluss setzen wir uns mit dem Bauchgefühl auseinander und lernen, unsere Intuition gezielt zu trainieren.

Persönlichkeit ist kein starres Konstrukt, sondern eher ein dynamischer Prozess, in dem wir in jedem Moment Veränderungen vornehmen können. Natürlich bringen alle Menschen besondere Talente und Begabungen mit auf die Welt, doch was wir daraus machen, liegt in unserer Hand.

Als Coach, als Trainerin oder als Berater haben Sie sich mit ziemlicher Sicherheit schon öfter damit beschäftigt, was Ihre Stärken ausmacht, und vermutlich erahnen Sie auch viele Ihrer Widerstände und einengenden Glaubenssätze bereits oder haben sich sogar intensiv mit ihnen auseinandergesetzt. Was uns hier interessiert, ist jedoch vor allem, was Ihre Erkenntnisse für Ihr Selbstbild als unternehmerische Persönlichkeit bedeuten, und wie sich dies auswirkt auf Ihr tägliches Handeln.

Oft fehlt die Unternehmerperspektive

Viele Coachs und Trainer erleben sich nämlich nicht als Unternehmerin bzw. Unternehmer. Oft stellen sie sich gar nicht erst die Frage, welche Auswirkungen es für ihr Business haben könnte, wenn sie an ihrem Selbstbild arbeiten würden. Dabei ist es doch im Grunde ziemlich einleuchtend, dass jemand, der ein unternehmerisches Selbstbild hat, wahrscheinlich andere Entscheidungen treffen wird als jemand, der seine Rolle in erster Linie als Coach, als Trainer oder als Beraterin begreift und daher wesentliche Aspekte des Unternehmerdaseins schlicht ausblendet. Könnte es vielleicht an diesem Umstand liegen, dass tatsächlich nur eine überschaubare Anzahl von Trainern, Coachs und Beratern im deutschsprachigen Raum wirklich gute und nachhaltige Umsätze mit den angebotenen Dienstleistungen macht?

Gute Umsätze erfordern unternehmerisches Herangehen

Die Honorar- und Gehaltsstudie, welche die managerSeminare Verlags GmbH 2013 unter Beteiligung von fast 2.300 Weiterbildnern durchgeführt hat, zeigte auf, dass fast jeder zweite selbstständige Bildungsanbieter eher unzufrieden ist mit seiner aktuellen wirtschaftlichen bzw. finanziellen Situation.

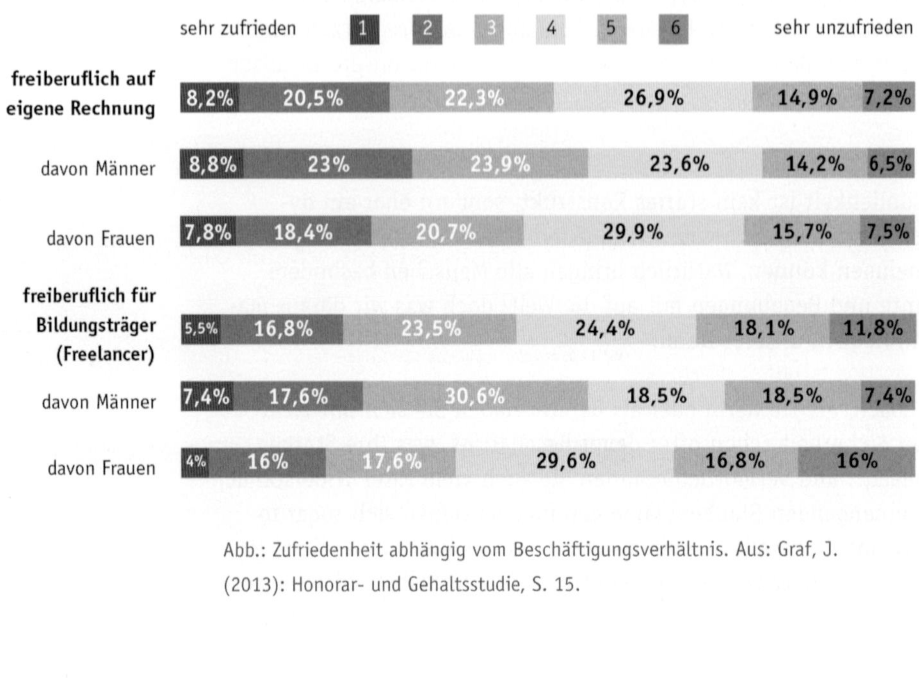

Abb.: Zufriedenheit abhängig vom Beschäftigungsverhältnis. Aus: Graf, J. (2013): Honorar- und Gehaltsstudie, S. 15.

Im gleichen Jahr befragte das Büro für Coaching und Organisationsberatung rund 450 Coachs nach ihrem Bruttojahreseinkommen. Von diesen verfügte ein gutes Viertel lediglich über ein Bruttojahreseinkommen von bis zu EUR 50.000, ein weiteres Viertel immerhin bis zu EUR 75.000 Euro. Knapp 20 Prozent bewegten sich zwischen EUR 75.000 und EUR 100.000. Ca. 23 Prozent kommen noch über diese Marke und haben ein Bruttojahreseinkommen bis zu EUR 200.000. Die Spitzenverdiener setzen sogar noch mehr um. Diese Zahlen klingen zunächst einmal gar nicht so schlecht. Vor dem Hintergrund, dass 164 der Befragten sich als Freiberufler bezeichnen und nur 127 als „Selbstständige mit eigener Firma" wäre eine Korrelation zwischen diesen und den Umsatzzahlen sicher aufschlussreich. Eigentlich ist es erschreckend, dass ca. die Hälfte der befragten Coachs lediglich bis zu 75.000 Euro pro Jahr an Bruttoeinkommen hat, also vor Abzug von Steuern. Wie es immer so schön heißt: zu wenig zum Leben, zu viel zum Sterben.

Meine These, dass viele Solo-Selbstständige, insbesondere aus den beratenden Berufen, sich eher nicht als Unternehmer verstehen, sehe ich auch in der Aussage bestätigt, die sich in der folgenden Grafik widerspiegelt: Ein Gutteil der Trainer hat das Gefühl, dass er in viele seiner Aufgaben extra Zeit investieren muss, weil sie ihm eigentlich nicht liegen. Die Angaben entstammen einer Umfrage unter knapp 1.000 Trainern im Jahr 2008.

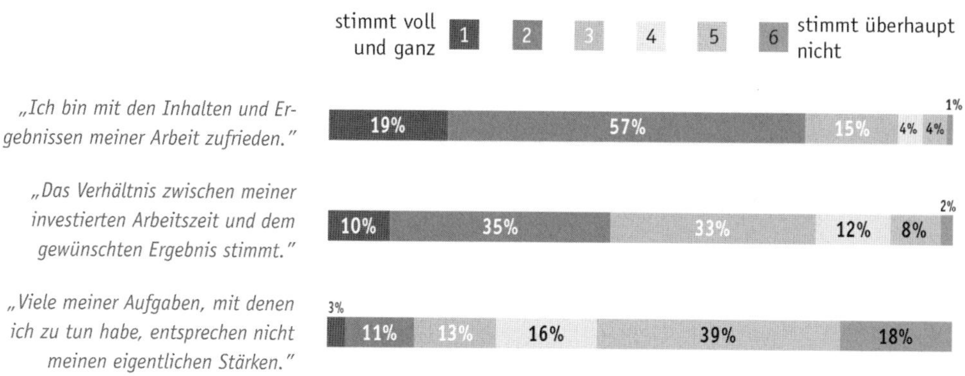

Abb.: Trainer in Deutschland – Ziele und Ergebnisse. Aus: Homburger, N. (2008): Was Deutschlands Trainer bewegt, S. 18.

Basis für unternehmerisches Handeln ist das eigene Selbstbild

Dass so viele von uns wirklich sehr viel arbeiten, ohne dass sich das unbedingt im gleichen Maße finanziell bemerkbar macht, ist eine Beobachtung, die letztlich auch mit dem Selbstwert und daraus direkt resultierend mit dem Selbstbild zu tun hat. Wenn es uns gelingt, aus dem Vergleich mit anderen herauszukommen, wenn wir unsere Stärken auch in verschiedenen unternehmerischen Aspekten wahrnehmen und fördern und wenn wir daran glauben, dass unsere Arbeit Wert hat und die Grenzen unserer Entwicklung wirklich nur in unseren Köpfen liegen – dann sind unternehmerische Sprünge möglich, die manch einem momentan noch völlig unrealistisch vorkommen mögen.

In diesem Abschnitt werden wir daher besonderes Augenmerk darauf legen, wie es um Ihr Selbstbild als Unternehmerin oder als Unternehmer bestellt ist. Denn nur zu oft erlebe ich in meinen Coachings und Beratungen, dass es an diesem Punkt bereits hakt. Frage ich beispielsweise nach den verschiedenen Rollen, die jemand tagtäglich ausfüllt, wird das Wort „Unternehmer" oder „Unternehmerin" eher selten spontan genannt. Stattdessen fallen meist Tätigkeitsbezeichnungen wie Coach, Trainerin, Speaker – alles schön und gut, doch die Rolle des Unternehmers bzw. der Unternehmerin umfasst weit mehr als nur die Kompetenzen, die man für das jeweilige Berufsbild benötigt. Und schon durch die Tatsache, dass wir das nicht oder zu wenig präsent haben, bestimmt sich unsere Selbst- und damit natürlich auch die Außenwahrnehmung. Woran liegt das?

Selbstbild und Wertschätzung

Nun lässt sich natürlich trefflich darüber lamentieren, dass Deutschland (und in ähnlichem Maß wohl auch Österreich und die Schweiz) kein gutes Pflaster dafür sei, unternehmerisches Denken und Handeln zu lernen: In den Schulen wurden und werden diese Themen meist nur aufgrund der Initiative Einzelner überhaupt behandelt, sodass die meisten von uns wenig Vorstellungen davon entwickeln konnten, was es eigentlich bedeutet, unternehmerisch tätig zu werden. Die zur Verfügung stehenden Bundesmittel für den Gründerzuschuss wurden 2014 deutlich gekürzt. Wer mit seinem unternehmerischen Projekt scheitert, hat mit Häme und Spott zu rechnen, wer erfolgreich ist, kämpft zuweilen mit Neid und Unterstellungen.

Im angelsächsischen Raum wird Unternehmerinnen und Unternehmern im Großen und Ganzen mehr Wertschätzung entgegengebracht und die gesetzlichen Rahmenbedingungen sind dort für die Entstehung einer unternehmerisch geprägten Kultur eher förderlich. Doch ungünstige Rahmenbedingungen sind nur die eine Seite der Medaille. Kommen Ihnen folgende Sätze möglicherweise bekannt vor?

- *„Ich kann mich nicht verkaufen, das liegt mir einfach nicht."*
- *„Mit Zahlen kann ich nicht umgehen. Die interessieren mich auch nicht."*
- *„Ich bin Coach, kein Unternehmer!"*
- *„Ich werde nie verstehen, wie XY so bekannt werden konnte – das, was der kann, habe ich mindestens genauso gut drauf."*
- *„Irgendwie lebe ich noch nicht mein ganzes Potenzial."*
- *„Ich bin eher der spontane Typ."*
- *„Strategie ist nicht so mein Ding."*
- *„Für Sport und so habe ich einfach keine Zeit."*

Sollten Sie bei mindestens einem dieser Sätze innerlich genickt haben, ist es gut, dass Sie dieses Buch in den Händen halten, denn wir werden uns exakt mit diesen Themen beschäftigen und Ihr Selbstverständnis überprüfen.

Auch das, was einem nicht liegt, muss angegangen werden

Denn Unternehmerinnen und Unternehmer kennen ihre Defizite, und sie sind bereit, einiges dafür zu tun, um sich neue Kompetenzen anzueignen. „Stärken stärken" ist ein wunderbares Prinzip, an dem man sich grundsätzlich orientieren sollte, um in seinem Bereich immer besser zu werden. Das ist jedoch alleine nicht ausreichend, um unternehmerisch erfolgreich zu werden. Wer die Biografien erfolgreicher unternehmerischer Persönlichkeiten liest, wird feststellen, dass sie alle immer wieder dazugelernt haben und sich neues Wissen auch in Bereichen aneigneten, die ihnen nicht unbedingt lagen. Doch sie erkannten, dass sie sich auch hier fortbilden mussten, um ihre unternehmerischen Ziele umzusetzen. Die unternehmerische Selbstverantwortung umfasst demnach auch die Einsicht in die Tatsache, dass bestimmte Aspekte dieser Lebensform zuweilen unangenehm und lästig sein können. Es hilft aber nichts: Auch Administration und Buchhaltung, strategische Planung, Marketing und Selbstmarketing, Honorarverhandlungen und gute Selbstfürsorge gehören dazu, wenn Sie sich nachhaltig erfolgreich unternehmerisch betätigen wollen.

Unabhängig von den äußeren Rahmenbedingungen können Sie sehr viel dafür tun, Ihre unternehmerischen Potenziale auszuloten und in die Tat umzusetzen. Alles beginnt, wie nun hoffentlich deutlich geworden ist, mit Ihrem Selbstwert. Und dieser wiederum hat sehr viel mit Wertschätzung auf verschiedenen Ebenen zu tun. Daher betrachten wir zum Start die im Folgenden dargestellten vier Aspekte von Wertschätzung, die für das Dasein als Unternehmerin bzw. Unternehmer wichtig sind: Wie wir uns selbst wertschätzen, welche Haltung wir gegenüber unseren Leistungen einnehmen, was wir unseren Kunden durch unser Verhalten signalisieren, und in welcher Weise wir uns auch gegenüber der Welt wertschätzend verhalten, wirft ein Schlaglicht auf unser unternehmerisches Selbstverständnis. Diese vier Aspekte ergänzen und verstärken sich gegenseitig, und die folgende Checkliste kann daher ein guter Bezugspunkt sein für Ihre weitere Arbeit an Ihrem Selbstwert und damit auch an Ihrem Selbstbild.

Am besten notieren Sie sich die Gedanken, die Ihnen beim Lesen kommen, sodass Sie auch später wieder Zugriff darauf haben, also entweder in einer Datei auf Ihrem Rechner oder in einer Kladde. Denn Sie werden feststellen, dass Ihre Antworten bereits wertvolle Hinweise geben auf die Themen, an denen Sie verstärkt arbeiten sollten – Ihre größten Herausforderungen als unternehmerische Persönlichkeit!

Notieren Sie Ihre Gedanken

Checkliste für Wertschätzung

1. Wertschätzung sich selbst gegenüber

- Wie sprechen Sie mit sich? Achten Sie einmal ganz bewusst darauf, welche Worte und Formulierungen Sie wählen, wenn Sie innerlich mit sich sprechen, vor allem dann, wenn Sie einen Fehler gemacht haben oder sich antreiben wollen. Sehr oft schlagen wir uns selbst gegenüber einen Ton an, den wir uns gegenüber anderen Personen niemals herausnehmen würden. Das erste Gebot der Wertschätzung lautet daher: Sprechen Sie liebevoll mit sich selbst. Gönnen Sie sich so oft wie möglich ein Lob. Wenn Sie einen Fehler gemacht haben, signalisieren Sie sich auch in Ihrem inneren Dialog Verständnis und versprechen Sie sich, es beim nächsten Versuch besser zu machen. Sie erlösen sich dadurch auf lange Sicht von der ständigen Suche nach Anerkennung im Außen.

Wie sprechen Sie mit sich?

- Wie sorgen Sie für sich? Viele Solo-Selbstständige treiben Raubbau mit ihrer Gesundheit. Sie arbeiten zu viel, ernähren sich unregelmäßig und schlecht und bewegen sich zu wenig. Praktizieren Sie Wertschätzung sich selbst gegenüber, indem Sie sich, Ihren Körper und dessen Gesundheit ernst nehmen und auf seine Bedürfnisse hören. Denken Sie daran: Sie sind die wichtigste Person in Ihrem Business. Wenn Sie ausfallen, gibt es unter Umständen auch Ihr Business nicht mehr.

Wie sorgen Sie für sich?

2. Wertschätzung gegenüber Ihren Leistungen

- Was denken Sie über sich? Ich kenne eine ganze Reihe von Coachs, Trainern und Beratern, die solo-selbstständig sind und Großartiges leisten. Doch ziemlich oft gestehen sie mir, dass

Was denken Sie über sich?

sie insgeheim stets befürchten, jemand merkt eines Tages, dass sie ja „eigentlich“ gar nichts können. Diese Angst ist auch als „Hochstapler-Syndrom“ bekannt, und es fällt den Betroffenen extrem schwer, ihre eigenen Leistungen anzuerkennen. Sie setzen sich damit sehr stark unter Druck und würdigen ihre Leistung nicht in angemessener Form. Die gute Nachricht ist, dass Sie das lernen können – und es auch lernen sollten. Spätestens dann, wenn Sie sich auch von außen mehr Wertschätzung wünschen.

Glauben Sie an den Geldwert Ihrer Leistung?

- Verdienen Sie Ihr Honorar? Wer nicht wirklich an die Qualität seiner Leistungen glaubt, macht häufig schlechte Umsätze. Und wer der Meinung ist, dass er für Dinge, die ihm leichtfallen und sogar Spaß machen, kein Geld verdienen darf, zeigt gegenüber seinen Leistungen ebenfalls wenig Wertschätzung. Selbstwert und Geldwert hängen meist untrennbar miteinander zusammen. Gestehen Sie sich zu, dass Sie wirklich gut sind in Ihrem Job, seien Sie stolz auf das Erreichte, feiern Sie Ihre Erfolge! In meinem Verständnis bedeutet Erfolg, in der Lage zu sein, sein Business so zu gestalten, dass es den eigenen Potenzialen und Visionen weitgehend entspricht. Wenn Sie Ihrem Ruf folgen und Ihre Berufung leben, können Sie durch Ihr Vorbild sogar anderen zeigen, dass oft weit mehr möglich ist als man zunächst annehmen mag.

3. Wertschätzung gegenüber Ihren Kunden

Wie gut kennen Sie Ihre Kunden?

- Wie gut kennen Sie Ihre Kunden? Sie können Ihre Kunden am besten beraten, wenn Sie deren Themen sehr genau erforscht haben und sich stets auf dem Laufenden halten. Sie drücken Ihre Wertschätzung ihnen gegenüber u.a. aus, indem Sie ständig daran feilen, mit welchen Angeboten Sie wirklich ihren Nerv treffen. Also unterhalten Sie sich mit ihnen, fragen Sie ihnen Löcher in den Bauch, lesen Sie die entsprechenden Fachmedien. Erstellen Sie ansprechende Unterlagen, versorgen Sie sie mit interessanten Infos und bieten Sie ihnen gute Unterhaltung. Sie werden sehen, das wirkt sich aus.

Sind Sie gut zu erreichen?

- Wie kann man Sie erreichen, und wie schnell reagieren Sie auf Anfragen? Können Ihre Kunden von Ihnen erwarten, dass Sie in einem angemessenen Zeitraum auf ihre Anfragen reagieren und dass Sie über mehrere Kanäle zu erreichen sind? Wertschätzung drückt sich auch darin aus, dass Sie Ihren Kunden hier entgegen kommen und nicht allein Ihren eigenen Vorlieben folgen.

- Können Sie auch Nein sagen? Viele Solo-Unternehmer glauben erstens, sie dürften keinen Job ablehnen und zweitens ihren Kunden nichts abschlagen. Das ist kein wirklich wertschätzendes Verhalten. Denn wenn ich genau weiß, dass ich für bestimmte Anfragen einfach nicht die beste Dienstleisterin bin, dann empfehle ich meinen Kunden lieber an einen spezialisierten Kollegen weiter, weil der den Job besser erledigen kann. Und wenn ich absehen kann, dass ein Kundenwunsch kontraproduktiv für das definierte Ziel ist, dann rate ich davon ab – auch wenn das im Einzelfall bedeuten mag, weniger Umsatz zu machen. Wertschätzung bedeutet unter Umständen auch, einmal unbequem zu sein und mit den Konsequenzen zu leben. Das gehört zum unternehmerischen Selbstverständnis dazu. Denn niemand kann es allen recht machen – wer das versucht, macht es sich selbst am wenigsten recht.

Können Sie auch Nein sagen?

4. Wertschätzung gegenüber der Welt

- Inwieweit trägt das, was Sie tun, dazu bei, die Welt zu einem besseren Ort zu machen? Eine Frage, die wir uns hin und wieder auch stellen sollten, weil die Antworten darauf unserem Tun womöglich noch einmal eine ganz andere Tiefe geben können. Indem Sie sich fragen, welchen Sinn Ihr unternehmerisches Handeln eigentlich hat, finden Sie Inspiration und Motivation auch in schwierigen Zeiten und machen sich unabhängiger von äußeren Bewertungen. Interessanterweise folgt der Erfolg oft der inneren Ausrichtung. Es lohnt sich also auch unter diesem Aspekt, also Wertschätzung gegenüber der Welt, in der wir leben, zu praktizieren.

Leisten Sie einen positiven Beitrag?

Sie sehen, das Thema Wertschätzung birgt viele Impulse für Sie. Möglicherweise haben Sie schon erkannt, bei welchen Aspekten Ihrer unternehmerischen Persönlichkeit es vielleicht noch Wachstums- und Entwicklungspotenzial gibt – und falls Ihnen bereits erste Ideen gekommen sind, was Sie hierzu unternehmen könnten, notieren Sie auch diese gleich jetzt. Darauf werden wir im Laufe der nächsten Kapitel noch weiter eingehen und Strategien erarbeiten, wie Sie Ihren jeweiligen Herausforderungen begegnen können.

Pulsschlag

Warum tun Sie, was Sie tun?

Vielleicht haben Sie sich bei dieser Checkliste an manchen Stellen schon gefragt, weshalb es Ihnen beispielsweise so schwerfällt, die eigenen Leistungen anzuerkennen. Oder Sie haben erstaunt festgestellt, dass Sie sich eigentlich noch nie Gedanken dazu gemacht haben, wieso Sie eigentlich all das tun, was Sie eben tun. Wirklich nicht?

Manchmal hilft es, einen Blick in die Vergangenheit zu werfen, um herauszufinden, welche Lebensabschnitte für Sie besondere Bedeutung hatten. Denn die Antwort auf manche der oben angesprochenen Fragen mag durchaus dort zu finden sein. Vielleicht merken Sie dabei beispielsweise, dass Sie viele Ihrer Kunden eigentlich nicht so richtig mögen und dass Ihr Business immer dann einen Sprung nach vorn gemacht hat, wenn Sie sich von unliebsamen Kunden verabschiedet haben – egal ob freiwillig oder unfreiwillig. Oder Sie stellen fest, dass Ihr Business nach einer Krankheitsphase einen richtigen Aufschwung erlebt hat. Woran könnte das liegen? Solche Erkenntnisse können Ihnen wichtige Impulse geben, was Ihre zukünftige Ausrichtung betrifft.

Die Übung Pulsschlag: Ein Blick auf den bisherigen Lebensweg

Mit der folgenden Übung, die ich „Pulsschlag" nenne, weil das fertig ausgefüllte Sheet oft Ausschläge zeigt wie ein EEG, gewinnen Sie einen guten Überblick über Ihren bisherigen Lebensweg und seine Hoch- und Tiefpunkte in privater wie beruflicher Hinsicht.

Betrachten Sie die Grafik auf der rechten Seite. In der Mitte sehen Sie eine Zeitlinie, die Ihr Leben im Abstand von jeweils fünf Jahren abbildet. „0" ist der Beginn Ihrer beruflichen Tätigkeit. Die vertikale Achse gibt Ihnen die Möglichkeit, prägende Ereignisse in jedem fünfjährigen Abschnitt in ihrer emotionalen Intensität zu bewerten. Wählen Sie zwei Farben und tragen Sie mit der ersten eher private Ereignisse ein, mit der anderen beruflich relevante Stationen in Ihrem Leben. Im oberen Bereich können Sie Pluspunkte eingeben, im unteren Bereich entsprechend die weniger schönen Abschnitte Ihres privaten und beruflichen Lebens markieren. Wenn Sie gerne mehr Platz dafür hätten, können Sie die Grafik unter den Downloadressourcen zum Buch herunterladen.

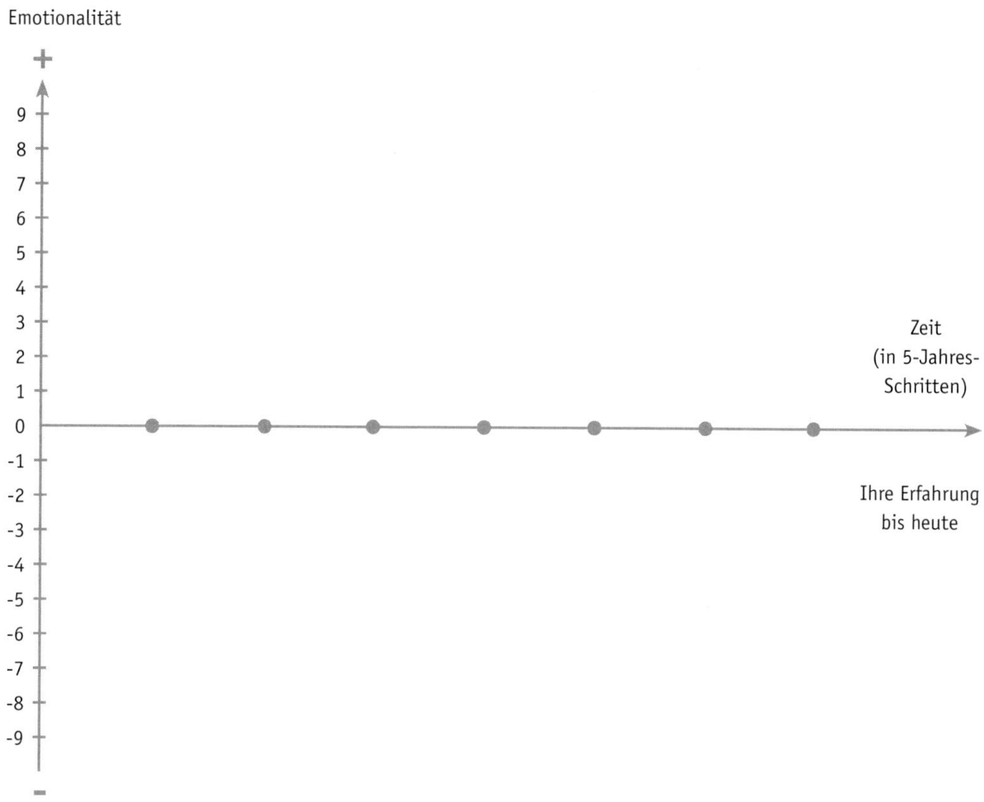

Leitfragen zur Retrospektive

Folgende Leitfragen können Sie für den beruflichen Teil unterstützen:

- Womit startete Ihre berufliche Laufbahn?
- Welche Höhe- und Wendepunkte gab es dabei?
- Wann fiel ggf. die Entscheidung für die Selbstständigkeit?
- Wann sind Sie damit gestartet?
- Wann hatten Sie Ihren ersten Kunden?
- Wann haben Sie Ihren ersten Lieblingskunden gewonnen?
- An welcher Stelle trat vielleicht ein Mentor in Ihr Leben?
- Welche Projekte waren besonders erfolgreich?
- Welche sind gescheitert?
- Wann gab es Krisen, gleich welcher Art, die Sie bewältigt haben?

- Wann haben Sie ggf. begonnen, mit Partnern/Netzwerken zusammenzuarbeiten?
- Welche Weiterbildungen haben Sie abgeschlossen?
- Welche Impulse waren für Ihren unternehmerischen Erfolg besonders wertvoll? Bei welcher Gelegenheit haben Sie am meisten gelernt?
- Wann haben Sie eigene Räumlichkeiten bezogen oder haben sich vergrößert?
- Zu welchem Zeitpunkt haben Sie ggf. eine Umorientierung oder Neupositionierung vollzogen?
- Was war Ihr schönster Auftritt in der Öffentlichkeit?
- Wann haben Sie ggf. den ersten Mitarbeiter eingestellt?

Auch im privaten Umfeld gab es sicher besonders wichtige Ereignisse und diverse Krisen, die Sie meistern mussten. Folgende Fragen helfen Ihnen, auch diesen auf die Spur zu kommen:

- Wann haben Sie ggf. Ihren derzeitigen Lebenspartner kennengelernt/geheiratet?
- Wann wurden ggf. Ihre Kinder geboren?
- Welche Verluste mussten Sie verschmerzen?
- Welche Erfolge konnten Sie im privaten Umfeld verbuchen, worauf sind Sie hier besonders stolz?
- Welchen gesundheitlichen Herausforderungen mussten Sie sich ggf. stellen?
- Welche ganz besonderen Urlaube haben Sie erlebt?
- Wann traten besondere Menschen in Ihr Leben?
- Wann haben Sie ggf. Ihr Umfeld gewechselt, z.B. wegen Umzug?

Nehmen Sie sich für diese Übung einige Zeit und gehen Sie Ihr persönliches Leben sowie Ihre berufliche Laufbahn wirklich Jahr um Jahr konzentriert durch. Beim ersten Durchgang vergessen wir manche Punkte, zum einen, weil es einfach schon so lange her ist, zum anderen, weil wir uns nicht so gern an bestimmte Situationen erinnern möchten, oder auch, weil es vielen Menschen grundsätzlich schwerfällt, sich Erfolge in Erinnerung zu rufen.

Wenn es Ihnen geht wie vielen anderen Unternehmerinnen und Unternehmern, dann haben Sie in Ihrer beruflichen Laufbahn schon einige Krisen gemeistert und die Ausschläge nach unten sind inzwischen nicht mehr ganz so tief, während umgekehrt die Erfolgserlebnisse an Zahl und teilweise auch an Intensität zunehmen. Das einmal in dieser Weise zu visualisieren, relativiert vielleicht auch die bisherige Einschätzung Ihrer unternehmerischen Erfolge. Denn viele von uns neigen dazu, den Fokus eher darauf zu lenken, was noch nicht zufriedenstellend verläuft, und wir vergessen darüber oft ganz, wie viel wir tatsächlich schon erreicht haben. Gönnen Sie sich also diesen Moment des Stolzes über die bereits umgesetzten Projekte und Ziele.

Nehmen Sie Ihre Erfolge wahr

Manchmal laufen persönliche und berufliche Entwicklung mit Tief- und Höhepunkten fast parallel, aber zuweilen klaffen die beiden Bereiche auch weit auseinander. Die Grafik kann Ihnen daher noch weitere wichtige Impulse geben, wenn Sie sich mit folgenden Fragen schriftlich auseinandersetzen:

Weitere Fragen zu Ihrem „Pulsschlag"

1. Wie haben sich Ihr Privat- und Ihr Berufsleben gegenseitig beeinflusst, im Guten wie im Schlechten?
2. Welche Projekte haben Ihnen am meisten Freude gemacht? Welche Faktoren haben dazu beigetragen?
3. Welches berufliche Projekt hat Ihnen am meisten Umsatz beschert? Welche Faktoren haben dazu beigetragen?
4. Was war gefühlsmäßig Ihr größter privater, welcher Ihr größter beruflicher Misserfolg, und warum?
5. Was haben Sie daraus gelernt?
6. Wobei haben Sie am meisten Geld verloren? Welche Faktoren haben dazu beigetragen?
7. Wann haben Sie sich zum ersten Mal wirklich als Unternehmer oder Unternehmerin gefühlt?
8. Welches Ereignis hat Ihr Leben mit am meisten beeinflusst?
9. Zu welchem Projekt haben Sie am meisten positive Rückmeldungen erhalten?

Nun haben Sie übersichtlich versammelt, in welchen Bereichen Sie bereits auf einem guten Weg sind, Sie haben jedoch auch Ihren Blick dafür geschärft, wo einige Ihrer Defizite liegen könnten. Insbesondere haben Sie erkannt, welche Bereiche Ihres derzeitigen Lebens mehr Wertschätzung vertragen könnten.

Unsere Selbstwahrnehmung hat unbestritten großen Einfluss auf unser Selbstbild, und dies wiederum bestimmt, wie wir im Außen wahrgenommen werden. Wenn Sie also bisher eine eher geringe Meinung von sich und Ihren Leistungen hatten, sollte es Sie nicht überraschen, dass Sie unternehmerisch vielleicht nicht dort stehen, wo Sie gerne stehen würden. Auch umgekehrt wird im Übrigen ein Schuh daraus: Wer sich ständig selbst überschätzt, wirkt im Außen nicht authentisch, weil Anspruch und Wirklichkeit zu weit auseinander klaffen. Auch in diesem Fall stellt sich der unternehmerische Erfolg oft nicht wie gewünscht ein. Der erste Fall ist meiner Erfahrung nach allerdings wesentlich häufiger.

Wie müsste Ihr Selbstbild beschaffen sein?

Aus dieser Perspektive heraus ist es wirklich sinnvoll, sich zu fragen, wie das eigene Selbstbild eigentlich beschaffen sein müsste, damit man sich selbst aufs Erfolgsgleis setzen kann. Menschen mit einem positiven Selbstbild erkennt man unter anderem an folgenden Indizien:

- Sie kennen ihre Stärken und wissen sie gezielt einzusetzen.
- Sie freuen sich über ihre Erfolge und reden selbstbewusst darüber.
- Sie erhalten Anerkennung und bedanken sich dafür.
- Sie haben Ausstrahlung und entfalten Wirkung.
- Sie wissen, wofür sie das tun, was sie tun.

Insbesondere der letzte Punkt ist wichtiger als man auf den ersten Blick meinen sollte. Menschen mit einem positiven Selbstbild glauben nämlich grundsätzlich daran, dass sie und die Art und Weise, wie sie ihr Business bzw. ihr Leben gestalten, tatsächlich einen Einfluss hat auf die Welt. Sie sind davon überzeugt, dass sie wichtig sind und einen Beitrag leisten mit ihrem Tun. Wer nicht an sich glaubt und daher ein eher negatives Selbstbild hat, fühlt sich unwichtig bis überflüssig und erlebt sich nicht als gestaltend. Menschen mit geringem Selbstwert neigen dazu, sich ausgeliefert zu fühlen. Sie bilden eine Opfermentalität aus und lehnen Selbstverantwortung ab bzw. wissen oft gar nicht, was damit eigentlich gemeint ist.

Deshalb ist es so wichtig, sich damit zu befassen, wieso man eigentlich arbeitet. Das gilt im Grunde für jeden Menschen, für Unternehmerinnen und Unternehmer aber in ganz besonderem Maße. Denn wir müssen auf unterschiedlichen Ebenen sehr viel leisten, und wenn wir nicht jederzeit wissen wofür, kann uns schon mal die Puste ausgehen.

Mein Selbstbild als Unternehmer umfasst eine tragfähige Geschäftsidee, ein robustes Wesen, überzeugende Darstellung, demütiges Herangehen, Beharrlichkeit und stete Veränderungsbereitschaft. Das Schwierigste dabei ist, sein Ego zurückzunehmen, sich auf die Bedürfnisse der Mitmenschen zu konzentrieren und vorurteilsfrei an die Sache heranzugehen. Ich pflege meine persönlichen und wirtschaftlichen Netzwerke. Mir liegt mehr daran, langfristig Beziehungen aufzubauen, statt kurzfristig nach Aufträgen zu streben.

Herbert Haberl, Mittelstandsberater

Innerer Antrieb, Werte und Vision

Immer wieder lässt sich beobachten, dass große Pläne und auch ganz konkrete Vorhaben in sich zusammenfallen, wenn erste Hindernisse auftauchen. Wer angibt, unter mangelnder Disziplin zu leiden, der hat viele, viele Leidensgenossen und -genossinnen. Im warmen, weichen Kuschelbett der Profi-Prokrastinierer bestätigt man sich ständig gegenseitig, dass der Geist zwar willig, das Fleisch jedoch schwach sei ... oder dass man zwar herkulische Anstrengungen unternommen habe, aber nun eben leider, leider tausend Dinge dazwischengekommen seien und man daher beim besten Willen nicht mehr weitermachen könne. Oft hat das tatsächlich nichts mit der Qualität der Pläne an sich zu tun, sondern vielmehr damit, dass der dahinter stehende Antrieb nicht groß genug war. Dies jedoch liegt viel weniger in mangelnder Disziplin oder Willenskraft begründet, als immer angenommen wird. Oft ist es eine Art Schutzbehauptung, die nur dazu dient, der eigentlichen Frage aus dem Weg zu gehen. Denn wenn der innere Antrieb groß genug ist, dann stellt Disziplin sich tatsächlich fast von alleine ein. Dann werden Hürden entschlossen angepackt und Ressourcen mobilisiert, um das gesetzte Ziel gegen alle Widerstände doch noch zu erreichen.

Der beste Antrieb: Gewissheit, dass das eigene Tun Bedeutung hat

Einen unschätzbar großen Einfluss auf unseren Erfolg hat die innere Gewissheit, dass das eigene Tun Bedeutung hat. Menschen, die von dieser Gewissheit getragen werden, leuchten quasi von innen heraus. Sie haben ihre Selbstzweifel ad acta gelegt, wirken charismatisch und inspirierend. Heimlich beneiden wir solche Leute manchmal und wünschen uns, ähnlich energiegeladen und authentisch zu wirken. Daher ist es absolut lohnenswert, sich damit zu beschäftigen, was genau Sie eigentlich trägt bei Ihrem Tun. Lassen Sie uns erforschen, wo Ihre inneren Kraftquellen liegen und wie Sie diese anzapfen können, um Ihren „Ruf" zu finden.

Und das ist es, was diesen geheimnisvollen inneren Antrieb ausmacht. Es ist der Ruf, den Sie hören. Manche Menschen begleitet er schon ihr Leben lang und sie wissen genau, was ihre Aufgabe in diesem Leben ist. Sie folgen, wenn Sie so wollen, ihrem Stern. Doch die allermeisten Menschen erleben den Ruf eher als leises Wispern, das sich lange überhören lässt. Es meldet sich ab und an und flüstert uns zu, dass wir doch mal was ganz anderes mit unserem Leben anfangen wollten: selbstbestimmt(er) arbeiten, unsere Träume verwirklichen, die Welt kennenlernen!

Den inneren Ruf hören

Doch dann kam der Alltag. Wir absolvierten unsere Ausbildungen, ergriffen einen Beruf, gründeten vielleicht eine Familie. Wir erlebten viele glückliche Momente und einige traurige. Wir meisterten Herausforderungen, feierten Erfolge, machten sogar Karriere und verdienten gutes Geld. Kurz: Wir richteten uns ein, arrangierten uns mit dem Gegebenen, dachten, wir würden „erwachsen" und endlich „realistisch".

> Die meisten Leute wissen innerlich ganz genau, was ihre Berufung ist. Ihr Problem ist eher, dass sie es sich nicht zutrauen.
> *Martin Weiss, Trainer, Coach und Autor*

Verstehen Sie mich richtig: Ich will Ihnen das Erreichte nicht kleinreden. Es gibt in Ihrem Leben viele gute Dinge, und Sie haben vermutlich bereits einiges erlebt und auch durchlitten. Dennoch: Viele Menschen spüren und wissen, dass noch mehr drin wäre. Sie haben auch schon hier und da Anläufe unternommen, etwas zu verändern, aber das Durchhalten fiel schwer. Und genau deshalb möchte ich Sie ermuntern, sich auf die Suche zu begeben nach dem leisen Wispern Ihrer inneren Stimme. Wenn es Ihnen gelingt, ihr wieder Gehör zu verschaffen, werden Sie merken, wie Ihr ganzer Körper mit Energie geflutet wird. Sobald Sie wieder andocken an diese innere Kraft, Ihren Antrieb, dann ist das tatsächlich körperlich spürbar. Er macht sich bemerkbar durch ein Prickeln, durch eine Beschleunigung Ihres Pulses, durch tiefes Durchatmen, vielleicht auch durch so starke körperliche Unruhe, dass Sie sich sofort Bewegung verschaffen müssen. Die Körpersignale sind bei jedem anders, aber sie sind da und ein deutliches Zeichen dafür, dass Ihnen der Kontakt zu Ihrem inneren Antrieb, Ihrem Ruf, gelungen ist.

Körpersignale als Zeichen

Umsichtiges Arbeiten auf hohem Energielevel

Unternehmerinnen und Unternehmer, die ihrem Ruf folgen, leisten sehr viel. Sie arbeiten auf einem hohen Energielevel und setzen innerhalb relativ kurzer Zeit enorm viel um. Disziplin und Selbstmotivation fallen ihnen leicht, weil sie wissen, wofür sie das alles tun. Gleichzeitig bleiben sie achtsam ihren Bedürfnissen gegenüber, weil sie unternehmerisches Handeln ganzheitlich begreifen und erkannt haben, dass ihr Wohlergehen Vorbedingung und Garant ihres Erfolgs ist. Wohlergehen bedeutet in diesem Zusammenhang im Übrigen nicht ausschließlich die Abwesenheit von Krankheit. Menschen wie Stephen Hawking oder Raúl Krauthausen, die große körperliche Einschränkungen haben, machen das Beste aus dem, was ihnen gegeben ist. Sie folgen unbeirrt ihren Zielen und ihrem Ruf und erreichen so eine hohe Lebensqualität, die sich daran festmacht, dass sie sich ein Umfeld geschaffen haben, in dem sie ihrer Aufgabe in diesem Leben nachgehen können.

Spüren Sie Ihrem inneren Ruf nach!

Nehmen Sie sich also die Zeit, Ihrem inneren Ruf nachzuspüren, denn das lohnt sich auf so vielen Ebenen! Wahrscheinlich werden Sie feststellen, dass Ihre Reise Sie auf mehr oder weniger verschlungenen Wegen immer schon in die richtige Richtung geführt hat, und dass alles, was Sie bisher getan und geleistet haben, sich nun auszahlt. Da Sie dieses Buch lesen, sind Sie vermutlich schon mit Ihrem eigenen Business als Coach, als Trainerin oder als Berater unterwegs oder planen zumindest eine Selbstständigkeit in diesem Bereich. Sie haben also schon viele Schritte unternommen, um Ihrem Ruf zu folgen. Falls Sie manchmal trotzdem das Gefühl haben, mit angezogener Handbremse zu fahren, oder dass irgendetwas Sie zurückhält – dann kann das genau dieser Punkt sein: Sie haben noch nicht vollständig geklärt, was Ihr Ruf ist, oder Sie trauen sich vielleicht noch nicht zu glauben, dass das, was sich da tief drin meldet, wirklich Ihrs ist. Auch wenn Sie der Ansicht sind, Sie hätten Ihren Ruf schon längst gehört und würden ihm folgen: Falls Sie einen leichten Anflug von Zweifel spüren, falls Ihnen etwas zuflüstert „... und wenn nicht?" – dann drücken Sie diese Stimme nicht weg. Gewähren Sie ihr Raum, denn da wartet noch etwas, ganz tief in Ihnen drin. Lauschen Sie in sich hinein und locken Sie das, was gehört werden möchte, hinaus.

Nichts ist beglückender und erfüllender als ganz sicher zu sein im eigenen Tun, genau zu wissen, wofür man hier ist und was die eigene Aufgabe in diesem Leben ist. Ein integraler Bestandteil meines Rufs ist zum Beispiel, dass ich Menschen Mut machen will, ihr volles Potenzial zu leben, auch und gerade als unternehmerische Persönlichkeit. Das ist mein innerster Antrieb für dieses Buch, für meine unternehmerische Tätigkeit als Coach und Potenzialdetektivin und für alle Produkte und Dienstleistungen, die ich in den letzten Jahren entwickelt habe.

Das Leben ist zu kurz, um sich mit den zweitbesten Lösungen zufriedenzugeben!

Meine Vision entstand aus der Erkenntnis, dass die Vorstellung des „Homo oeconomicus" uns heute mehr Schaden als Nutzen bringt und wir uns zum „Homo empathicus" entwickeln sollten. Insofern fühle ich mich der Vision einer ökohumanen Wirtschaft und Gesellschaft verpflichtet. Dazu gehört für mich persönlich auch, hilfreich zu sein, Klarheit zu bekommen, meine Leidenschaft zu behalten, Musik zu machen und insgesamt das Schöne und Gute zu genießen. Ich möchte sinnvoll aktiv und gerade deshalb erfolgreich sein. Ich möchte bescheidener sein, was den Verbrauch von Ressourcen angeht und bin anspruchsvoll, wenn es um geglücktes Leben geht.

Herbert Haberl, Mittelstandsberater

Diese Welt wäre wohl ein besserer Ort, wenn jeder Mensch die Möglichkeit hätte, sein Potenzial zu leben. Leider müssen viele Menschen weltweit noch ums pure Überleben kämpfen – da bleibt wenig Raum für Fragen nach dem tieferen Sinn. Doch wir hier im Westen wissen zumeist, wo unsere nächste Mahlzeit herkommt, wir haben ein Dach über dem Kopf und sind nicht bedroht von Krieg und Vertreibung. Unsere Vitalbedürfnisse sind gedeckt, sodass wir uns im Prinzip jeden Tag fragen können, welche Möglichkeiten uns offenstehen.

Wenn Sie Ihrem tiefsten inneren Ruf folgen, merken Sie das auch daran, dass Ihre Vorstellungen nicht mehr nur darum kreisen, wie Sie Ihr eigenes Leben ändern und verbessern können. Sie werden feststellen, dass eine weitere Komponente hinzukommt: Wie tragen Sie durch Ihr Tun zum Wohle aller bei? Der Wunsch nach der eigenen Selbstverwirklichung ist tatsächlich nur der Anfang. Als entwickelte integrale Persönlichkeiten verstehen wir zunehmend, dass wir eingebunden sind in ein großes System – und dass es zu unserer Aufgabe als Teil dieses Systems gehört, zum Gemeinwohl beizutragen.

Oft wird dieser Anspruch missverstanden: Nicht alle müssen sich nun für soziale Belange engagieren oder gleich eine eigene Stiftung gründen. Die Trainerin, die durch ihre Seminare Entwicklungsprozesse bei ihren Teilnehmern anstößt, trägt ebenso zum Wohle des Ganzen bei wie der Coach, der Menschen hilft, ihre Möglichkeiten zu leben, oder die Beraterin, die Unternehmen dazu bewegt, die Potenziale ihrer Mitarbeiter bestmöglich zu fördern und zu nutzen.

Sind Sie nun bereit für eine Reise zu Ihrem Ruf? Mit den folgenden Übungen können Sie die notwendigen Bedingungen schaffen, um sich dem zu öffnen, was sich in Ihnen melden möchte.

Die Arbeit an solchen Themen ist wirksamer, wenn Sie sich dafür Freiraum schaffen und dafür sorgen, dass Sie nicht gestört werden. Schließen Sie innerlich die anderen Themen ab, mit denen Sie heute beschäftigt waren und machen Sie sich bereit für die Auseinandersetzung mit Ihrer unternehmerischen Persönlichkeit. Dazu sei Ihnen zunächst eine kleine Übung verraten, um in einen entspannten und dennoch wachen und aufmerksamen Zustand zu kommen. Sie kann jederzeit unaufwendig durchgeführt werden und wird Sie sofort in einen konzentrierten Zustand bringen. Der Zustand innerer Harmonie, den Sie mit dieser Übung erreichen können, kann Ihnen helfen, in Kontakt mit sich zu kommen – eine wichtige Voraussetzung, um den Ruf der inneren Stimme zu vernehmen. Sie benötigen ungefähr fünf bis zehn Minuten dafür.

Übung für entspannte Wachheit: Der Kopf als Kugel

Stellen Sie sich vor, Ihr Kopf ist eine Kugel, die Sie auf einer Spitze balancieren. Setzen oder stellen Sie sich aufrecht hin und machen das ein paar Minuten lang. Sie werden spüren, wie Ihr Atem sich von ganz allein ein wenig verlangsamt und vertieft. Sie müssen gar nichts dafür tun, nur einfach stehen oder sitzen und die Kugel auf der Spitze balancieren.

Die entspannte Wachheit, die sich durch diese kleine Übung einstellen kann, wird Ihnen beistehen, Ihrem innersten Antrieb weiter auf die Spur zu kommen. Wie immer ist es hilfreich, wenn Sie sich Notizen machen, egal in welcher Form, ob elektronisch oder handschriftlich in Ihrer Kladde.

Zeitreise in die Zukunft

Übung: Ausmalen der Zukunft

Um sich von den scheinbaren Begrenzungen der Gegenwart zu befreien, lassen Sie uns nun zunächst einen Blick in die Kristallkugel werfen und die beste Zukunft betrachten, die Sie sich für sich und Ihr Unternehmen vorstellen können. Diese Übung gibt es in verschiedenen Varianten, und sie ist deshalb so wirkungsvoll, weil unser Gehirn nicht unterscheidet zwischen Gegenwart und Zukunft. Je plastischer und komplexer wir uns daher ausmalen, wie unsere Zukunft aussehen soll, um so „realer" wird diese Zukunft, das heißt, unser Gehirn erlebt die Projektion bereits als Gegenwart. Dass uns diese Ressourcen in der Gegenwart gute Dienste leisten können, kennen Sie wahrscheinlich bereits aus Ihrer eigenen Arbeit.

Begeben wir uns also zunächst auf eine Zeitreise in die Zukunft, nachdem Sie sich mit der zuvor beschriebenen Übung in einen Zustand entspannter Wachheit gebracht haben. Stellen Sie sich vor, in zehn Jahren wird eine kurze TV-Reportage über Sie und Ihre Erfolge gedreht. Sie haben je 60 Sekunden Zeit, um die folgenden Fragen zu beantworten:

60 Sekunden für jede Frage

- Was würden Sie selbst als Ihre größten Erfolge bezeichnen?
- Wie haben Sie das alles geschafft?
- Wer hat Ihnen dabei geholfen?
- Was leitet Sie in Ihrem Tun?
- Welche Erfahrungen haben Sie besonders geprägt?
- Welche Herausforderungen haben Sie gemeistert?
- Welche Ihrer Talente waren besonders hilfreich dabei?
- Was haben Sie jetzt noch vor?

Sprechen Sie Ihre Antworten wirklich laut aus, als würden Sie in das Mikrofon eines Reporters sprechen. Sie können sich natürlich auch tatsächlich dabei aufnehmen, wenn Sie die Möglichkeit dazu haben. Oder Sie machen sich im Anschluss einige Notizen.

Mit welchen Aspekten Ihrer Statements haben Sie sich selbst überrascht? Oder war Ihnen eigentlich schon klar, was Sie sagen würden? Vielleicht spüren Sie ein leichtes Herzklopfen oder haben ein Gefühl von freudiger Erwartung. Wenn Sie ganz flüssig auf die Fragen antworten konnten und kaum ins Stocken kamen, ist das ein guter Indikator dafür, dass Sie in gutem Kontakt sind mit Ihrem inneren Ruf. Oft fällt diese Übung beim ersten Mal jedoch schwer, vor allem, wenn der Selbstwert tatsächlich gerade am Boden liegt.

Erlauben Sie sich, groß zu denken

Wer wenig Zuversicht empfindet und den Fokus eher auf den gegenwärtigen Problemen hat, erlaubt sich oft nicht, groß zu denken. Eine derartige spielerische Herangehensweise wird dann oft von abwertenden inneren Kommentaren begleitet, und es will nicht gelingen, eine energiegeladene, erfolgreiche Projektion unseres Selbst zu erschaffen.

Falls sich also jetzt eine innere Stimme melden sollte, die leise, aber unüberhörbar behauptet, das sei doch alles komplett unrealistisch und Sie könnten das sowieso nicht schaffen: keine Panik. Das ist normal. Bitte verwechseln Sie das Wispern Ihres Rufs nicht mit der Angst vor Veränderung. Sie wissen ja: Wenn wir wachsen und unser Potenzial entwickeln wollen, dann bedeutet das, dass wir unsere bisherige Komfortzone verlassen müssen, in der wir uns gut auskennen. Denn dieses Umfeld bietet uns keine weiteren Entwicklungsmöglichkeiten mehr. Wir müssen also raus ins Unbekannte, und natürlich gibt es einen Teil in uns, der davor Angst hat.

> Ich habe miterlebt, wie der Großvater meiner Frau gestorben ist. Eine intensive Erfahrung, die mein ganzes Leben verändert hat. Mir ist dabei klar geworden, dass irgendwann auch meine letzte Stunde kommen wird. Und wenn ich in einer solchen letzten Stunde bilanzieren müsste, dass ich meine Chancen irgendwie verpatzt hätte … dieser Gedanke war so furchtbar, dass ich mich entschieden habe, alle Ängste zu ignorieren und einfach loszugehen.
>
> *Martin Weiss, Trainer, Coach und Autor*

Der Mensch ist so veranlagt, dass er lieber auf die Sicherheit des Vertrauten baut, als sich in unbekanntes Gelände vorzuwagen. Und doch: Neue Entdeckungen werden eben immer nur dann gemacht, neue Visionen nur dann verwirklicht, wenn einer den Anfang wagt. Also bedanken Sie sich bei Ihrem ängstlichen Teil, vereinbaren Sie mit ihm, dass er Sie durchaus warnen darf vor unbedachten Entscheidungen – und dann gehen Sie weiter auf Ihrem Weg.

Eine Anregung: Belohnen Sie sich heute dafür, dass Sie als Unternehmerin oder Unternehmer immer wieder den Schritt heraus aus Ihrer Komfortzone wagen. Gönnen Sie sich etwas Schönes, Sie haben es sich verdient.

Ihr zukünftiges Selbstbild

Ihre Zeitreise hat Ihnen vermutlich bereits gezeigt, was da alles noch entwickelt werden möchte. Gleichzeitig haben Sie vielleicht erfahren, dass Sie sich Ihrem Ruf noch gar nicht gewachsen fühlen. Der Traum ist da, die Zweifel aber auch. Und auch, wenn Sie im Grunde wissen, dass Ihre Angst ganz normal ist, beseitigt diese sich ja nicht unbedingt von allein. Deshalb ist es wichtig, sich klarzumachen, dass wir unsere innere Einstellung verändern müssen, damit so eine Zukunftsprojektion ihre Macht entfalten kann. Denn wenn wir mit unserem heutigen Selbstbild in die Zukunft blicken, hat das natürlich Auswirkungen auf die Vorstellung, die wir da entwerfen – und diese entspricht in den meisten Fällen noch nicht dem Zustand, den wir bei unserer Zeitreise erträumt haben.

Die innere Einstellung ändern

Sehen Sie sich daher Ihre Antworten noch einmal an. Tun Sie nun so, als würden Sie diese Person gar nicht kennen, die sich Ihnen da in der Zukunft präsentiert. Schauen Sie sie ganz emotionslos von außen an. Was können Sie wahrnehmen?

- Wie gibt sich diese Person? Wie spricht sie über ihre Erfolge und ihr Leben allgemein?
- Wie ist sie gekleidet, und wie sieht die Umgebung aus, in der sie interviewt wird?
- Wie bewegt sie sich, wie klingt ihre Stimme?

Fragen Sie sich als Nächstes, was für Sie alles zu einer idealen Unternehmerpersönlichkeit dazugehört. Folgende Fragen können Ihnen einige Anhaltspunkte geben, und vielleicht fällt Ihnen ja auch noch viel mehr ein:

Für die anvisierte Zukunft erwünschte Eigenschaften

- Welche Eigenschaften hat so jemand?
- Welche Fähigkeiten sind besonders ausgeprägt?
- In welchem Umfeld bewegt sich diese Person?
- Mit welchen Menschen hat sie tagtäglich zu tun?
- Wie bewältigt sie ihren Alltag?
- Wo holt sie sich Unterstützung?
- Wie organisiert sie ihr Unternehmen?

Schreiben Sie alles auf, was für Sie in diesem Kontext Bedeutung hat. Wenn Sie damit fertig sind, gleichen Sie Ihre Beschreibung als einer bereits erfolgreichen Unternehmerpersönlichkeit der Zukunft ab mit den Faktoren, die Sie zusätzlich erarbeitet haben. Wo gibt es noch Ergänzungsbedarf? Sie dürfen Ihr zukünftiges unternehmerisches Selbst nun wie eine „Anziehpuppe" weiter ausstatten mit den Eigenschaften und Fähigkeiten, die Ihrer Meinung nach zu einer erfolgreichen Unternehmerpersönlichkeit gehören.

> Als Unternehmerin sehe ich mich als leistungs- und ergebnismotiviert, durchsetzungsfähig – aber trotzdem anpassungsbereit. Und natürlich gut organisiert und problemlösungsorientiert. Im Laufe der Jahre kam deutlich mehr emotionale Ausgeglichenheit dazu, aber auch höhere Risikobereitschaft. Als Ernährerin der Familie lernt man außerdem schnell, wichtige Entscheidungen nicht bis in einen riskanten Bereich hinauszuzögern und sich kompetent um alle Basics zu kümmern. Außerdem verfüge ich über spezialisiertes Wissen und die Fähigkeit, es zu vermitteln und in Projekten einzusetzen (der Unterschied zwischen Wissen und Können). Dazu kommen Flexibilität, Belastbarkeit, Organisationstalent besonders im operativen Bereich sowie langjährige Erfahrung.
>
> *Carola Heine, Online-Marketing Professional*

Eine Collage für ein konkretes Bild

Wenn Sie mögen, können Sie das für sich auch visualisieren. Beispielsweise kann eine Collage aus Zeitschriftenausrissen sehr dabei helfen, ein konkretes Bild vor Augen zu führen.

Schließen Sie nun kurz die Augen und versetzen Sie sich in diese Persönlichkeit, die Sie da gerade für sich ausgestaltet haben. Wie fühlt es sich an, über diese Eigenschaften und Fähigkeiten zu verfügen? Welche Möglichkeiten eröffnen sich dadurch für Sie?

Wann immer Sie Zweifel oder Angst spüren auf Ihrem weiteren Weg, gönnen Sie sich einen kurzen Moment, um quasi in den Anzug Ihrer zukünftigen unternehmerischen Persönlichkeit zu schlüpfen. Versuchen Sie, das immer über alle Sinne zu tun und ganz bewusst wahrzunehmen, was Sie dabei sehen, hören, spüren können. Unser Gehirn lässt sich auf diese Weise ganz hervorragend „programmieren", weil es Realität und sinnlich vollständige Vorstellung schwer unterscheiden kann. Je öfter Sie also diese Übung machen, umso mehr unterstützen Sie Ihr eigenes Gehirn dabei, Ihr zukünftiges Selbstbild zu Ihrem aktuellen zu machen.

Machen Sie Ihr zukünftiges Selbstbild zu Ihrem aktuellen

Darüber hinaus sei Ihnen die folgende Übungssequenz ans Herz gelegt, die Sie möglichst täglich durchführen sollten, um sich in Kontakt zu bringen mit Ihrer Zukunftsvision:

Halten Sie Kontakt mit Ihrer Zukunftsvision

- Halten Sie fünf Indizien dafür fest, dass sich Ihr Business gestern in die Richtung Ihrer Vision entwickelt hat.
- Wofür können Sie sich heute bedanken? Denken Sie auch an sich selbst.
- Mit welchem Gefühl wollen Sie in den heutigen Tag starten?
- Welche fünf Dinge werden Sie heute tun, um Ihr Business nach vorn zu bringen?

Wenn Sie diese Sequenz als tägliche Erfolgsgewohnheit etablieren, wird Ihre Zuversicht wachsen, dass Ihr zukünftiges unternehmerisches Ich eigentlich schon um die Ecke auf Sie wartet. Sie schulen damit Ihre Wahrnehmung und lenken Ihr Denken ganz bewusst auf die positiven Dinge in Ihrem Leben, und Sie kommen ins Handeln. Probieren Sie es aus! Ab S. 91 erfahren Sie weiter, wie Sie solche neuen Erfolgsgewohnheiten nachhaltig in Ihr Leben integrieren können.

Gestalten Sie Ihr Visionboard

Planen Sie das nächste Jahr mit Bezug auf Ihre Vision

Um Ihre Vision herunterzubrechen auf ein zu bewältigendes Maß, sollten Sie sich überlegen, was Sie innerhalb der nächsten zwölf Monate umsetzen können und wollen. Ein Jahr ist ein überschaubarer Zeitraum, mit dem man gut planen kann. Wenn Sie wissen, wohin Ihre Reise gehen soll, können Sie einzelne Projekte definieren, die Sie innerhalb dieser Zeit abschließen möchten und die Ihnen grundsätzlich am Herzen liegen, immer bezogen auf Ihre Vision.

Visualisierung hilft, mit den Zielen in Kontakt zu bleiben

Visualisierung kann eine sehr hilfreiche Methode sein, um mit Ideen, Vorstellungen oder Zielen, die man umsetzen möchte, in Kontakt zu bleiben. Vor einigen Jahren habe ich damit begonnen, am Jahresanfang mithilfe einer Präsentationssoftware ein sogenanntes Visionboard zu erstellen. Es umfasst immer ca. zehn Folien und deckt alle Bereiche meines Lebens ab: meine beruflichen Ziele und Projekte, meinen Körper und meine Gesundheit, mein soziales Umfeld, also Freunde und Familie, und nicht zuletzt die Dinge und Ideen, die für mich ein erfülltes Leben ausmachen. Einen Ausschnitt meines Visionboards für 2015 sehen Sie rechts.

Diese Bilder öffnen sich jeden Morgen als Präsentation, wenn ich den Rechner hochfahre. Sie können das in Ihren Benutzereinstellungen selbst so konfigurieren. Ich nutze dafür sowohl eigene Fotos als auch Bilder, zum Beispiel aus der Datenbank *www.pixabay.com*. Wer selbst zeichnet oder malt, kann sein Visionboard sogar noch individueller gestalten.

Jeden Morgen, wenn ich anfange zu arbeiten, bringe ich mich auf diese Weise in Kontakt mit den Themen, die dieses Jahr für mich Bedeutung haben und erinnere mein Gehirn immer wieder neu an den Antrieb, meinen Ruf, den ich brauche, um meine Aufgaben auch tatsächlich umzusetzen. Auf der Titelfolie steht eine Art Überschrift für das jeweilige Jahr, denn die Schwerpunkte unterscheiden sich natürlich immer wieder. Für 2015 lautete mein Motto „Mutig auf in die Welt!" Wie könnte Ihr Titelsatz, die Überschrift für Ihre Pläne in den nächsten zwölf Monaten lauten? Egal, in welcher Jahreszeit Sie dieses Buch gerade lesen, verschieben Sie die Erstellung Ihres ersten Visionboards nicht auf den nächsten Januar, sondern starten Sie direkt damit!

Wenn Sie Ihr zukünftiges Selbstbild als unternehmerische Persönlichkeit in Form einer Collage gestaltet haben, können Sie diese abfotografieren und in Ihr Visionboard integrieren. Im Laufe der weiteren Arbeit mit diesem Buch entstehen möglicherweise weitere Ideen. Ergänzen Sie Ihr Visionboard, wann immer Sie das Gefühl haben, es tut Ihnen gut und hilft Ihnen, „auf Spur" zu bleiben. Manche Menschen unterlegen ihre Präsentation auch noch mit Musik oder selbst gesprochenen Texten. Wenn Sie eher auditiv veranlagt sind, dann kann das eine sehr gute Möglichkeit sein, um sich auch über das Gehör mit Ihren Zielen und Projekten zu verbinden.

Auch Musik und Gesprochenes halten die Vision in Erinnerung

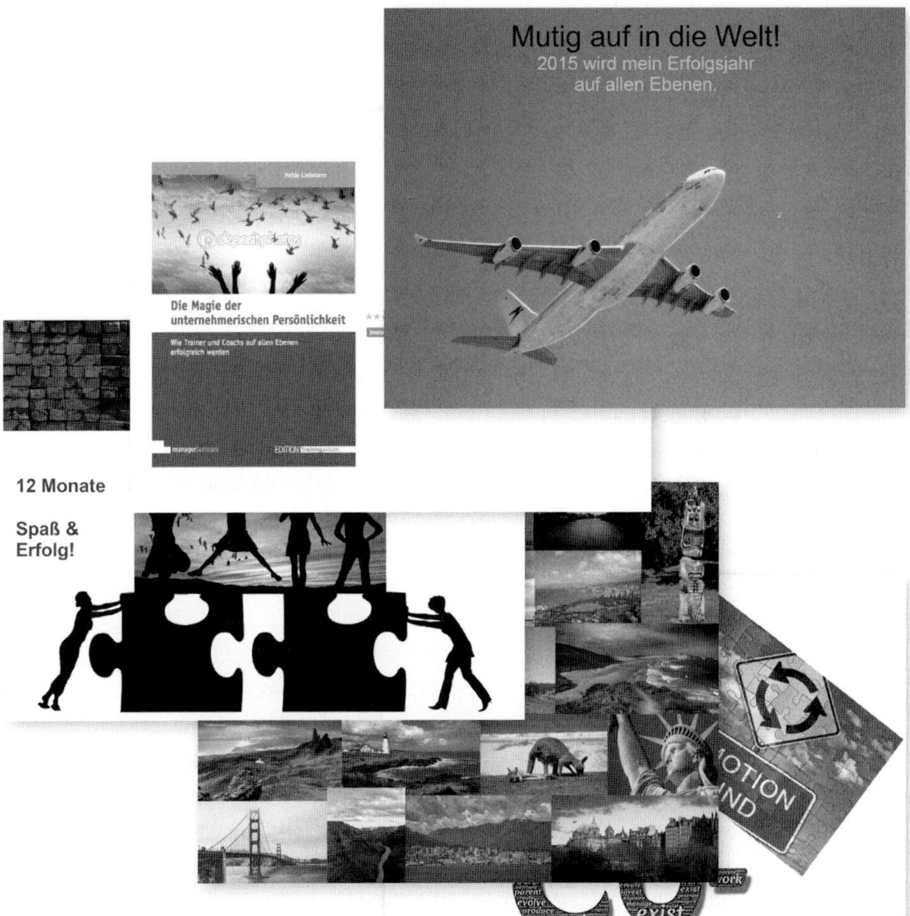

Abb.: Das Visionboard als Bildschirmpräsentation

Unternehmerische Qualitäten

Was stellt Ihnen der Status quo zur Verfügung?

Nach dem Blick in die Vergangenheit und in die Zukunft wenden wir uns nun dem Status Quo zu und untersuchen, welche Ressourcen Ihnen für die Entwicklung Ihrer unternehmerischen Persönlichkeit bereits zur Verfügung stehen. Als Coach oder als Trainerin haben Sie sich wahrscheinlich schon vielfach damit beschäftigt, was Ihre Stärken ausmacht. Deshalb werden Sie nun nicht mit sattsam bekannten Übungen gelangweilt, wie Sie Ihre Stärken identifizieren können. Sollten Sie sich intensiver damit beschäftigen wollen, empfehle ich Ihnen die Lektüre meines ersten Buches „Der Nasenfaktor – Wie Berater sich einzigartig positionieren".

Entscheidender für unsere Zwecke ist jedoch die Frage, welche Ihrer Fähigkeiten dazu beitragen, Ihr unternehmerisches Potenzial zu heben bzw. zu verstärken. Legen Sie daher bitte zunächst eine Liste mit mindestens 20 Gründen an, warum Sie schon jetzt eine besondere Unternehmerin bzw. ein besonderer Unternehmer sind. Darauf könnte beispielsweise stehen:

Gründe, warum Sie schon jetzt ein besonderer Unternehmer sind

- Ich erledige alle Steuerangelegenheiten pünktlich.
- Ich bezahle alle Rechnungen sofort nach Erhalt.
- Meine Kunden können mich über verschiedene Kanäle erreichen.
- Ich verschenke Teile meines Wissens, z. B. über meinen Blog.
- Ich lerne ständig dazu und bilde mich weiter.
- Ich bitte meine Kunden um Feedback und lege Wert auf ihre Rückmeldung.
- Ich entwickle immer wieder neue Angebote und Impulse für meine Kunden.
- Ich kann gut akquirieren.
- …

Mit dieser Übung wertschätzen Sie das bisher Erreichte. Gleichzeitig können Sie so erkennen, dass Sie ja nicht bei null beginnen, um sich zur besten Version Ihres unternehmerischen Selbst zu entwickeln. Es gibt bereits ganz viel, worauf Sie aufbauen können. Manchmal müssen wir lediglich die vorhandene Basis noch etwas ausbauen. Wenn Sie zum Beispiel bisher eher sporadisch Fachliteratur gelesen haben, könnten Sie jetzt überlegen, wie Ihr zukünftiges Selbstbild diese Selbstverpflichtung zur Lektüre interessanter

Publikationen handhaben würde: Vielleicht könnten Sie jeden Morgen eine halbe Stunde dafür reservieren. Oder Sie nutzen die tägliche Zeit im Auto, um sich Hörbücher zu Gemüte zu führen.

> Was sich für mich als Erfolgsgewohnheit bewährt hat, ist ein privater „Monatsabschluss", an dem alle offenen Rechnungen geschrieben werden, alle wartenden Angebote abgearbeitet werden, die Ablage gemacht, die Aufgabenliste sortiert, die Terminplanung geprüft ... Sich das anzueignen, ist nicht schwierig, wenn man einmal sieht, wie angenehm es ist, manche Sachen nicht über Monate mitzuschleifen. Damit angefangen habe ich durch einen chaotischen Projektpartner, der heute immer noch offene Abrechnungen von 2007 vor sich herschieben würde, wenn ich nicht offiziell den Projektmonatsabschluss eingeführt hätte.
>
> *Carola Heine, Online-Marketing Professional*

Sie haben auf diese Weise bereits einige Ideen dazu entwickelt, was eine unternehmerische Persönlichkeit ausmacht. Nun machen wir das noch etwas konkreter und fassbarer.

Übung: Ihre Stärken und deren unternehmerischer Nutzen

Notieren Sie für die folgende Übung in der linken Spalte die zehn Stärken, auf die Sie sich jederzeit verlassen können. In der rechten Spalte tragen Sie nun ein, inwiefern diese Stärke für Ihre Tätigkeit als Unternehmer oder als Unternehmerin hilfreich ist. Falls Sie mehrere Nutzenaspekte Ihrer jeweiligen Stärke entdecken können – umso besser!

Beispiel:

Stärke	**Nutzen für meine unternehmerische Tätigkeit**
1. Ich kann gut organisieren.	Ich bereite Veranstaltungen vor, die für alle Beteiligten einen Mehrwert bieten.
2. Ich habe ständig neue Ideen.	Ich lasse mich nicht entmutigen, falls ein Projekt mal nicht klappt, denn ich weiß, dass mir immer etwas Neues einfällt.

Tab.: Wie Ihre Stärken hilfreich sind

Finden Sie nun für jede Stärke mindestens drei Beispiele aus der Vergangenheit, bei denen Sie unternehmerisch davon profitiert haben:

Beispiele für Ihre Stärken

Beispiel 1: Ich kann gut organisieren

- Vor zwei Jahren habe ich ein Barcamp organisiert zum Thema XY.
- Ich organisiere seit vier Jahren regelmäßige Stammtische mit meinem Netzwerk.
- Für ein Blended-Learning-Projekt mit meinem Großkunden XY habe ich verschiedene Abteilungen koordiniert.

Auf diese Weise stärken Sie Ihre Selbstwahrnehmung für die unternehmerischen Potenziale, die in Ihnen stecken – und die auch zukünftig dazu beitragen werden, dass Sie zu der unternehmerischen Persönlichkeit werden, die Sie sein können.

Wie unterstützen Ihre Stärken die nächsten Vorhaben?

Im nächsten Schritt überlegen Sie, was Ihre drei wichtigsten Vorhaben für die nächsten sechs Monate in unternehmerischer Hinsicht sind. Schreiben Sie zu jedem Ziel dazu, welche der zuvor identifizierten Stärken Ihnen dabei helfen werden, Ihre Pläne in die Tat umzusetzen. Es tut gut, sich zu vergegenwärtigen, dass wir nie bei null anfangen, auch bei den ehrgeizigsten Plänen nicht. Es gibt immer schon eine Basis, auf der wir aufbauen können, auch im Hinblick auf unsere unternehmerische Entwicklung.

Die Blaupause Ihres Lebens: Werte

Der Ruf, dem wir folgen, braucht eine solide Basis, damit wir auch in schwierigen Zeiten nicht den Halt verlieren und fest geerdet bleiben. Manchmal ist es gar nicht so einfach, sich diese Basis bewusst zu machen. Wieso fühlt sich ein Erfolgstrainer, der alle Insignien des Erfolgs vorweisen kann – ein gut gefülltes Bankkonto, ein Haus, ein Luxusklasse-Auto etc. – trotzdem irgendwie leer, vielleicht sogar ausgebrannt? Warum fragt sich eine bekannte Coach, die sich berufen fühlte, anderen Menschen zu helfen, irgendwann, wo sie eigentlich selbst bleibt? Scheinbar leben diese Menschen doch ihre Vision – wieso sind sie dennoch nicht wirklich glücklich?

Sie ahnen die Antwort vermutlich bereits: Wer es versäumt, sich seine Werte bewusst zu machen, arbeitet nur ergebnisorientiert. Bezogen auf einzelne Ziele kann man mit einer solchen Haltung durchaus viel erreichen. Doch wenn alle Ziele erreicht sind, was soll dann noch kommen? Oft bleibt die Erfüllung auf der Strecke. Und da kommen unsere Werte ins Spiel. Werte sind so etwas wie eine Blaupause für unser Leben. Wir können unser ganzes Handeln immer wieder damit abgleichen und so schnell erkennen, ob wir tatsächlich unser Leben danach ausrichten bzw. wo wir möglicherweise abgewichen sind von der Basis unseres Seins. Heutzutage wird viel von Werteorientierung in der Wirtschaft gesprochen, von Ethik und Nachhaltigkeit. An der Oberfläche klingt das alles ganz wunderbar, und die meisten werden zustimmend nicken. In der Praxis bedeutet das jedoch, dass jedes Individuum seine eigene Wertebasis erforschen und erkennen sollte, weil sich nur so ein Sinn- und Wert-voller Beitrag leisten lässt für das große Ganze. Und das ist wie so oft leichter gesagt als getan.

Was Erfüllung bedeutet

Bevor wir nun wieder den analytischen Teil Ihres Gehirns ans Ruder lassen, schlage ich Ihnen eine weitere kreative Übung vor, die sich schon sehr bewährt hat. Sie benötigen dafür einen Stapel von drei bis fünf möglichst bunt bebilderten Zeitschriften. Wenn Sie mögen, nutzen Sie wieder die Übung aus dem ersten Abschnitt dieses Kapitels zur inneren Zentrierung und stellen Sie sich Ihren Kopf als Kugel vor, die Sie auf der Spitze balancieren (s. S. 50).

Sobald Sie einen Zustand entspannter Aufmerksamkeit spüren, nehmen Sie die erste Zeitschrift zur Hand und blättern Sie ganz absichtslos darin herum. Achten Sie nur auf die Fotos und Illustrationen, Text interessiert an dieser Stelle nicht. Wenn Sie auf ein Bild stoßen, das Sie ganz besonders anspricht oder positiv berührt, reißen Sie es heraus. Wenn Sie mit der ersten Zeitschrift durch sind, wenden Sie sich der nächsten zu. Sie können aufhören, wenn Sie ca. ein Dutzend Bilder gefunden haben.

Übung: Herausfinden, was für einen selber wesentlich ist

Treffen Sie nun eine Auswahl von max. fünf bis sieben unter diesen Ausrissen. Breiten Sie diese Bilder vor sich auf dem Boden oder dem Tisch aus. Schauen Sie sich nun das erste Bild an.

- Was drückt dieses Bild für Sie aus?
- Wenn Sie nur ein Wort hätten, um zu beschreiben, welche Qualität dieses Bild für Sie hat, welches wäre das?

Schreiben Sie dieses Wort gut lesbar auf einen Zettel oder eine Moderationskarte und legen Sie es zu dem Bild. Verfahren Sie so auch mit den anderen vor Ihnen liegenden Bildern. Im nächsten Durchgang fragen Sie sich bei jedem Wort, das da steht: Und was genau bedeutet das für mich?

Beispiel: Sie haben ein Bild gewählt mit der Ansicht eines grünen Dschungels. Das Wort, das sie als Erstes dafür gefunden haben, war „Natur". Wenn Sie sich nun fragen, was „Natur" für Sie ganz konkret bedeutet, dann fällt Ihnen vielleicht „Energietankstelle" ein. Oder „Umweltschutz". Oder „Ruhe".

Zum Kern des Begriffs vordringen

Das ursprüngliche Wort ist oft – nicht immer – nur ein erster Hinweis, aber noch nicht der Kern, zu dem wir vordringen wollen. Manchmal kann es sogar sinnvoll sein, auch die zweite oder dritte Antwort noch mal zu hinterfragen. Wahrscheinlich sind Sie am echten Kern angelangt, wenn Ihnen auf die Frage nach der konkreten Bedeutung wirklich nichts mehr einfällt. Gleichzeitig sollte Ihre letzte Antwort Ihnen ein gutes Gefühl geben, ein inneres Ja, ein Kopfnicken.

Wenn Sie auf diese Weise alle Bilder durchgegangen sind, stehen nun fünf bis sieben Begriffe vor Ihnen. Schauen Sie jetzt zurück auf Ihr Leben: Welche Rolle haben diese Begriffe, die Sie identifiziert haben, bisher in Ihrem Leben gespielt? Sie können dazu auch noch einmal Ihren „Pulsschlag" betrachten (s. S. 40). Vielleicht stellen Sie fest, dass die gefundenen Begriffe bereits eine Art Leitschnur für Ihr Leben bis heute abbilden. Vielleicht merken Sie aber auch, dass bisher etwas zu kurz gekommen ist.

> Mein vorderstes Ziel und meine Mission war immer, dass ich Menschen helfen möchte. Ich wollte mein Wissen und meine Erfahrung teilen, damit andere davon profitieren können. Und klar wollte ich damit Geld verdienen, aber für mich war Geld jetzt nicht der antreibende Faktor. Egal, ob ich ein E-Book schreibe oder einen Online-Kurs mache oder einen Blogpost erstelle: Ich mache das nicht, weil ich denke, oh, geil, da kannst du so und so viel Kohle damit machen, sondern ich denke, geil, ich kann dazu beitragen, bei so und so viel Menschen deren Leben zu verändern. Ich möchte Menschen zu einem besseren, zu einem glücklicheren Leben, zu mehr Freude mit sich selber und dieser Welt verhelfen. Ich möchte eigentlich nur, dass jeder Mensch da draußen Wahrheit und seine eigene Berufung findet und die dann auch auslebt. Und vor allem will ich auch, dass die Menschen mit mehr Achtsamkeit und Bewusstheit durchs Leben gehen, einfach auch mehr in Kontakt mit sich selber kommen.
>
> *Conni Biesalski, Beraterin und Bloggerin*

Bei dieser Übung sprechen wir unsere Intuition an, denn unser Gehirn reagiert sehr spontan auf Bilder und schreibt diesen bestimmte Bedeutungen zu. Deshalb können wir unsere rationalen Barrieren damit wunderbar umgehen und zum Teil zu sehr erstaunlichen Erkenntnissen gelangen. So kann es zum Beispiel passieren, dass jemand im ersten Durchgang den für ihn wichtigen Wert „Erfolg" identifiziert hat, bei der Nachfrage jedoch merkt, dass das für ihn „Anerkennung" bedeutet. Und plötzlich verlieren die ganzen Statussymbole ihre Bedeutung und andere Aspekte treten in den Vordergrund.

Zuweilen zeigt sich bei der Arbeit mit dieser Übung eine große Erleichterung, weil plötzlich so klar und einleuchtend ist, wonach man sich bei seinem täglichen Tun richten kann. Hin und wieder fließen sogar Tränen, weil Menschen merken, dass sie entscheidende Werte in ihrem Leben bisher nur ungenügend umgesetzt haben. Sollten auch Sie solch ein Aha-Erlebnis verspüren, dann beglückwünsche ich Sie von Herzen: Sie haben jetzt nämlich Ihre „Blaupause" gefunden und können ab sofort Ihr Leben danach ausrichten. Das bedeutet, Sie sind auf dem Weg, Ihr volles menschliches und unternehmerisches Potenzial zu leben und Großartiges zu leisten. Das ist unbezahlbar.

Schlüpfen Sie nun erneut in Ihr zukünftiges unternehmerisches Selbst und stellen Sie ihm folgende Fragen:

Weitere Fragen an das zukünftige Selbst

- Welche konkreten Maßnahmen kann ich ergreifen, um alle meine zentralen Werte in mein Leben zu integrieren?
- Wie wird sich das auf meine Arbeitsweise, meinen Lebensstil und meine Angebote auswirken?
- Was ist mein erster Schritt?
- Wie sorge ich dafür, dass mir das alles auch Freude macht?

Versuchen Sie, in Ihren Antworten so spezifisch wie möglich zu sein und sich nicht mit pauschalen Verallgemeinerungen aus der Affäre zu ziehen. Sie tun das hier ja für sich, und Sie wollen Ihre großartige unternehmerische Persönlichkeit entwickeln. Vor allem die letzte Frage löst oft ganz erstaunliche Prozesse aus. Denn, ja, auch diese Arbeit darf und soll Freude machen! Wenn es mühsam ist, wenn Sie das Gefühl haben, Sie fechten einen schweren Kampf aus, dann suchen Sie nach Elementen von Leichtigkeit. Gehen Sie zurück zu Ihrer Vision und ergänzen Sie Ihre Projektion gegebenenfalls.

Widerstände und Erfolgsgewohnheiten

Nicht immer sind es die ganz großen Blockaden, die uns daran hindern, notwendige Entwicklungsschritte zu gehen. Manchmal sind es im Grunde banale Widerstände wie kindlicher Trotz und Verweigerung. Und auch wenn diese Gefühle nervig oder lästig sind und es unangenehm sein mag, sie sich überhaupt einzugestehen: Manchmal kann schon das Drehen an einem kleinen Schräubchen sehr viel verändern, und plötzlich läuft es runder.

Im Abschnitt „Innerer Antrieb, Werte und Vision" haben Sie sich mit Ihrem inneren „Ruf" beschäftigt, Ihrer Vision, die Ihrem Tun auch in unternehmerischer Hinsicht zugrunde liegen sollte. Sie haben vielleicht bemerkt, dass es gar nicht so einfach ist, überhaupt zu diesem Kern vorzudringen. Manchmal kommt es uns so vor, als müssten wir nur den einen entscheidenden Schritt gehen, aber wir sträuben uns mit Händen und Füßen dagegen und finden tausendundeinen Grund, warum das jetzt gerade nicht möglich ist: keine Zeit, zu viel anderes um die Ohren, bringt ja sowieso nichts, habe ich schon probiert, können andere eh viel besser als ich, eigentlich geht's mir doch gut ...

Eine Frage: Lesen Sie gerne mal ein spannendes Buch? Oder schauen Sie sich Filme an, in denen die Hauptfigur besondere Herausforderungen meistern muss? Mögen Sie „Star Wars" oder den „Herrn der Ringe"? Jetzt stellen Sie sich mal vor, Luke Skywalker hätte irgendwann gesagt: „Och nee, das ist mir alles zu anstrengend hier, soll doch jemand anders das Imperium besiegen!" Oder Frodo hätte abgewunken, als er mit dem Ring das Auenland verlassen sollte, weil er lieber weiter zu Hause auf dem Sofa Bücher lesen wollte. Die ganze Geschichte wäre in sich zusammengebrochen, wenn die Hauptfigur ihre Zweifel nicht überwunden und sich für den Schritt hinaus ins Unbekannte, für das Abenteuer entschieden hätte.

Die Heldenreise zeigt auf, wie Widerstände überwunden werden

Erfolgreiche Bücher und Filme basieren auf der Idee der Heldenreise, und das Konzept lässt sich sehr schön auch auf das Unternehmertum anwenden. Es erklärt unter anderem auch, wieso wir uns gerade am Anfang, aber auch bei jeder neuen Herausforderung, gern selbst im Weg stehen. Und indem wir das verstehen und akzeptieren, können wir auch erkennen, worum es sich handelt und entschlossen dagegen angehen. Folgen Sie mir also zu einem kurzen Abriss durch die einzelnen Stationen der Heldenreise und erfahren Sie, wie Sie dieses Wissen für die Arbeit mit Ihren Widerständen nutzen können.

Der „Mono-Mythos" ganz pragmatisch

Die ganze Idee der Heldenreise basiert auf den Erkenntnissen des amerikanischen Mythenforschers Joseph Campbell. In seinem Buch „Der Held in tausend Gestalten" konnte er zeigen, dass es für die Mythen aller Kulturen und Zeiten ein gemeinsames, verbindendes Ablaufmuster gibt. Er bezeichnete das als Mono-Mythos. Mythen basieren letztlich darauf, dass Menschen ihre Erfahrungen verdichten und in eine Form bringen, die ihren Nachkommen helfen soll, die Welt zu verstehen. Daher ist es eigentlich wenig verwunderlich, dass Campbell diese Entdeckung machen konnte. So unterschiedlich die Mythen sind, so sehr ähneln sich grundlegende Erfahrungen einander. Deshalb verstehen wir die Kämpfe, die Menschen in den Mythen ferner Kulturen ausfechten, bei aller Fremdartigkeit so gut, denn es geht immer wieder um dieselben existenziellen Themen.

Wendet man dieses Prinzip an auf die Entwicklung der unternehmerischen Persönlichkeit, lässt sich schnell nachvollziehen, wieso es eine wertvolle Orientierung bietet: Wir erkennen uns selbst im Helden, und da die Grundmuster von Herausforderung, Kampf, Erfolg und Integration des Neuen uns so vertraut sind, können wir uns an den einzelnen Stationen entlanghangeln und nehmen wahr, an welcher Stelle unserer ganz eigenen Heldenreise wir uns gerade befinden. Das hilft uns auch, immer mal wieder den nötigen Schritt aus einer fordernden Situation hinauszugehen und ganz nüchtern zu analysieren, was als Nächstes zu tun ist.

Sehen wir uns die einzelnen Stationen einmal näher an: Grundsätzlich bewegt sich der Held aus der bekannten Welt hinaus ins große

Unbekannte. Dazwischen liegt eine Schwelle, die es zu überwinden gilt. Die Heldenreise folgt dabei sozusagen drei großen Akten: Aufbruch, Abenteuer und Rückkehr, die wiederum in einzelne Schritte unterteilt werden können.

Wie bereits angesprochen, ereilt den Helden zunächst der Ruf, das heißt, er spürt oder sieht, dass es Zeit für eine Veränderung ist. Nicht immer ist dieser Ruf eindeutig, manchmal braucht es seine Zeit, bis dem Helden klar wird, dass es so wie bisher wirklich nicht mehr weitergeht. Der Ruf macht sich bemerkbar durch innere Unruhe, zunehmende Unzufriedenheit, vielleicht ein Gefühl der Leere oder gar Sinnlosigkeit. Gedanken wie „Das kann doch nicht alles gewesen sein!“ tauchen auf, oder auch nur ein „So geht es nicht weiter!“.

Allerdings spürt der Held oft zu Beginn einen Widerstand und weigert sich zunächst, dem Ruf zu folgen. Er zweifelt, ob es wirklich die richtige Entscheidung ist, und am liebsten möchte er doch alles so lassen wie es ist. Das ist ja auch durchaus nachvollziehbar: Wer die gewohnten Grenzen überschreitet, sich aufmacht ins Ungewisse, ahnt noch nicht, was da auf ihn zukommt, und das erzeugt erst einmal Angst und Unsicherheit: Bin ich dem gewachsen? Das ist im Menschen evolutionär so angelegt. Unsere Ahnen waren sehr auf Sicherheit, auf Überleben in einer überwiegend feindlichen Umgebung ausgerichtet. Veränderung bedeutete hier auch immer Gefahr, die mitunter tödlich ausgehen konnte. Daher tendieren wir dazu, das Bekannte vorzuziehen, selbst dann, wenn wir schon erkannt haben, dass es uns nicht gut tut. Sich zu fragen, woher die Widerstände kommen und wie sie möglicherweise überwunden werden und sogar in Motivation verwandelt werden können, ist das Thema dieses Abschnitts.

> Widerstände überwinde ich grundsätzlich, indem ich es einfach tue. Du musst es einfach machen. Es hilft nichts, sich darüber endlos Gedanken zu machen und Bücher zu lesen und mit anderen Leuten darüber zu quatschen, wie denn sowas funktioniert. Schlussendlich muss man es halt machen, und man muss es immer und immer wieder machen. Wenn man Ängste überwinden möchte oder irgendwelche Widerstände, bringt die Theorie leider überhaupt gar nichts. Man muss reingehen und es immer wieder tun, und wenn man's immer wieder tut, wird die Angst halt weniger. So ist es beim Launchen, so ist es, wenn man ein neues Business aufmacht, so ist es, wenn man Bungeejumpen geht – das ist total egal, das ist immer das Gleiche.
>
> *Conni Biesalski, Beraterin und Bloggerin*

Irgendwann lässt der Ruf sich nicht länger verleugnen, und der Held überschreitet die erste Schwelle. Dabei ist er mit einem „Schwellenhüter" konfrontiert. Das sind in den Sagen und Geschichten meist Menschen oder Mächte, die den Helden von seiner Entscheidung abbringen wollen. Im übertragenen Sinn haben wir es hier aber vielmehr mit Zweifeln und Unsicherheiten zu tun, die überwunden werden müssen, um den ersten Schritt auch wirklich zu tun. Vielleicht haben Sie mit Ihrer Entscheidung für die Selbstständigkeit bereits solch eine Schwelle überschritten. Das Wichtige an diesem Punkt ist: Sie treffen diese Entscheidung aktiv und bewusst.

Entscheiden Sie sich bewusst für den ersten Schritt

Vielleicht haben Sie dann auch die Erfahrung gemacht, dass sich manche der antizipierten Probleme plötzlich in Wohlgefallen auflösen, wenn wir einmal den ersten Schritt gemacht haben. Mit der Entscheidung folgt Klarheit, und es öffnen sich Türen, von deren Existenz wir bis dato vielleicht gar nichts ahnten: Ein alter Freund ruft uns an, und es stellt sich heraus, dass er genau die wesentliche Information hat, die uns noch fehlte. Jemand vermittelt uns bezahlbare Räumlichkeiten oder kämpft für unsere Idee an einer Front, wo wir selbst vielleicht scheitern würden. Im Konzept der Heldenreise steht der „Mentor" für diese Unterstützung. Manchmal ist das jemand, der selbst schon seine eigene Reise absolviert hat

Oft findet sich nach dem ersten Schritt schnell Hilfe

und uns daher seine Erfahrungen großzügig zur Verfügung stellen kann. Manchmal ist es einfach jemand, der sich von unserer Idee anstecken lässt. Sehr oft erhalten wir jedenfalls unverhofft Unterstützung, sobald wir uns einmal aufgemacht haben – oft sogar mehr, als wir uns vorstellen konnten.

Der Held macht sich nun also auf den Weg und muss erste Hindernisse überwinden und Bewährungsproben bestehen. Oft erhält er auf diese Weise „magische" Objekte, die ihm bei seinen späteren Kämpfen noch gute Dienste leisten werden. Als Unternehmerinnen und Unternehmer erwerben wir auf unserer Reise wertvolle Erkenntnisse und Lernerfahrungen, die uns bereit machen für die ganz große Herausforderung.

Irgendwann kommt die große Herausforderung

Denn diese wartet irgendwann auf uns: Vielleicht ist es massiver Selbstzweifel, oder ein Umsatzrückgang in beachtlicher Höhe durch einen erfolgreicheren Wettbewerber. Es kann auch sein, dass wir auf eine negative Ich-Kognition treffen, die bisher verhindert hat, dass wir uns mit aller Kraft für unseren Erfolg einsetzen. Negative Ich-Kognitionen sind Glaubenssätze wie „Ich bin nicht (gut) genug", „Ich darf nicht besser als ... sein" oder auch „Ich werde nur geliebt, wenn ich mich anpasse". Vielleicht liegt die größte Herausforderung auch in einer privaten Trennung oder einer Erkrankung, mit der wir uns auseinandersetzen müssen. Manchmal kommt einfach alles zusammen, und wir können uns nur noch durch einen großen Befreiungsschlag aus der misslichen Situation lösen.

Häufig wird dieser „Widersacher" auch Helfer im Außen haben: Personen, die Sie im Alten festhalten wollen oder regelrecht gegen Sie kämpfen oder intrigieren. Je größer diese Herausforderung ist, umso überwältigender wird auch das Triumphgefühl sein, wenn Sie sie gemeistert haben. Entscheidend ist, dass der Held an dieser Stelle endgültig die alten Verhaltensweisen hinter sich lassen muss, weil er sonst erneut scheitert. Auch Albert Einstein, definitiv ein Held der Moderne, wusste: „Probleme kann man niemals mit derselben Denkweise lösen, durch die sie entstanden sind." Die Herausforderung ist also wahrscheinlich durchaus existenzieller Natur, und wer sie besteht, erlangt natürlich den hoch verdienten Lohn: den Schatz, das Elixier der Macht, mit anderen Worten, ein Symbol dessen, was durch Ihre Reise überhaupt erst möglich wurde. Sie setzen plötzlich bisher verborgene Talente und Kräfte frei, entdecken, über welches Potenzial Sie tatsächlich verfügen, und Sie können damit nun Wirkung entfalten in Ihrem Alltag und Ihrer Umgebung.

Der Held macht sich mit dem Schatz auf den Rückweg und muss sich auch hier noch mal einigen Herausforderungen stellen. Denn die Implementierung der neu entdeckten Fähigkeiten und Ideen wird nicht von jedem gern gesehen werden. Das Neue braucht seine Zeit, um im Alten Fuß zu fassen und integriert zu werden.

Vielleicht klingt dieses Konzept für Sie ein wenig archaisch, und tatsächlich sind hier Persönlichkeits-Archetypen angesprochen. Sie sehen sich selbst als wenig heldenhaft? Dann hilft es vielleicht, wenn Sie sich klarmachen, dass moderne Heldinnen und Helden keine Drachen töten oder à la James Bond aus brennenden Flugzeugen springen müssen.

Helden und Heldinnen der neuen Zeit

Oft gibt es Vorbehalte gegenüber dem Begriff „Held". Herkömmlich damit verbunden sind meist eher kämpferische bis kriegerische Aspekte oder auch die Bereitschaft, sich aufzuopfern, was viel mit früheren Idealisierungen und Propagierungen zu tun hat. Heutzutage dürfen wir heldisch sein anders verstehen: Helden und Heldinnen der neuen Zeit sehen ihre Herausforderung weniger darin, eingebildete oder tatsächliche Gegner im Außen zu besiegen. Vielmehr wenden sie sich ihren Widerständen im Innen zu und begeben sich auf die Suche nach dem Schatz in sich selbst. Wer seinem Ruf auf diese Weise folgt, kann durchaus auch im Außen sehr erfolgreich sein, weil solche Helden andere Menschen inspirieren und begeistern können. Denken Sie an berühmte visionäre Unternehmer wie Anita Roddick, die Gründerin von Bodyshop, oder Steve Jobs, der Apple groß gemacht hat. Und auch die Unternehmerinnen und Unternehmer, die mir für dieses Buch Rede und Antwort gestanden haben, durchlebten alle ihre ganz individuelle Heldenreise. Denn ein Patentrezept gibt es dafür nicht, nur eine Art Blaupause, und bei allen gehören gewisse Widerstände und deren Überwindung dazu.

Wer sich jedoch seinen inneren Dämonen stellt, wird immer die Erfahrung machen, dass sie kleiner sind als gedacht. Kennen Sie den

„Scheinriesen" aus Michael Endes Buch „Jim Knopf und Lukas der Lokomotivführer"? Das ist eine Gestalt, die aus der Ferne betrachtet riesig erscheint. Doch je näher Jim Knopf und Lukas dem Riesen kommen, umso mehr schrumpft er zusammen, und als sie ihm dann endlich direkt gegenüberstehen, ist er ganz normal groß – und noch dazu ein ganz freundlicher und netter Geselle.

Ein „Scheinriese" ist bei näherer Betrachtung nicht wirklich groß

Genauso verhält es sich mit den meisten Zweifeln und Widerständen: Wenn wir sie uns nur mutig anschauen und entschlossen auf sie zugehen, verlieren sie an Größe und Bedrohlichkeit. Plötzlich stellen wir fest, dass wir tatsächlich bereits alle Ressourcen haben, die wir brauchen, um sie zu besiegen. Das ist die wesentliche Botschaft der Heldenreise: Sicher ist es manchmal unkomfortabel und schwierig, sich auf den Weg zu machen. Erfolg stellt sich relativ selten einfach von alleine ein. Wir müssen die Stufen einzeln nehmen, kein Aufzug bringt uns in einem Rutsch nach oben. Doch unsere Zweifel sind nur Prüfungen, an denen wir erkennen können, ob uns das Ziel wirklich wichtig genug ist. Wenn wir uns ihnen stellen, schrumpfen sie auf eine Größe, die wir bewältigen können, sodass dem gewünschten Erfolg schließlich nichts mehr im Weg steht. Im Gegenteil: Manchmal wird so ein Scheinriese sogar zum Verbündeten, wenn wir die verborgene Qualität darin entdecken.

Unsere Zweifel sind Prüfungen, wie wichtig uns das Ziel ist

Achtsamkeit kultivieren

Um Ihre „Scheinriesen" zu identifizieren, braucht es eine Eigenschaft, die zu Recht in den letzten Jahren auch im Management in den Fokus gerückt ist: Achtsamkeit. Achtsamkeit bedeutet gewahr sein – dem Augenblick und den eigenen Gefühlen und Wahrnehmungen gegenüber. Wir sind es heute nicht mehr gewöhnt, uns diese wertvolle Aufmerksamkeit zu schenken. Unsere Tage sind durchgetaktet bis zur letzten Minute, Entspannung ist häufig gar nicht vorgesehen, oder wir packen unsere freie Zeit ebenfalls voll und verplanen sie komplett. Innehalten, durchatmen, entschleunigen – das erlauben wir uns oft gar nicht. Vielleicht, weil wir Angst haben, dass sich dann tatsächlich die innere Stimme, unser Ruf, unüberhörbar bemerkbar machen würde und wir endlich tätig werden müssten?

Achtsamkeit zeigt auf, was nur ein „Scheinriese" ist

Übung: Achtsamkeit schulen

Statt in Ihren nächsten fünf freien Minuten zum Smartphone zu greifen und ein wenig zu daddeln oder auf Facebook zu surfen, setzen oder stellen Sie sich doch einfach mal hin und praktizieren Sie die bereits bekannte Haltung, bei der Sie sich Ihren Kopf als eine zu balancierende Kugel vorstellen. Atmen Sie tief ein und wieder aus, ein und aus, ein ... und aus ... Beantworten Sie sich dann die folgenden Fragen:

- Welche Gefühle tauchen jetzt gerade in mir auf?
- Wie fühlt sich mein Körper an? Was kann ich wo in meinem Körper spüren?

Wenn Ihre Gedanken abdriften in die Vergangenheit oder die Zukunft, konzentrieren Sie sich auf Ihren Atem und Ihre Körperwahrnehmung. Bewerten Sie nicht, bleiben Sie allein bei Ihrer Wahrnehmung.

Wenn Sie diese Übung konsequent zwei- bis dreimal am Tag durchführen, schulen Sie damit Ihre Achtsamkeit, und nach und nach werden Sie wacher, für sich, für Ihren Geist und Ihre innere Stimme. Sie lernen, diese Qualität in Ihrem Leben zu schätzen. Allerdings bedeutet zunehmende Achtsamkeit eben auch, dass Sie nicht mehr ausweichen können. Sie betäuben sich nicht länger mit sinnlosem Tun, das vielleicht kurzfristig Spaß macht, aber nur zu oft die Leere im Inneren lediglich übertüncht.

Scheinriesen aufspüren

Jetzt ist es an der Zeit, dass Sie sich Ihren persönlichen Widerständen widmen. Sie haben ja bereits das Bild der unternehmerischen Persönlichkeit entworfen, die Sie sein wollen. Im Allgemeinen neigt der Mensch jedoch dazu, negative Aspekte erst einmal auszublenden, weil sie das schöne Ideal stören könnten. Das heißt, dass Sie möglicherweise bestimmten Themen ausgewichen sind und sie in Ihrem bisherigen Entwurf nicht berücksichtigt haben, weil sie Ihnen in irgendeiner Weise unangenehm sind.

Doch die Fähigkeit zur Selbstkritik ist eine ganz entscheidende unternehmerische und letztlich auch menschliche Qualität: Nur wer bereit ist, aus seinen Fehlern zu lernen und alte Verhaltensweisen zu hinterfragen und gegebenenfalls zu verändern, wird sich und sein Business entwickeln.

Selbstkritik ist dabei nicht zu verwechseln mit *Selbstzweifel*: Wer ständig an sich selbst zweifelt, tut dies aus einer wenig wertschätzenden Haltung sich selbst gegenüber. Mit Selbstzweifeln machen wir uns klein und würdigen unsere Leistungen herab. Zu Beginn dieses Kapitels, bei dem Einstieg in diesen Mosaikstein namens Persönlichkeit, wurde bereits die notwendige Wertschätzung sich selbst gegenüber herausgestellt (s. S. 37). Tief sitzende Selbstzweifel können auf Ihrer Heldenreise tatsächlich die große Herausforderung sein, mit der Sie Ihren größten Kampf ausfechten müssen, um zu wahrer Wertschätzung für sich selbst und Ihr Tun zu gelangen.

Selbstkritik als Lernchance

Selbstkritik hingegen ist eine Fähigkeit, die Sie stärkt, weil Sie erkennen, dass Fehler und „Unvollkommenheiten" tatsächlich Lernchancen sind, an denen Sie weiter wachsen können. Wer die Augen konsequent vor seinen Fehlern verschließt oder sie umgekehrt exzessiv als Nährboden für die eigenen Versagensgefühle nutzt, handelt wenig unternehmerisch.

Übung: Ampelmännchen

Um Ihre Fähigkeit zur Selbstkritik zu schulen, habe ich die Ampelmännchen-Übung entwickelt:

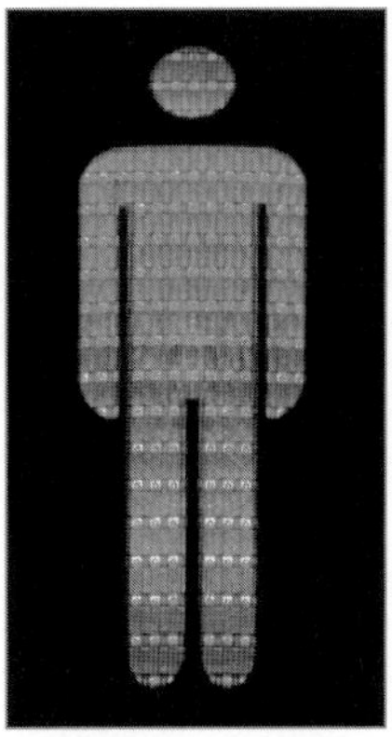

Abb.: Rotes Ampelmännchen depositphotos©Gudella

Nehmen Sie ein DIN-A4-Blatt und malen Sie darauf in Rot die Umrisse eines Riesen. Sie können sich an dem roten Ampelmännchen orientieren, wie in der rechts gezeigten Grafik. Nutzen Sie den ganzen Platz dafür. Das rote Ampelmännchen wirkt wie erstarrt in einer geradezu soldatisch anmutenden Haltung. Das symbolisiert ganz gut, wofür es auch in dieser Übung steht.

Sammeln Sie jetzt mindestens fünf Beispiele aus Ihrem beruflichen Leben, wo Sie Fehler gemacht haben, die tatsächlich unangenehme Konsequenzen hatten und über die Sie sich noch immer ärgern. Vielleicht sind Sie eine Kooperation eingegangen, die Ihnen letztlich nur Ärger beschert hat? Oder Sie sind einem Kunden weit entgegengekommen, der Sie nur ausgenutzt hat? Halten Sie diese Situationen, Personen oder Ereignisse irgendwo auf dem Körper des roten Ampelmännchens fest. Wenn Sie sich noch immer über diese Dinge ärgern, stecken Sie darin fest und büßen Ihre innere Beweglichkeit ein.

Ursachen für die Fehler sammeln

Hinterfragen Sie als Nächstes, welche Umstände zu dem jeweiligen Fehler geführt haben. Seien Sie ehrlich zu sich – Sie müssen es niemand anders eingestehen. Finden Sie mindestens fünf Aspekte, die dazu beigetragen haben:

- Vielleicht stellen Sie fest, dass Sie die Kooperation nur eingegangen sind, weil Sie sich alleine nicht getraut haben, für Ihr Thema zu gehen.
- Sie hofften, von der Erfahrung Ihres Kooperationspartners zu profitieren.
- Es war einfach bequemer.
- Sie konnten das unangenehme Thema Akquise auslagern.
- Ihr Lebenspartner hat Sie dazu gedrängt.

Vielleicht waren manchmal auch äußere Faktoren an Ihrem Fehler beteiligt, sodass Sie letztlich nur teilweise dafür verantwortlich waren. Notieren Sie auch diese Ursachen auf Ihrer Zeichnung, vielleicht in einer anderen Farbe.

Nehmen Sie nun ein neues Blatt und zeichnen Sie untereinander für jedes Beispiel ein kleines grünes Ampelmännchen. Diese Figur zeigt Bewegung, sie geht voran – so wie Sie, wenn Sie Ihr altes Verhalten und Ihren Ärger hinter sich lassen.

Wie Sie alte Fehler in Zukunft vermeiden

Schreiben Sie nun jeweils hinter jedes der grünen Männchen, wie Sie sich Ihr Verhalten bei ähnlichen Situationen in Zukunft vorstellen. Finden Sie also für jede Ursache, die Sie beim roten Ampelmännchen notiert haben, ein positives Gegenstück. Ihre Liste könnte dann im Beispiel Kooperation so aussehen:

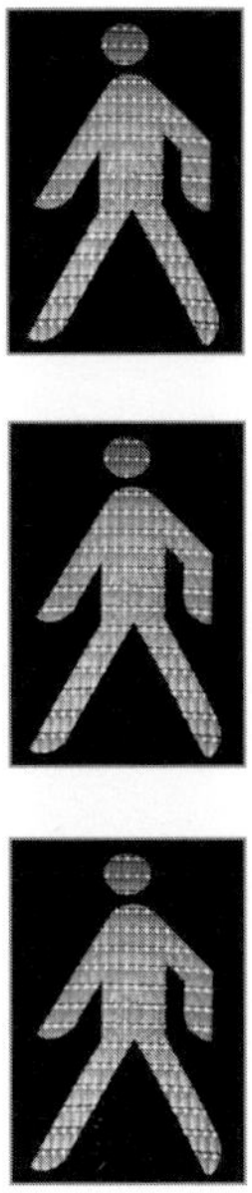

Abb.: Grünes Ampelmännchen depositphotos©Gudella

- Ehrlich prüfen, ob das Thema auch auf eigene Faust bearbeitet werden kann.

- Überlegen, welche Erfahrungen Sie dabei unterstützen könnten und wo Sie ggf. tatsächlich jemand anderes brauchen. Klar die Aspekte benennen, die ein möglicher Kooperationspartner erfüllen sollte.

- Klären, welche Bequemlichkeitsaspekte Sie vielleicht daran hindern, selbst für Ihr Thema einzutreten, oder wie Sie sich die Situation insgesamt angenehmer gestalten könnten.

- Auseinandersetzung damit, wie Sie das Thema Akquise angehen können: Bücher lesen, Seminare besuchen, einen Coach buchen. ...

- Sich fragen, was Sie wirklich wollen und die Entscheidung nicht jemand anderem überlassen.

Auf diese Weise kommen Sie aus der Falle der Selbstvorwürfe und dem Grübeln heraus. Sie schaffen sich neuen Handlungsspielraum und erkennen, was Sie aus diesen Erfahrungen, so unangenehm sie auch sein mochten, mitnehmen und lernen können. Unternehmerische Persönlichkeiten wissen, dass die erfolgreichsten Menschen auch diejenigen sind, die am meisten Fehler machen – einfach weil sie insgesamt mehr Risiken eingehen, indem sie Dinge ausprobieren. Es bleibt nicht aus, dass man zuweilen auf die Nase fällt. Vielleicht haben Sie ja Lust, Ihren grünen Ampelmännchen nach dieser Übung noch eine kleine Krone aufzumalen. Denn wie heißt es so schön: Hinfallen, aufstehen, Krönchen richten, weitergehen.

Am erfolgreichsten sind die, welche auch die meisten Fehler machen

Mein Tipp: Hängen Sie sich die Liste mit Ihren grünen Ampelmännchen gut sichtbar an Ihrem Schreibtisch auf. Sie verbinden sich so immer wieder mit Ihren wertvollen Erfahrungen und den Lehren, die Sie daraus gezogen haben. Den roten Ampelmann vernichten Sie, denn Sie wollen sich nun nicht weiter über Ihre Fehler ärgern.

> Ich bin mehrfach gescheitert, nämlich immer dann, wenn ich meine Sichtweisen nicht mehr an der Realität verifiziert habe. Ich habe dann Freunde und Mentoren konsultiert und versucht, mich in Gelassenheit zu üben. Es gibt immer eine Chance, es beim nächsten Mal besser zu machen. Und man lernt ständig dazu: selbstständig zu arbeiten, ohne sich selbst auszubeuten. Auf seinen Körper zu hören, die Seele zu pflegen und lernen, lernen, lernen, wie Menschen, Betriebe und Märkte ticken. Tatsächlich bekam ich stets Hilfe und Aufträge, wenn ich mit meinen Stärken und Schwächen, Nöten und Fähigkeiten authentisch und angstfrei umging.
>
> *Herbert Haberl, Mittelstandsberater*

Solcherart gewappnet, wenden wir uns nun Ihren Scheinriesen zu: den Aufgaben, die Sie sich nicht zutrauen, oder bei denen Ihnen irgendwie unbehaglich wird, obwohl Sie vage ahnen, dass Ihr Erfolg daran gekoppelt sein könnte. Das können erfahrungsgemäß zum Beispiel folgende Themen sein:

Mögliche Scheinriesen

- Ihr Umgang mit Geld und Ihren Finanzen: Vielleicht ist am Ende des Geldes immer noch so viel Monat übrig, oder Sie schaffen es einfach nicht, Rücklagen zu bilden. Verzweifeln Sie regelmäßig an Ihrer Buchhaltung und schreiben Ihre Rechnungen viel zu spät? Und kennen Sie überhaupt Ihre monatlichen Belastungen und wissen Sie, wie viel Umsatz Sie realistisch brauchen, damit Ihr Business Sie überhaupt trägt?

- Akquise, insbesondere Kaltakquise: Sie wissen theoretisch, dass Akquise ein ständiger und selbstverständlicher Teil Ihrer Tätigkeit sein muss, und dennoch tun Sie es nicht.

- Marketing, vor allem Social Media und Online-Marketing: Vielleicht denken Sie, dass das alles zu technisch und kompliziert ist, oder Sie haben Angst vor „Datenkraken". Ihr Fokus liegt auf möglichen negativen Aspekten statt auf den Chancen.

- Selbstdisziplin und Selbstmanagement: Zu bestimmten Tätigkeiten müssen Sie sich regelmäßig treten, und dennoch schaffen Sie es nicht, konsequent dranzubleiben. Sie verurteilen sich vielleicht auch noch dafür. Das kann auch im Gewand des Kokettierens daherkommen.

Bestimmt gibt es weitere Bereiche, in denen Sie für sich Defizite festmachen können, und vielleicht haben Sie auch bei einigen der oben angesprochenen Themen innerlich genickt.

Natürlich können hinter all diesen Themen die ganz großen einengenden Glaubenssätze liegen, und bloße Verhaltensänderungen werden dann nicht wirksam. Ich habe allerdings den begründeten Verdacht, dass wir manchmal einfach nur zu bequem sind, lästige Schritte zu gehen. Unternehmerin oder Unternehmer zu sein, ist eben nicht immer nur ein gemütlicher Spaziergang an der Strandpromenade. Manchmal muss man ein Stückchen durch den Sumpf waten, steile Felswände bezwingen oder sich mit der Machete einen Pfad durch den Urwald schlagen. Gerade an der Schwelle zu etwas Neuem braucht es zuweilen das Quäntchen Entschlossenheit, auch mal die Extrameile zu gehen, sich zusätzliches Know-how auch in ungewohntem Terrain anzueignen und bisherige Annahmen zu hinterfragen.

Was sind Ihre Scheinriesen?

Welcher „Scheinriese" hält Sie davon ab, über die Schwelle zu gehen und Ihr ganz eigenes unternehmerisches Abenteuer anzupacken? Wovor drücken Sie sich? Erstellen Sie eine Liste mit Themen, die Ihnen bereits begegnet sind, und bei denen Sie ein mehr oder weniger stark ausgeprägtes Unbehagen verspüren, weil Sie „eigentlich" wissen, dass Sie sich mal darum kümmern müssten:

- Regelmäßige Akquise
- Einen Newsletter oder Blog erstellen
- Einen Liquiditätsplan erstellen
- Sich mit Social Media (Xing, Twitter, Facebook etc.) beschäftigen
- Die Buchhaltung regelmäßig updaten
- Ihr Netzwerk konsequent ausbauen
- Besser für Ihre Gesundheit und Ihr Wohlbefinden sorgen
- ...

Vielleicht kommen Ihnen einige Punkte aus obiger Liste bekannt vor, oder Ihnen fallen noch mehr solcher „Schmerzpunkte“ ein. Das ist gut! Denn hier finden Sie Ihre Schwellen, also diejenigen Punkte, die Sie daran hindern, weiter voranzukommen. Wenn Sie schon an diesen Stellen aufgeben, stagnieren Sie und verweigern sich Ihrem unternehmerischen Ruf. Das mag nun hart klingen. Sie können natürlich auch einfach „nur“ Coach, Trainer oder Trainerin bleiben. Aber deshalb haben Sie sich dieses Buch nicht gekauft, oder? Etwas in Ihnen weiß ja ganz genau, dass Sie mehr erreichen könnten, wenn Sie nur die Bremse(n) lösen würden. Hier und jetzt starten Sie damit. Sie können das!

Wenn Sie mehr erreichen wollen, müssen Sie die Bremse lösen

Finden Sie für jeden Ihrer Schmerzpunkte mindestens fünf Argumente dafür, was sich in Ihrem Leben positiv verändern wird, wenn Sie das Thema angehen und in Ihr Leben integrieren. Sie haben sich bereits mit Ihrer Blaupause beschäftigt. Welcher Ihrer Werte wird erfüllt, indem Sie das neue Verhalten in Ihr Leben integrieren?

Finden Sie Argumente dafür, Ihre Schmerzpunkte anzugehen

Unter den Downloadressourcen finden Sie eine Tabellenvorlage, in der Sie Ihre Erkenntnisse wie in folgendem Beispiel eintragen können. Um zu den Downloadressourcen zu kommen, geben Sie den auf der inneren Umschlagklappe angegebenen Link ein.

Schmerzpunkt	Argumente dafür	Dadurch erfüllter Wert
Liquiditätsplan erstellen	- Immer eine aktuelle Übersicht über meine Finanzlage, - dadurch mehr Planungssicherheit, - kann früh genug eingreifen und Maßnahmen überlegen, wenn es eng wird, - fühle mich „unternehmerischer“, weil ich mich dem Thema überhaupt stelle, - kann eher sehen, wo ich mehr investieren müsste.	- Unabhängigkeit - Sicherheit

Tab.: Schmerzpunkten begegnen

Der Schritt, sich bei dieser Übung wieder auf Ihre Werte zu beziehen, ist sehr wesentlich, weil Sie so erkennen können, dass selbst zunächst ungeliebte Aufgaben zu Ihrem Wertesystem passen.

Wie passt der Kampf gegen den Scheinriesen zu den eigenen Werten?

Vielleicht finden Sie nun innerlich gerade Argumente, wieso ein Verhalten eben nicht zu Ihren Werten passt. Vermeiden Sie diese Falle. Das ist Ihre innere Bequemlichkeit, die sich nicht aus der Komfortzone herausbewegen will. Erkennen Sie den Widerstand als das, was er ist: Ihr ganz persönlicher Schwellenhüter am Start Ihrer Heldenreise. Suchen Sie stattdessen bewusst Gründe, wieso das Verhalten eben doch zu Ihren Werten passt.

Wer zum Beispiel Widerstand beim Thema Social Media spürt, und den Wert Kreativität hoch ansetzt, kann erkennen, dass man die sozialen Medien sehr kreativ bespielen kann. Ihre ganze Selbstpräsentation im Netz kann ein einziges Spiel sein, dessen Regeln weitgehend Sie selbst bestimmen. Es muss nicht immer Facebook sein. Plattformen wie Pinterest oder Instagram bieten ebenfalls interessante Möglichkeiten, sich seinem Publikum zu präsentieren. Finden Sie heraus, welche Möglichkeiten es eigentlich gibt, spielen Sie herum, testen Sie, probieren Sie aus, was geht, und dann treffen Sie eine begründete und vielleicht sogar strategische Entscheidung.

Gestalten Sie Ihr neues Verhalten so, dass es zu Ihnen passt

Wenn Sie auf diese Weise all Ihre Widerstände erfasst und in Beziehung zu Ihrem Wertesystem gebracht haben, überlegen Sie als Nächstes, wie Sie sich das neue Verhalten so gestalten können, dass es noch besser zu Ihnen passt. So könnten Sie sich Ihren Liquiditätsplan zum Beispiel nicht als dröge Exceltabelle anlegen, sondern eine bunte Mindmap malen. Oder Sie suchen sich eine Buchhaltungssoftware, die solche Planungen gut aufbereitet zur Verfügung stellt. Es gibt inzwischen auch Smartphone-Apps, mit denen sich solche Aufgaben sehr schön umsetzen lassen und die Ihre Ergebnisse grafisch hervorragend aufbereiten, sodass es richtig Spaß macht, sich die Auswertungen regelmäßig anzusehen.

Der springende Punkt an dieser Stelle ist, dass Sie sich aktiv damit auseinandersetzen, was Sie ganz konkret tun können, um das neue Verhalten in Ihr unternehmerisches Dasein zu integrieren. In einer Weise, mit der Sie sich damit so wohl wie möglich fühlen. Ein Unbehagen kann bleiben, aber Sie können dieses zumindest entkräften, weil Sie sich die Aufgabe selbst gestalten, statt einem von außen vorgegebenen „Man müsste mal ..." zu folgen. Wenn wir aus freier Entscheidung ins Tun kommen, gewinnt es eine ganz andere Qualität, und das trägt enorm zu unserem Selbstbewusstsein bei.

Fragen an Ihr zukünftiges unternehmerisches Selbst:

- Welche Schwelle werden Sie in den kommenden vier Wochen erfolgreich überwinden?
- Welche Mentoren könnten Sie dabei unterstützen?
- Welches Symbol könnten Sie wählen, um sich täglich an Ihr Vorhaben zu erinnern?

Wo die Angst ist, da geht's lang

Wenn wir unseren Ruf hören und die Vision unseres Lebens langsam ihre Konturen zeigt, werden wir mit inneren und äußeren Widerständen konfrontiert. Sehr oft zeigen sich diese in Form von Ängsten: Wir befürchten, die Kontrolle über unser Leben zu verlieren, haben Angst zu versagen oder uns zu blamieren, denken, dass wir uns zu viel vorgenommen haben und es nicht schaffen können, und so weiter und so fort. Angst kann ein sehr mächtiges Gefühl sein, doch wenn wir zulassen, dass sie unser ganzes Leben bestimmt, werden wir unserem Ruf niemals folgen. Und dann geht es uns vielleicht wie jenem 85-jährigen Mann, den Andrew Matthews in seinem Buch „So geht's dir gut" zitiert:

> „Wenn ich mein Leben noch einmal leben könnte, würde ich versuchen, das nächste Mal mehr Fehler zu machen. Ich wäre nicht so perfekt, würde die Dinge leichter nehmen und lockerer leben. Ich würde mehr Dummheiten machen als auf dieser Reise. Tatsächlich gibt es nur weniges, was ich wirklich ernst nehmen würde. Ich wäre viel verrückter und weniger hygienisch. Ich würde mehr riskieren und mehr reisen. Ich würde mehr Berge ersteigen und in mehr Flüssen schwimmen, mehr Orte besuchen, an denen ich nie gewesen bin. Ich würde mehr Eis essen und weniger Bohnen. Ich würde mehr in tatsächliche Schwierigkeiten geraten und weniger eingebildete Probleme haben! (...) Wenn ich es noch einmal zu tun hätte, würde ich das nächste Mal leichter reisen. Wenn ich es noch einmal zu tun hätte, würde ich im Frühjahr eher barfuß gehen und im Herbst länger draußen bleiben. Ich würde mehr Karussell

> fahren, mehr Sonnenaufgänge beobachten, mehr mit Kindern spielen, wenn ich mein Leben noch einmal leben könnte."
>
> *A. Matthews (2007): „So geht's dir gut", S. 51*

Ich bekomme jedes Mal eine Gänsehaut, wenn ich dieses Zitat lese. Manchmal hilft es, sich gedanklich ans eigene Lebensende zu versetzen und sich zu fragen, was man wahrscheinlich bereuen wird. Denn die wenigsten Menschen, die an der Schwelle des Todes stehen, sagen Dinge wie „Hätte ich doch mal mehr gearbeitet!" oder „Gut, dass ich immer so wenig riskiert habe". Sie wünschen sich eher, dass sie mehr Zeit mit Menschen verbracht hätten, die ihnen am Herzen liegen. Und dass sie mehr Mut aufgebracht hätten, um ihr Potenzial zu leben.

Ängste nicht bestimmen lassen

Wenn Sie zulassen, dass Ihre Ängste Ihr Leben bestimmen, werden Sie klein und kleiner werden, regelrecht verkümmern, wie eine Pflanze, der man die lebensnotwendigen Nährstoffe versagt. Mut ist der Dünger. Mutig werden Sie dann, wenn Sie Ihre Ängste als Wegweiser begreifen lernen, die Ihnen zeigen, wohin Sie sich orientieren müssen.

Nun kann es natürlich sein, dass Ihre Ängste schon sehr viel Raum in Ihrem Leben einnehmen und es Ihnen ganz unwahrscheinlich vorkommt, dass Sie sich jemals davon freimachen können. Die gute Nachricht ist: Sie müssen sich gar nicht freimachen davon. Sie müssen Ihre Ängste nur annehmen und sie als Handlungsaufforderung begreifen. Es geht nicht darum, Ängste zu verleugnen. Es geht vielmehr darum, sie zu integrieren und zu einem Antrieb umzufunktionieren. Wenn Sie jetzt innerlich abwinken und sich sagen, bei Ihnen klappt das sowieso nicht, dann erlauben Sie Ihrer Angst erneut, das Steuer Ihres Lebens zu übernehmen. Sie brauchen dann nicht mehr weiterzulesen. Doch eine unternehmerische Persönlichkeit stellt sich ihren Ängsten, sie überwindet innere und äußere Widerstände und folgt ihrem Ruf.

Techniken, mit Ängsten umzugehen

Die gute Nachricht ist, dass es tatsächlich Techniken gibt, die Sie nutzen können, um Ängsten ihre Bedrohlichkeit und damit ihre Macht über Ihr Leben zu nehmen. Sie haben in diesem Kapitel schon erfahren, wie Sie Ihre Achtsamkeit schulen können (s. S. 71 f.). Achtsamkeit ist in der Tat eine wesentliche Voraussetzung, um sich nach und nach aus den Klauen der Angst zu befreien, denn sie hilft uns, unserer Wahrnehmung mehr und mehr zu vertrauen. So erkennen wir die Warnsignale immer früher. Vielleicht stellen Sie fest, dass Sie regelmäßig Kopfschmerzen oder Durchfall bekommen, wenn Sie Ihrem Ruf nicht folgen und Ihre Kreativität unterdrücken. Körperliche Symptome sind sehr oft ein deutliches Warnzeichen dafür, dass wir von unserem Weg abweichen, insbesondere dann, wenn sie sich häufen.

Ängste tauchen ja in vielen verschiedenen Formen auf: „Werde ich's schaffen? Wie sieht das finanziell aus?" Finanzielle Ängste sind ein ganz großes Thema für viele, die sich selbstständig machen. Aber wenn man diesem Wildwuchs von Sorgen, Zweifeln und Ängsten an die Wurzel geht, entdeckt man oft einen eklatanten Mangel an Selbstliebe.

Martin Weiss, Trainer, Coach und Autor

Umgekehrt schult Ihre Achtsamkeit Sie aber auch dafür, positive Verstärker wahrzunehmen: Sie werden offener für Synchronizitäten, also scheinbare Zufälle. Einer meiner Mentoren hat mal den Satz geprägt „Zufall ist das, was dir zufällt, wenn es fällig wird". Wir erkennen die Fälligkeit jedoch nur dann, wenn wir uns dafür öffnen, und unsere Achtsamkeit zu trainieren, erlaubt uns, dem Leben insgesamt mit offenen Armen gegenüberzutreten.

Die mentale Stoppkelle: Drop the thought!

Es gibt eine verblüffend einfache Mentaltechnik, die es Ihnen erleichtern wird, Ihre Ängste im Zaum zu halten: Drop the thought. Sie wird dem Dalai Lama zugeschrieben und ist in der Tat eine Idee aus dem Buddhismus, der es sich ja zur Aufgabe macht, den Geist zu befreien. Kurz gesagt bedeutet sie, dass Sie den hinderlichen Gedanken, in diesem Fall Ihre Angst, loslassen, sobald Sie sie wahrnehmen.

Das klingt einerseits leichter gesagt als getan, doch andererseits ist es wirklich so einfach. Wann immer Sie sich dabei ertappen, dass Sie Ihrer Angst das Steuer überlassen, sagen Sie sich innerlich „Stopp!". Stellen Sie sich Ihre Stimme richtig laut vor. Wenn Sie alleine sind, sprechen Sie mit fester Stimme und in gebieterischem Ton. Darüber hinaus können Sie zusätzlich eine Stoppkelle visualisieren, um Ihre Vorstellung zu unterstützen, oder Sie heben einfach die flache Hand, als würden Sie einem unsichtbaren Gegner signalisieren „Bis hierher und nicht weiter!".

Innerlich „Stopp" sagen

Ihren Körper einzubeziehen, kann Sie noch weiter unterstützen. Konzentrieren Sie sich darauf, was gerade in Ihrem Körper passiert. Da wir nicht in der Lage sind, uns gleichzeitig auf zwei verschiedene Körperempfindungen zu konzentrieren, nehmen Sie auch damit der Angst ihre Macht. Wenn also in Ihnen ein Versagensgefühl auftaucht, oder Sie sich dabei ertappen, beim Gedanken an Ihr Vorhaben Angst zu bekommen, richten Sie Ihre Aufmerksamkeit auf Ihren Atem, auf das Gefühl, wenn die Luft durch Ihre Nase ein- und wieder ausströmt. Gehen Sie dann mit Ihrer Aufmerksamkeit langsam durch den Körper. Fangen Sie bei Ihren Füßen an und achten Sie einfach darauf, was Sie dort wahrnehmen, ohne es dabei zu bewerten: Sind Ihre Füße kalt oder warm, spüren Sie die Socken, die Sie tragen oder den Untergrund, auf dem Ihre nackten Füße stehen?

Auf Körperempfindungen konzentrieren

Auf diese Weise gehen Sie langsam durch Ihren gesamten Körper, von den Füßen, über Unter- und Oberschenkel und Ihr Gesäß, die Hüften, Ihren Bauch, Brust, Nacken, Kopf, Schultern, Ober- und Unterarme, Hände und schließlich zu Ihrem Rücken. Es ist eigentlich egal, wie lange Sie diesen Bodyscan praktizieren. Wichtig ist, dass Sie dabeibleiben und sich einfach auf die jeweilige Körperwahrnehmung konzentrieren. Wenn die Gedanken abschweifen, nehmen Sie auch dies wahr und kehren Sie einfach wieder zurück zu Ihrem Atem und Ihrem Körper. Sie werden feststellen, dass Sie auf diese Weise dem Angstgefühl tatsächlich entkommen.

Wenn Sie diese Übung in der für Sie passenden Zeit abgeschlossen haben, machen Sie weiter mit dem, was Sie gerade taten, als Ihre Angst sich meldete. Glauben Sie es, Ihr ängstlicher Anteil wird so verdattert sein, dass er sich erst einmal zurückzieht und Sie in Ruhe lässt. Wenn Sie diese Übung regelmäßig anwenden, werden Sie zudem feststellen, dass es von Mal zu Mal leichter geht. Das liegt daran, dass Sie Ihrem inneren Angstmacher die Stirn zeigen. Sie lassen nicht länger zu, dass er bestimmt, was in Ihrem Leben wichtig ist. Indem Sie Stopp sagen und „Drop the thought" praktizieren, erobern Sie sich die Hoheit über Ihr Leben zurück.

Angstgefühle werden seltener

Wundersamerweise werden Sie dieses Angstgefühl immer seltener überhaupt noch verspüren. Denn der innere Anteil, der dafür zuständig war, bemerkt ja, dass es Ihnen besser geht. Die Angst ist meist aus kindlichen Erfahrungen gespeist. Der ängstliche Anteil in uns will letztlich erreichen, dass wir nicht verletzt werden. Das ist seine positive Absicht. Wer als kleines Kind gelernt hat, dass es überlebensnotwendig ist, sich möglichst unsichtbar zu machen und nicht aufzufallen, bleibt anfällig für die Angst.

Wenn Sie jedoch lernen, Ihrer Angst zu widerstehen und sie loszulassen, erlauben Sie damit diesem ängstlichen Anteil, wortwörtlich erwachsen zu werden. Dieser Anteil erkennt nach und nach, dass erwachsene Menschen andere Möglichkeiten haben als das kleine Kind, um in dieser Welt zu bestehen. Ja, dass sogar die positive Absicht noch viel besser verwirklicht wird, wenn die Persönlichkeit ihrem Ruf folgt und „ihr Ding" macht.

Das Einzige, was Sie heute möglicherweise von dieser Erfahrung trennt, ist eine Entscheidung. Und Sie wissen ja bereits, dass es immer und jederzeit an Ihnen liegt, Entscheidungen zu treffen, die Sie als richtig erkannt haben.

Die wichtigste Eigenschaft, um seine Träume zu realisieren, besteht meines Erachtens darin, einfach dranzubleiben und konsequent einen Schritt nach dem anderen zu gehen. Ich habe selbst jahrelang große Visionen gehabt und bekam die nicht umgesetzt. Bis ich irgendwann verstanden habe: Dranbleiben ist die Devise, selbst, wenn es eine Zeitlang noch dürre aussieht. Und im entscheidenden Moment war es dann so, ich habe eine Chance gesehen, ich wollte die haben, ich hatte Angst davor, aber ich habe gedacht: „Machst du trotzdem." Und wenn man oft genug wider die Angst gehandelt hat, dann weiß man innerlich, dass man auch noch größere Herausforderungen meistern kann.

Martin Weiss, Trainer, Coach und Autor

Willenskraft und Versuchung – ein ewiger Kampf?

Nun haben Sie bereits einige wirksame Strategien kennengelernt, um mit Ihren Widerständen und Ängsten umzugehen. Doch um nachhaltige Erfolge zu erzielen, bedarf es einer Qualität, die möglicherweise auch bereits auf Ihrem Wunschzettel steht: Durchhaltevermögen, das sich auch äußert als die Fähigkeit zur Selbstdisziplin bzw. Willenskraft.

Durchhaltevermögen ist gefragt

Besonders von Unternehmerinnen und Unternehmern, die in eher kreativen Berufen tätig sind – und darunter fallen auch Coachs, Trainer und Berater – ist oft zu hören, dass eine ihrer größten Hürden das Thema Selbstmotivation und Disziplin war. Viele Menschen in beratenden Berufen sind sehr vielseitige Persönlichkeiten, und diese Eigenschaft kann im gleichen Maße Kraftquelle und Bremsklotz sein. Wenn wir nicht lernen, unsere Energie zielgerichtet zu kanalisieren, verpufft viel von dieser kreativen Power ungenutzt. Daher lohnt es sich, einmal einen Blick darauf zu werfen, was Willenskraft tatsächlich ausmacht und was sie bewirkt.

Was halten Sie von folgender These: Menschen mit starker Willenskraft, die sich auf langfristige Ziele konzentrieren, werden wahrscheinlich eher ein erfolgreiches und zufriedenes Leben führen.

Tatsächlich gibt es einige Anhaltspunkte dafür, dass die obige Behauptung valide ist. In den Sechzigerjahren führte Walter Mischel, ein amerikanischer Neuropsychologe, eine Studie durch, mit der er berühmt geworden ist, das sogenannte Marshmallow-Experiment. Er ließ Vorschulkinder allein in einem Raum sitzen, vor ihnen auf dem Tisch ein Marshmallow. Man erklärte ihnen, dass sie eine zweite dieser Süßigkeiten erhalten würden, wenn es ihnen gelänge, zwanzig Minuten zu warten, bis sie den ersten verspeisten. Sollten sie allerdings vor Ablauf der Zeit zugreifen oder nach dem Aufsichtspersonal klingeln, müssten sie sich mit dem einen Marhsmallow zufriedengeben.

Das Marshmallow-Experiment

Die Kinder zeigten sehr unterschiedliche Strategien, um mit dieser Herausforderung umzugehen: Manche aßen den Marshmallow sofort oder hielten nur wenige Minuten durch, bis sie der Versuchung nachgaben. Andere Kinder versuchten, sich irgendwie abzulenken, um so die Zeit zu überbrücken. Und es gab auch einige Kinder, die anscheinend gar keine Probleme mit dem Warten hatten. Kinder zeigen also schon in sehr frühem Alter bestimmte Verhaltensweisen, bezogen auf die Erreichung eines Ziels. Richtig spannend ist natürlich die Frage, ob sich das auf ihr späteres Leben auswirkt – und das ist tatsächlich der Fall. Walter Mischel hat sich 50 Jahre später angeschaut, was aus den Kindern von damals geworden ist, und er konnte Erstaunliches feststellen.

Es gibt zwar so etwas wie eine genetische Veranlagung, die sich in einer Tendenz zu höherer oder niedrigerer Willensstärke zeigt. Doch wer jetzt denkt, damit wäre alles erklärt, und wenn man unter mangelnder Willenskraft leide, könne man ohnehin nichts daran ändern, liegt leider falsch, denn Mischel zeigt auch, dass jeder Einzelne es in der Hand hat, seine Selbstkontrolle zu verbessern.

Erfolgreich ist, wer das Ziel im Auge hat und Strategie anwendet

Am erfolgreichsten im Privat- und Berufsleben waren offenbar unter dem Strich diejenigen Kinder, die sich einiges einfallen ließen, um sich von dem Marshmallow abzulenken. Besonders gut funktionierte diese Strategie, wenn die Kinder den Marshmallow abdeckten oder sich von ihm abwandten, sodass sie ihn nicht mehr im Blick hatten. Das reduzierte offenbar die Versuchung, zuzugreifen. Sie behielten auf diese Weise also ihr Ziel, am Ende zwei Marshmallows zu erhalten, innerlich im Auge und arbeiteten darauf hin, es zu erreichen.

Dieses Verhalten lässt sich auch auf erwachsene Menschen und ihre Strategien übertragen. Wer also beispielsweise an einem kreativen Projekt arbeitet, das innerhalb eines bestimmten Zeitrahmens umgesetzt werden muss, tut gut daran, der Versuchung durch mögliche Ablenkungen bewusst zu widerstehen. Unter diesem Aspekt ist der in Selbstmanagement-Seminaren oft empfohlene Rat, das Mailprogramm nur dreimal pro Tag zu öffnen oder das Smartphone während der Arbeit an einem konkreten Projekt nicht in Sichtweite zu platzieren, tatsächlich äußerst sinnvoll. Es kommt vor allem darauf an, sich sein eigentliches Ziel immer wieder bewusst zu machen. Damit steigt dann auch die Chance, seine Vorsätze in die Tat umzusetzen.

Versuchungen präsentieren sich ja auf ganz unterschiedlichen Ebenen: Wer abnehmen möchte, muss auf Süßigkeiten oder Alkohol verzichten, wer eine vertrauensvolle und dauerhafte Beziehung führen will, sollte möglichen Gelegenheiten zum Fremdgehen widerstehen, und wer beruflich erfolgreich sein will, darf sich nicht immer wieder von durchaus interessanten, jedoch nicht zielführenden Themen ablenken lassen. Auch hier kann man sich etwas von den Vorschulkindern abgucken: das eigentliche Ziel im Auge behalten und gleichzeitig Argumente finden, wieso die Versuchung gar keine ist. Wer sich die Versuchung bewusst schlechtredet, verliert eher den Appetit darauf. Grundsätzlich hilft eine positive Lebenseinstellung:

Eine positive Lebenseinstellung hilft

„Wir müssen uns vorstellen, dass wir es schaffen können, wenn wir nur hart genug dafür arbeiten. Es klingt banal: Aber pessimistische Menschen tendieren dazu, nach den sofort verfügbaren Belohnungen zu greifen, anstatt sich für ein hochgestecktes Ziel zu entscheiden."

Walter Mischel, zitiert nach der FAZ (13.10.2015): Marshmallow-Test

Neuropsychologisch haben wir es hier mit zwei verschiedenen Systemen zu tun: Das limbische System, der evolutionär älteste Teil unseres Gehirns, ist auf das Überleben ausgelegt. Es springt daher immer sofort an, wenn es um die kurzfristige Befriedigung eines Impulses geht. Schließlich ist es bequemer, auf der Couch eine Tüte Chips zu futtern, als eine Runde joggen zu gehen, und es verschafft schnell und scheinbar leicht einen gewissen Lustgewinn. Das schlechte Gewissen, das sich hinterher meldet, entsteht im präfrontalen Cortex, der für rationales Denken und Selbstkontrolle zuständig ist. Leider hat dieser Teil es schwerer, weil er jünger ist – unser limbisches System war über viele Jahrtausende zuständig fürs Überleben, und es war damit äußerst erfolgreich. Es ist für Hunger, Angst und den Sexualtrieb zuständig, und es reagiert immer sofort und kaum überhörbar. Deshalb ist es wichtig und auch machbar, den bewussten Umgang mit Versuchungen und das Setzen von Zielen bewusst zu trainieren. Sie haben in diesem Kapitel bereits daran gearbeitet, Ihren Ruf zu erkennen und die Werte zu identifizieren, die sich darumgruppieren.

Der Wunsch nach kurzfristiger Befriedigung dominiert

Wenn Sie auch zu der großen Gruppe der vielseitig begabten und interessierten Menschen gehören, die zwar sehr viel wissen und können, aber beruflich und manchmal auch privat trotzdem nicht so recht vom Fleck kommen, dann kann das auch mit der Ausprägung Ihrer Willenskraft zu tun haben. Sie wissen jetzt zwar hoffentlich, wohin es Sie zieht und was Ihr Beitrag für das große Ganze sein könnte, doch Sie befürchten vielleicht, dass Sie Ihre hochgesteckten Ziele nicht erreichen werden, weil Sie auch in der Vergangenheit immer wieder daran gescheitert sind, langfristig zu planen.

Übung: Muster erkennen, die nicht zielführend sind

Für diesem Fall sei Ihnen hier eine hochwirksame Übung vorgestellt, mit deren Hilfe Sie erkennen können, wieso Sie noch immer bestimmten Mustern folgen, obwohl Sie rational bereits erkannt haben, dass diese nicht zielführend sind. Warnung vor Risiken und Nebenwirkungen: Diese Übung könnte tatsächlich Ihr Selbstbild nachhaltig verändern und sehr viel Energie freisetzen.

Lebensbilder aufspüren und verändern

Wenn Sie bisher ein störendes Verhalten zeigten bei der Umsetzung von langfristigen Zielen – dass Sie beispielsweise manche Aufgaben immer wieder vor sich herschieben, dazu neigen, sich zu verzetteln, oder ganz grundsätzlich meinen, dass strategisches Planen nicht Ihr Ding ist – dann könnte diese Übung, die auf Bernd Schmid zurückgeht, für Sie einige erhellende Erkenntnisse bereithalten.

Fokussieren Sie sich mittels der bereits bekannten Übung, bei der Sie sich vorstellen, Ihren Kopf auf der Spitze eines Dreiecks zu balancieren. Wenn Ihr Atem tief und ruhig geworden ist, denken Sie an das Thema „Ziele“ und öffnen Sie sich für innere Bilder oder auch Szenen, die nun in Ihnen aufsteigen, wenn Sie sich folgende Fragen stellen:

Fragen zu Ihrem Lebensbild

- Was wollten Sie als Kind werden, was war Ihr liebster Berufswunsch?

- Nun stellen Sie sich vor, Ihr Leben von Kindheit bis heute wäre verfilmt worden. Wie lautet der Titel des Films?
- Draußen am Kino ist im Schaukasten ein Szenenfoto zu sehen: Was ist darauf zu sehen? Versuchen Sie, sich auf das Wesentliche zu fokussieren.
- Nun kommt ein Paar am Kino vorbei und betrachtet das Bild im Schaukasten. Während sie weitergehen, sagt einer zum anderen: „Da sieht man mal, dass ..." Ergänzen Sie den Satz.
- Schauen wir nun nach weiteren Bildern. Wenn Sie Ihr Umfeld und Ihre Familie in Augenschein nehmen, was kommt Ihnen da als Erstes in den Sinn, was mit dem Thema Beruf und Ziele zu tun hat? Wie würde der Titel dieses Films lauten? Welches Szenenfoto fällt Ihnen zu diesem Film ein?
- Was sagen die beiden Spaziergänger zu diesem Bild? „Da sieht man, dass ..."
- Existieren noch andere Bilder im Kontext „Ziele", die Sie beeindruckt haben und nun aufsteigen? Wie lautet der Filmtitel hier?
- Gibt es auch hierzu ein Bild oder eine Szene?
- Was sagen die Spaziergänger dazu? „Da sieht man, dass ..."
- Sehen Sie sich Ihre Antworten nun in Ruhe an und nehmen Sie sich Zeit, um die folgenden Denkfragen zu beantworten:
- Inwiefern passen Ihre „Filmbilder" zu Ihrer derzeitigen beruflichen Situation als Unternehmerin oder Unternehmer? Wo gibt es Diskrepanzen?
- Welches der Bilder bildet Ihren Umgang mit Zielen am besten ab?
- Wie bewerten Sie Ihr Verhalten vor dem Hintergrund dieser Bilder? Erklären diese vielleicht, wieso Sie sich lieber ablenken, als fokussiert und stringent an einem Thema zu arbeiten?
- Erkennen Sie ein wiederkehrendes Muster, das sich durch Ihr Leben zieht?
- Welches der Bilder ist eine mögliche Kraftquelle für Sie?
- Wie können Sie Aspekte Ihrer Bilder, die Ihnen auf Anhieb vielleicht nicht so zusagen, in Ihr bisheriges Verhalten integrieren?

Solche seelischen Bilder prägen unseren Umgang mit bestimmten Themen sehr stark, und oft wirken sie unbewusst und erzeugen ein Verhalten, das nicht (mehr) angemessen ist. Das äußert sich in einem leichten Unbehagen bis hin zu regelrechten Blockaden. Wenn Sie also manchmal nicht verstehen können, wieso Sie sich in einer bestimmten Rolle oder Situation immer unwohl fühlen, dann kann ein systematisches Hinterfragen der eigenen Lebensbilder nach dem oben vorgeschlagenen Muster zu interessanten Erkenntnissen führen.

Geben oder entziehen Ihre Bilder Kraft?

Als unternehmerische Persönlichkeiten im Bereich Training und Coaching können wir so Bilder aufspüren, die uns Kraft geben und gleichzeitig identifizieren, welche Bilder auf eine Weise in uns wirken, dass uns eher Energie entzogen wird. Besonders weiterführend ist dann die Frage danach, wie Aspekte der störend wirkenden Bilder auf eine hilfreichere Weise integriert werden können. Denn oft lässt sich darin etwas erkennen, was dem eigenen Selbstbild durchaus guttun könnte.

Vielleicht stellen Sie zum Beispiel fest, dass Ihr Vater als Unternehmer ein hohes Leistungsethos verfolgte und Ihnen die Selbstständigkeit als einen immerwährenden Kampf vermittelte. Der Titel des Films könnte dann etwa lauten „Das Leben ist kein Ponyhof!" Auf dem Bild erkennen Sie Ihren Vater, der bis spät in die Nacht am Schreibtisch sitzt. Wenn dieses Bild in Ihnen fortwirkt, kann es sein, dass Sie sich der Anstrengung verweigern, die es bedeutet, Zielen auch langfristig zu folgen, weil Sie nicht ständig kämpfen möchten. Damit sabotieren Sie auf einer unbewussten Ebene Ihren Erfolg, denn Sie werden nie lange genug durchhalten, um Ihre Ziele zu erreichen.

Welche Aspekte der Bilder sind wertvoll?

Doch wenn Sie diesen Mechanismus aufgedeckt haben, können Sie Ihren Fokus darauf lenken, welche Aspekte dieses inneren Bildes für Sie wertvoll sein könnten. Beispielsweise könnten Sie sich vergegenwärtigen, dass Ihr Vater durch seine harte Arbeit einen hohen Lebensstandard für Ihre Herkunftsfamilie gewährleistete und Sie als Kind vielfach davon profitieren konnten. Auf diese Weise kann es gelingen, ein neues Bild zu formen, mit einem neuen Satz. In unserem Beispiel sehen Sie sich vielleicht nun selbst mit einem Lächeln am Schreibtisch sitzen. Der hilfreiche Satz könnte lauten: „Wenn man weiß wofür, lohnt sich auch die Anstrengung." In gewisser Weise reichern Sie damit Ihr unternehmerisches Selbstbild an. Sie stopfen Energielecks, beseitigen die Quellen von Unwohlsein und Blockaden und schöpfen neues Selbstvertrauen.

Die Arbeit mit Lebensbildern kann übrigens auch bei anderen schwierigen Themen hilfreiche Impulse geben. Als sehr erfolgreich zeigt sich die Methode beispielsweise bei der Arbeit mit dem Thema Geld und Fülle, denn gerade in diesem Bereich wirken solche Bilder im Hintergrund oft stark. Viele unternehmerisch tätige Menschen aus heilenden und helfenden Berufen oder auch im kreativen Umfeld tun sich oft richtig schwer damit. Im Zusammenhang mit dem Mosaikstein „Rahmenbedingungen" werden wir uns daher mit verschiedenen Aspekten rund ums liebe Geld noch näher beschäftigen (ab S. 160 ff.).

Erfolgsgewohnheiten dauerhaft etablieren

Inzwischen haben Sie bereits einige Ihrer Widerstände identifiziert, und möglicherweise haben Sie festgestellt, dass deren Überwindung auch bedeuten würde, sich von einer schlechten Gewohnheit zu verabschieden. So klagen Coachs und Trainer zwar beispielsweise oft darüber, dass sie zwar „eigentlich" wissen, dass regelmäßige Akquise gut und sinnvoll ist, und sie machen sogar immer wieder mal Anläufe dazu. Doch nach meist sehr kurzer Zeit versickert die Motivation wieder irgendwohin und es bleibt bei der positiven Absicht. Die gute Nachricht ist: Die Motivation ist nicht weg, sondern nur gerade woanders, und wir können sie uns zurückholen. Ein Erfolgsgeheimnis liegt tatsächlich darin, sich Routinen anzueignen. Und das ist einfacher, als man denkt, wenn man erst einmal begriffen hat, wie unser Gehirn funktioniert.

Sich neue, hilfreiche Routinen aneignen

Schlechte Gewohnheiten loszuwerden und gleichzeitig neue zu etablieren, die uns guttun – das würden wir gerne schaffen. Doch sehr oft scheitern wir aus folgenden Gründen daran:

Warum wir oft nicht schaffen, Vorsätze durchzusetzen

- Wir nehmen uns zu viel vor. Gerade zu Anfang ist man meist hoch motiviert und will dann im Prinzip alles auf einmal erreichen. Das klappt aber in den wenigsten Fällen.

- Wir geben zu früh wieder auf. Nach ein, zwei Wochen lässt der Reiz des Neuen und damit unsere Motivation deutlich nach. Die Folge: Wir werden nachlässig, gönnen uns eine Auszeit – und kommen dann einfach nicht wieder rein. Der Autopilot der schlechten Gewohnheit sitzt wieder am Steuer.

- Wir fangen gar nicht erst an. Denn wir glauben, wir müssten diszipliniert und willensstark sein, und da wir das ja ohnehin nicht sind, lassen wir es lieber gleich ...

Erste Hinweise darauf, wie es gelingen könnte, tatsächlich „dranzubleiben“, gab bereits vor Jahren das Buch „Erfolgreiche Gewohnheiten“ von Jörg Weisner: das gewünschte Verhalten 30 Tage lang wiederholen, hieß es da, und schwupp, gibt es im Gehirn eine ganz frische neuronale Autobahn, und die neue Gewohnheit funktioniert!

Der Trick mit den 30 Tagen

Spielerisch hinderliche Gewohnheiten verabschieden

Diese Idee ist schon mal aufschlussreich, und es gibt noch weitere Ingredienzen, um sich von lästigen und hinderlichen Gewohnheiten zu verabschieden. Das funktioniert nämlich besonders gut, wenn man daraus ein Spiel macht. Vor allem viele kreative Menschen, die häufig innere Widerstände spüren, wenn es um Vokabeln wie „Durchhalten“ und „Disziplin“ geht, profitieren von einem spielerischen Umgang mit diesem Thema.

Um zu verstehen, wieso der 30-Tage-Trick wirkt, schauen wir uns zunächst unseren Autopilot an, der ja grundsätzlich ein durchaus nützlicher Geselle ist. Er hilft uns, bestimmte Tätigkeiten quasi automatisch zu erledigen, ohne groß darüber nachzudenken: Zähne putzen am Abend zum Beispiel, jeden Morgen Kaffee kochen usw. Leider funktioniert das aber auch bei Gewohnheiten, die uns nicht so gut tun. Wenn wir z. B. jeden Tag eine Tafel Schokolade essen, nie unsere Ablage erledigen, unser Marketing immer auf später verschieben etc. – dann wären wir dieses Verhalten manchmal sehr gerne los, aber wenn wir nur daran denken, was alles dafür erforderlich wäre, werden wir schon wieder ganz mutlos. Also lassen wir es lieber sein und verharren beim schädlichen Verhalten, wider besseren Wissens und daher meist auch noch mit schlechtem Gewissen.

„Schwellenangst" ist normal

Tatsächlich ist diese „Schwellenangst" ganz normal. Die angestrebte Veränderung ist irgendwie noch so unkonkret und so anders als das Gewohnte, dass wir sie uns manchmal gar nicht richtig vorstellen können. Wir fürchten die Anstrengung, die damit verbunden ist, und wir haben heftige Zweifel, dass wir das schaffen können, weil wir doch eigentlich so undiszipliniert, faul etc. sind.

Der 30-Tage-Testlauf

Jetzt kommt der Trick: Wir schalten einfach eine 30-tägige Testphase vor! So als würden wir ein neues Produkt ausprobieren, das wir bei Nichtgefallen nach 30 Tagen zurückgeben dürften. Wir verpflichten uns nur auf 30 Tage und können dann ohne Angabe von Gründen kündigen. Damit haben wir nichts zu verlieren. Wir testen die neue Gewohnheit einfach aus und wir behalten sie nur dann, wenn sie uns nach 30 Tagen wirklich gefällt. Damit entlasten wir den Teil unseres Gehirns, der bei der Aussicht auf langfristige Verhaltensänderungen in den Panikmodus geht. Auf 30 Tage können wir uns hingegen relativ entspannt einlassen.

Phasen beim Einführen neuer Verhaltensmuster

Nun sollte man wissen, dass es bei allen Versuchen, neues Verhalten zu etablieren, eine Drei-Phasen-Mechanik gibt. Konkret wirkt sich das so aus, dass wir zunächst hoch motiviert starten. Bereits am zweiten Tag ist es etwas schwieriger, aber wir sind noch immer entschlossen. In der nächsten Zeit wird es wahrscheinlich immer etwas mühsamer, die neue Gewohnheit durchzuhalten. Das ist jedoch normal, denn die Macht der Gewohnheit schlägt noch auf der Seite des alten, störenden Verhaltens aus. Wir brauchen zu Anfang deutlich mehr Energie, uns daraus zu lösen. Das ist wie bei einem Katapult: Da muss man auch erst mal sehr viel Energie aufwenden, um es zu spannen. Aber dann zischt das Geschoss plötzlich los und nimmt diese ganze Energie mit!

Dies ist die erste Phase. Sie dauert meist um die zehn Tage, und wenn Sie sich darauf einstellen, wissen Sie jetzt, dass das ganz normal ist und können die Zähne zwischendurch besser zusammenbeißen. Zwar meldet sich in der zweiten Phase, die auch ungefähr noch mal zehn Tage dauert, häufig der innere Schweinehund mit besonderer Penetranz und fragt leise säuselnd, ob das Ganze wirklich Sinn macht, oder ob man sich nicht mal einen Tag Pause gönnen kann. Das ist noch immer der Autopilot, der Sie in das alte Verhalten zurückholen will. Geben Sie ihm keine Chance! Sie haben es nämlich schon fast geschafft. Machen Sie sich einfach darauf gefasst, dass sich diese Widerstände melden, denn dann haben sie schon nur noch halb so viel Macht über Sie.

Denn ungefähr ab Tag 21 passiert das Wunder: Ganz allmählich wird das neue Verhalten zur neuen Gewohnheit. Der Widerstand nimmt deutlich ab, wir müssen uns nicht mehr so anstrengen, um täglich das neue Verhalten zu üben.

Am Ende des „Testlaufs"

Am Ende Ihrer Testphase haben Sie nun die Wahl: aufhören oder weitermachen? Das Spannende ist: Jetzt wissen Sie, wie sich das neue Verhalten anfühlt und Sie sind schon ziemlich weit damit, die neue Gewohnheit zu etablieren. Wollen Sie jetzt wirklich wieder zurück auf den Stand davor? Sie haben ja tatsächlich mit der alten Gewohnheit gebrochen und sich aus dieser Abhängigkeit befreit. Das ist einfach ein physiologischer Prozess: Es braucht so lange, bis in unserem Gehirn die neuen synaptischen Verbindungen quasi breitgetreten genug sind, damit dort die Nervenimpulse der neuen Gewohnheit störungsfrei und automatisch ablaufen können.

Außerdem haben Sie sich selbst ein wunderbares Erfolgserlebnis geschenkt, weil Sie 30 Tage am Stück durchgehalten haben. Zudem haben Sie nach Ihrer 30-tägigen Testphase auch schon erste Ergebnisse erzielt: Vielleicht sind Sie fitter geworden, oder Ihre Ablage ist ordentlicher, oder Sie akquirieren nun wirklich regelmäßig jeden Tag. Auf jeden Fall können Sie jetzt besser abschätzen, was sich langfristig noch verändern ließe, wenn Sie die neue Gewohnheit beibehalten würden. Um sich noch besser für das Dranbleiben während der 30 Tage zu motivieren, überlegen Sie doch mal, wie Sie sich das Verstreichen der Zeit versinnbildlichen können:

Das Verstreichen der 30 Tage vor Augen führen

- Zum Beispiel können Sie sich zwei Gläser auf den Nachttisch stellen. In dem einen befinden sich 30 Euro in 1-Euro-Münzen. Jeden Abend, wenn Sie dabeigeblieben sind, wandert eine Münze in das benachbarte Glas. Wenn Sie einmal aussetzen, muss alles wieder zurück! Wenn Sie schließlich 30 Euro im zweiten Glas gesammelt haben, gönnen Sie sich zur Belohnung von diesem Betrag etwas Schönes.

- Ich habe auch gute Erfahrungen mit einem Leder- oder Kautschukarmband gesammelt, auf das man Schmuckelemente ziehen kann. Für jeden Tag wandert ein Element auf das Band.

Wenn Sie eine Woche geschafft haben, können Sie die Elemente für die vorherigen Tage abziehen und dafür ein höherwertiges für die erste Woche aufziehen. Der Vorteil des Armbandes: Sie haben Ihre Fortschritte sozusagen immer dabei und vor Augen. Solche Armbänder gibt es übrigens für Männer und Frauen.

- Ein Maßband, von dem Sie jeden Tag ein Stück abschneiden, kann Sie ebenfalls bei Ihrem Vorhaben unterstützen. Manche Menschen kleben jeden Tag einen Sticker oder Klebepunkt in ihr Tagebuch, um ihren Erfolg zu visualisieren.

- Und nicht zuletzt gibt es auch Apps für Smartphones, mit deren Hilfe Sie solche „Gewohnheitsketten" anlegen können. Suchen Sie nach „Chains", dann werden Sie sicher fündig.

Stellvertretend eine Ersatzhandlung vornehmen

Oft bleibt unklar, wie man sich denn zum Beispiel angewöhnen soll, regelmäßig zu joggen, dies aber nicht täglich tun will. Wie soll man bei so einem Vorhaben die 30-Tage-Frist einhalten? Wichtig ist, dass Sie sich innerlich jeden Tag mit der neuen Gewohnheit verbinden. An den Tagen, an denen Sie nicht laufen gehen, ziehen Sie zumindest die Joggingschuhe an und laufen Sie damit eine halbe Stunde durch Ihre Wohnung, während Sie Ihrem üblichen Tagesablauf folgen. Oder Sie praktizieren Gymnastik oder Yoga. Werden Sie kreativ und finden Sie Ihre eigenen Lösungen für solche Fragen. Der entscheidende Aspekt ist, dass Sie irgendetwas tun, was in Zusammenhang steht mit der neuen Gewohnheit, die Sie in Ihr Leben integrieren möchten.

Inzwischen weiß man, dass die 30-Tage-Frist zwar wesentlich ist, um neue Gewohnheiten zu etablieren. Bis sich die Routine tatsächlich als selbstverständliches Verhalten etabliert hat, braucht es jedoch zumeist noch weitere 100 bis ca. 270 Tage. Dann ist sozusagen die alte Autobahn der schädlichen Gewohnheit im Gehirn vom Dschungel zurückerobert und zugewachsen, während gleichzeitig aus dem neuen Trampelpfad eine gut ausgebaute vierspurige neue Autobahn gebaut wurde. Die Information zum neuen Verhalten hat sich quasi Zelle für Zelle durch Ihren Körper kommuniziert und passiert jetzt ganz selbstverständlich, eben wie Autofahren oder Zähne putzen. Allerdings können sich selbst solchermaßen antrainierte Gewohnheiten durch die Hintertür recht schnell wieder verabschieden. Irgend eine entscheidende Zutat scheint zuweilen doch noch zu fehlen, doch was könnte das sein?

Dranbleiben erfordert innere Motivation

Das Geheimnis ist einmal mehr Ihre innerste Motivation. Sie werden zum Beispiel Akquise niemals dauerhaft in Ihr unternehmerisches Leben integrieren, wenn Sie sich nicht ganz klar darüber sind, wieso Sie das tun sollten. Damit ist gemeint, dass Sie das nicht nur verstandesmäßig einsehen. Das ist leicht. Alle wissen, dass Akquise und Marketing nötig sind, um dauerhaft im Geschäft zu bleiben, und dennoch drücken sich viele ständig davor – und wenden sogar sehr viel Energie für Ausweichmanöver und Entschuldigungen auf.

Doch wenn Sie sich bewusst machen, wieso Sie sich eigentlich für Ihr Business entschieden haben, wenn Sie sich also Ihre innersten Beweggründe noch mal vor Augen führen, dann wird möglicherweise Folgendes deutlich: Wenn Sie sich weiter weigern zu akquirieren, können Sie Ihr geliebtes Business irgendwann vielleicht nicht mehr ausüben, weil Sie einfach nicht ausreichend Umsatz machen, um Ihren Lebensunterhalt zu verdienen. Das mag eine schmerzliche Einsicht sein, aber zum Glück kommt sie noch rechtzeitig, denn Sie können nun ab sofort daran arbeiten, Ihr Verhalten zu verändern. Wenn Sie einmal diese Motivation, diese tiefste innere Inspiration, gefunden haben, dann ist es nicht mehr schwer, ins Tun zu kommen und dabeizubleiben. Wenn Sie also eine neue Gewohnheit lernen möchten, dann fragen Sie sich zunächst:

- Was genau bedeutet das für mich?

Sich das dahinter liegende Ziel bewusst machen

Wenn Sie also zum Beispiel mehr Ordnung auf Ihrem Schreibtisch halten wollen – welche Motivation steckt dahinter? Vielleicht antworten Sie: *„Weil ich klarer denken kann, wenn mein Schreibtisch leer ist."* Dann fragen Sie sich erneut: *„Und was bedeutet das für mich, wenn ich klarer denken kann?" – „Dann bin ich konzentrierter." – „Und wenn ich konzentrierter bin?" – „Dann bringe ich bessere Leistungen." – „Und wenn ich bessere Leistungen bringe?" – „Dann erhalte ich mehr Anerkennung." – „Und wenn ich mehr Anerkennung erhalte?" – „Dann kann ich auf mich stolz sein."*

Letztendlich steckt hinter Ihrem Wunsch nach mehr Ordnung also die Sehnsucht, stolz zu sein auf das Erreichte. Möglicherweise ist das etwas, was Sie sehr stark motiviert. Vielleicht kommen Sie bei diesem Beispiel auf eine ganz andere Antwort. Wichtig ist, dass

Sie sich nicht mit der erstbesten zufriedengeben, sondern wirklich nachspüren. Sie werden merken, wenn Sie nicht mehr weiter bohren müssen, weil sich eine tiefe innere Gewissheit einstellt.

Verbinden Sie die neue Gewohnheit mit der inneren Motivation

Verbinden Sie sich nun jedes Mal, bevor Sie sich Ihrer neuen Gewohnheit widmen, mit dieser inneren Motivation. Nehmen Sie sich eine halbe Minute und denken Sie daran, warum Sie das tun. Das hilft Ihnen sehr, gerade an Tagen, an denen der Motivationslevel eher niedrig ist. Dazu kommt eine weitere Zutat: Sobald Sie das neue Verhalten für den jeweiligen Tag geübt haben, freuen Sie sich ganz bewusst darüber, und zwar so, dass Sie es wirklich spüren können. Vielleicht ballen Sie Ihre Faust und rufen „Tschakka!". Vielleicht neigen Sie auch nur kurz den Kopf und bedanken sich bei sich selbst. Sie finden bestimmt eine ganz persönliche Art, sich zu freuen, dass Sie es heute wieder geschafft haben. Auf diese Weise verknüpfen Sie Ihre neue Gewohnheit mit positiven Assoziationen. Gerade nach den ersten 14 Tagen, wenn wir versuchen, eine neue Gewohnheit zu etablieren, fallen wir immer wieder in Löcher, zweifeln an unserem Durchhaltevermögen usw. Das ist im Grunde logisch, denn wir haben noch kaum positive Referenzerfahrungen. Wir wissen eigentlich nur, dass wir wegwollen von der alten, der schlechten Gewohnheit. Aber wir brauchen positive Bestätigungen. So funktionieren wir Menschen nun mal.

In gewisser Weise verpacken Sie also Ihre neue Gewohnheit in ein leckeres Sandwich: unten Ihr tiefster Antrieb, Ihre innere Motivation. Und als Deckel obendrauf Freude, Dankbarkeit und Wertschätzung für sich selbst, wenn Sie es wieder geschafft haben. Auf diese Weise gelingt es Ihnen ganz sicher, nach und nach immer mehr tolle neue Gewohnheiten in Ihr Leben zu integrieren, und zwar ganz leicht und mühelos.

Fragen an Ihr zukünftiges unternehmerisches Selbst:

Welche neuen Gewohnheiten würden Ihnen helfen?

- Welche Gewohnheiten wären nützlich für Ihre unternehmerische Entwicklung?
- Was ist die wichtigste, die Sie ab morgen 30 Tage lang ausprobieren?
- Wie können Sie Ihre täglichen Fortschritte sichtbar machen?

Selbstfürsorge und Resilienz

Im letzten Abschnitt wurde bereits das Thema „Bewegung" angeschnitten, wenn es um die Etablierung von neuen Gewohnheiten geht. In der Tat ist das häufig ein Thema bei Unternehmerinnen und Unternehmern. Viele von uns sitzen ständig vor dem Computer, oder wir sind als Trainer viel unterwegs, sitzen im Zug oder im Auto und stehen dann stundenlang vor unserer Gruppe. Ausgleichende Bewegung kommt dann häufig zu kurz. Umgekehrt gibt es auch Kollegen, die den hohen Leistungsanspruch, den sie an ihre Arbeit haben, auch in der Freizeit beibehalten und „nebenbei" noch für den Marathon trainieren. Hier fehlt häufig der Aspekt der Entspannung, das Loslassenkönnen, die wohlverdiente Auszeit.

Wie gut sorgen Sie für sich, und wie erhalten Sie Ihre Gesundheit? Als unternehmerische Persönlichkeit setzen wir uns selbstverantwortlich mit unserem Körper und seinen Möglichkeiten und Grenzen auseinander. Gleichzeitig schulen wir unseren Geist und unsere Selbstwahrnehmung, denn oft steht uns der Kopf im Weg, wenn es um die Verbesserung unseres körperlichen Zustands geht. Es geht darum, eine Balance zu finden zwischen den Anforderungen unseres beruflichen Alltags und den Bedürfnissen unseres Körpers. Eine Voraussetzung hierfür ist auch wieder Achtsamkeit: Wir sollten lernen, die Signale unseres Körpers wahrzunehmen und ihnen auch zu folgen.

Tendenziell verdrängen viele die Beschäftigung mit dieser Thematik. Wir sind ja alle nicht dumm und wissen ganz genau, wie wichtig es ist, der eigenen Gesundheit Zeit zu widmen. Allerdings tun sich dann bei näherer Betrachtung oft mehrere Baustellen auf einmal auf:

Gesundheitliche Aspekte, die oft vernachlässigt werden

- **Ernährung**
  - Unregelmäßige Tagesabläufe führen zu unregelmäßigem Essen. Das ist für unsere Verdauung schwerer zu verkraften, und zudem neigen wir nach längerem Hungern dazu, größere Portionen zu uns zu nehmen, als eigentlich nötig wäre. Das bedeutet meist nichts Gutes für unser Gewicht.
  - Da wir auch oft zu schnell essen und uns zu wenig Zeit für den Genuss der Speisen nehmen, wird das Sättigungsgefühl quasi überhört, und auch das bedeutet, dass wir unserem Körper mehr zuführen als er benötigt und er daher Reserven in Form von Fett anlegt.
  - Wir essen zu viel ungesundes Zeugs: Süß- und Knabberkram, zu viel Fleisch, zu viel Kohlenhydrate, und umgekehrt zu wenig Gemüse und Obst.

- **Beweglichkeit**
  - Wie oft wählen wir das Auto, wenn wir eine Besorgung ebenso gut zu Fuß oder mit dem Fahrrad erledigen könnten? Und die Rolltreppe oder den Aufzug statt der Stufen nehmen wir meist ohne nachzudenken. Das bedeutet mittel- und erst recht langfristig, dass wir schneller ermüden.
  - Wer viel sitzt und sich wenig bewegt, wird vor allem mit zunehmendem Alter bemerken, dass sich eine gewisse Steifigkeit in den Gelenken zeigt. Das hat damit zu tun, dass sie nicht mehr richtig „geschmiert" werden, und wer das zu lange vernachlässigt, hat irgendwann möglicherweise sogar mit chronischen Schmerzzuständen zu tun. Ärzte und Physiotherapeuten leben davon ziemlich gut.

- **Kraft**
  - Ein Körper, der nicht gefordert wird, verkümmert. Die Muskulatur bildet sich zurück, und wir werden immer weniger belastbar. Das hat natürlich auch Auswirkungen auf unser Immunsystem, und wir werden anfälliger für Infekte.

- **Energie**
  - Auch die mentale Stärke hängt direkt mit dem körperlichen Wohlbefinden zusammen: Es ist wesentlich leichter, sich zu fokussieren und viel Energie in seinen Job zu stecken, wenn der Körper mitspielt und nicht ständig unangenehm auf sich aufmerksam macht. Unwohlsein nagt an unserer Konzentra-

tion, und das bedeutet, dass wir nicht so gute Arbeit liefern und weniger produktiv sind als wir eigentlich könnten.

- **Regeneration**
  - Sich zu erlauben, Pausen zu machen, sowohl kürzere als auch längere, ist gesund. Tatsächlich arbeiten viele permanent durch und „powern" sich durch ihren Tag. Wenn das hin und wieder vorkommt, ist dagegen gar nichts zu sagen. Als langfristige Strategie geht so ein Verhalten allerdings im wahrsten Sinne des Wortes auf die Knochen, erst recht, wenn man sich nicht mehrmals im Jahr eine richtige Auszeit gönnt.

Meistens hängen all diese Faktoren eng miteinander zusammen und verstärken sich gegenseitig in ihren negativen Auswirkungen.

> Angst kommt in meinem Leben kaum vor. Angst mag schützen, aber sie ist ein schlechter Ratgeber. Allerdings kam es da und dort zu großen Unsicherheiten über den Weg und teilweise sogar zu depressiven Zuständen. Seele, Geist und Körper im Einklang und „fit" zu halten, ist eine stete Herausforderung.
> *Herbert Haberl, Mittelstandsberater*

Wie bessere Selbstfürsorge gelingt

Hier soll nicht einer Genussbeschränkung bis hin zu purer Askese das Wort geredet werden – obwohl das für manche Menschen der richtige Weg zu sein scheint. Wenn Sie jedoch erkannt haben, dass eine Ihrer Herausforderungen als unternehmerische Persönlichkeit darin liegt, eine bessere Selbstfürsorge zu betreiben, dann kümmern wir uns jetzt um die Frage, wie Ihnen das gelingen kann.

Ein Erfolgsrezept kennen Sie bereits aus dem Abschnitt zu neuen Gewohnheiten (ab S. 65 ff.): Sie müssen für sich sehr genau klären, wieso Sie etwas an Ihrem bisherigen Verhalten ändern möchten. Orientieren Sie sich daher an folgenden Fragen:

- Ist der Wunsch, eine starke unternehmerische Persönlichkeit zu sein, groß genug, um Sie dauerhaft zu motivieren?
- Welche Zutaten benötigen Sie noch, damit der Gedanke an Bewegung und gesunde Ernährung nicht eine reflexhafte Verdrängung auslöst?

Wenn Sie auf diese Weise geklärt haben, dass es für Sie wirklich lohnenswert ist, Ihr bisheriges Verhalten zu ändern und Sie sicher sind, dass Ihre Motivation ab sofort dafür ausreichen wird, schauen wir uns zunächst einmal an, was in Ihrer Welt mit Begriffen wie „Ernährung", „Sport", „Bewegung" etc. verknüpft ist. Denn das gibt uns gute Hinweise darauf, wo Sie ansetzen können, um die Geschichten, die Sie sich selbst erzählen, zu verändern.

Mit Assoziationen arbeiten

Was assoziieren Sie mit Begriffen wie „Ernährung"?

Nehmen Sie sich ein Blatt Papier, mindestens DIN A4, besser größer, zum Beispiel aus einem Zeichenblock. In die Mitte schreiben Sie „Ernährung" und malen einen Kringel um das Wort herum. Von dort aus bilden Sie Assoziationsketten. Ziehen Sie von diesem Zentrum aus einen Strich, schreiben dahinter das erste Wort, das Ihnen zu „Ernährung" in den Sinn kommt und umkringeln Sie auch dieses wieder. Davon ausgehend ziehen Sie den nächsten Strich und schreiben das nächste Wort auf, das sich darauf bezieht. Folgen Sie dieser Assoziationskette so lange, bis Ihnen nichts mehr einfällt. Setzen Sie dann wieder im Zentrum an und wählen Sie das nächste Wort, das Ihnen zum Thema Ernährung einfällt. Lassen Sie sich in der gleichen Weise zu einer Assoziationskette verführen.

Clustern: Bleiben Sie im Schreibfluss

Wichtig bei dieser Übung ist, dass Sie nicht zu lange grübeln, sondern im Schreibfluss bleiben. Wenn Ihnen einen Moment lang gar nichts mehr einfällt, umkringeln Sie einfach weiter das letzte von Ihnen geschriebene Wort. Ihr Gehirn bleibt dadurch aktiv auf der Suche und schaltet nicht einfach ab. Manchmal werden Ihnen auch Bilder in den Sinn kommen, Sprichwörter oder Fetzen von Songtiteln. Auch diese können und sollen Sie aufschreiben, es muss nicht immer nur ein einziges Wort sein.

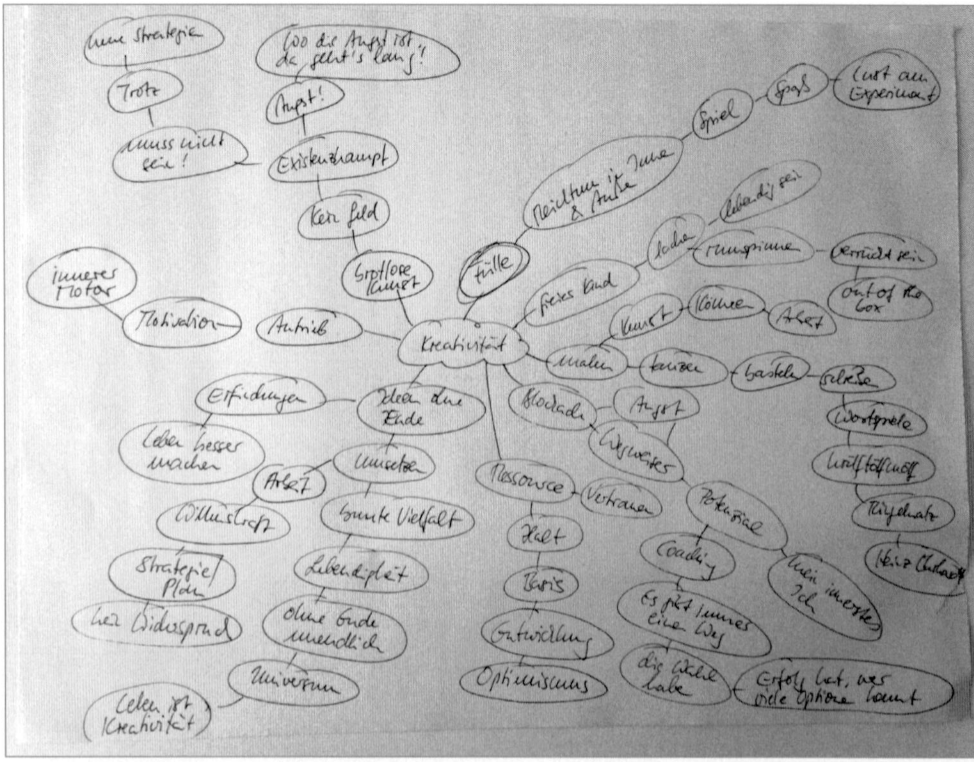

Abb.: Cluster

Versuchen Sie, so viele Ketten wie möglich zu bilden. Als Beispiel sehen Sie hier ein Cluster zum Thema „Kreativität". Das Beispiel wurde gewählt, um Ihnen nicht schon bestimmte Assoziationen zur Ernährung oder einem anderen Selbstfürsorgethema vorzugeben. Verfahren Sie dann in der gleichen Weise mit allen anderen Wörtern, die sich für Sie um das Thema Selbstfürsorge gruppieren, wie „Sport", „Bewegung", „Kraft" etc. Sie können sich dazu auch die folgende Grafik auf der rechten Seite ansehen und einmal nachspüren, welche der dort eingebetteten Wörter ein gewisses Unwohlsein bei Ihnen auslösen.

Welches Gefühl lösen die Wörter aus?

Abb.: Begriffe zum Thema Selbstvorsorge. Mit *wordle.net* erstellt.

Unterbewusste Assoziationen erkennen

Wenn Selbstfürsorge zu Ihren Herausforderungen gehört, werden Sie vermutlich feststellen, dass Ihnen zu diesen Begriffen viele Ideen kommen, die nicht unbedingt positiv besetzt sind. Durch die oben beschriebene Technik des „Clusterns" kommen auch alte Bilder und Vorstellungen aus den Tiefen Ihres Unterbewusstseins nach oben, und es kann passieren, dass Ihnen plötzlich klar wird, wieso Sie bisher ein so „unvernünftiges" Verhalten in diesem Bereich gezeigt haben. Das Schöne ist ja, dass wir unserem Geist eine neue Geschichte erzählen können, getreu dem bekannten Motto „Es ist nie zu spät für eine glückliche Kindheit", das wir in diesem Abschnitt ummünzen können in „Es ist nie zu spät für eine gesunde Selbstfürsorge".

Positive Bilder schaffen

Betrachten wir nun die Ergebnisse auf Ihren Blättern. Wie könnte eine Geschichte lauten, die Sie ermutigt, Ihren Körper zu stärken und auf seine Bedürfnisse zu hören? Was hätten Sie zum Beispiel als Kind gerne gehört? Welche Bilder passen zu Ihrer positiven Vorstellung von Beweglichkeit und Kraft und machen Ihnen ein gutes Gefühl? Was möchten Sie von sich glauben in Bezug auf Ihre Gesundheit und Ihren Körper?

Übung: Magic Words

Wenn es Ihnen sehr schwerfallen sollte, Ihre Gedanken auf diese Weise positiv umzuprogrammieren, können Sie zunächst damit arbeiten, die Qualität der einzelnen Begriffe zu verändern. Dabei hilft die Übung „Magic Words" von Cora Besser-Siegmund.

Stellen Sie sich das Wort, das Ihnen schlechte Gefühle macht, ganz bildlich vor:

Das negativ besetzte Wort verbildlichen

- In welcher Schrift ist es geschrieben? Welche Farbe haben die Buchstaben?
- Wo befindet es sich? Genau vor Ihrer Nase, auf dem Boden, oder dräut es über Ihnen?
- Wie groß ist es?
- Was für ein Gewicht hat es?
- Gibt es ein Geräusch und/oder einen Geruch, das bzw. der damit verbunden ist?
- Wenn Sie auf diese Weise das betreffende Wort ganz genau vor sich sehen, beginnen Sie damit, die einzelnen Qualitäten in einer für Sie positiven Weise zu bearbeiten:
- Wenn die Buchstaben beispielsweise bisher groß, schwarz und spitz vor Ihnen aufragten, können Sie jetzt eine rundere Schrift wählen und ihr eine andere Farbe geben.
- Statt der bisherigen Schwere können Sie jedem Buchstaben einen Luftballon geben, der ihn nach oben zieht.
- Sie können das Wort schrumpfen lassen oder es vergrößern und auch seine Lage verändern.
- Basteln Sie solange am Erscheinungsbild des Wortes, bis es sich für Sie angenehm anfühlt.

Wie fühlt es sich jetzt an, wenn Sie zum Beispiel an „Ernährung" denken? Sehr wahrscheinlich fällt es Ihnen nun leichter, an positive Aspekte zu denken und sich eine neue Geschichte zum Thema auszudenken, die zu Ihnen und Ihren wahren Bedürfnissen passt.

Kleine Schritte

Mikrogewohnheiten statt Rückzieher

Nun kann es sein, dass Sie zwar voller guter Vorsätze sind und auch hoch motiviert. Gleichzeitig schauen Sie etwas zweifelnd auf den Berg neuer Aufgaben, den Sie sich da eben aufgehalst haben. Womit sollen Sie jetzt bloß anfangen? Damit Sie keinen Rückzieher machen, sei Ihnen das Konzept der sogenannten „Mikrogewohnheiten" ans Herz gelegt. Das ist ein weiterer hilfreicher Trick, um Ihr Gehirn auf Veränderung einzustellen. Denn tatsächlich fangen wir manchmal gar nicht erst an, oder steigen sehr früh wieder aus, wenn wir das Gefühl bekommen, dass das neue Verhalten einfach zu aufwendig ist, und wir also zu viel Energie dafür benötigen. Wenn unsere interne Kosten-Nutzen-Rechnung nicht mehr stimmt, finden wir schnell Ausreden. Sich zu viel auf einmal vorzunehmen, kann tatsächlich eine äußerst wirkungsvolle Selbstsabotagetechnik sein.

Sehr, sehr kleine Schritte machen

Die Lösung liegt darin, klein anzufangen. Wirklich klein, mikroskopisch klein sozusagen. Wenn Sie sich also vorgenommen haben, zweimal pro Woche Yoga zu praktizieren, dann fangen Sie damit an, eine Woche lang täglich nur Ihre Yogamatte auszurollen. Ihr Gehirn merkt sich „Aha, das tut ja gar nicht weh!". Nach einer Woche ziehen Sie zusätzlich Ihre Yogakleidung an. Wenn Sie sich auch daran gewöhnt haben, fällt es gar nicht mehr so schwer, sich auf die Matte zu stellen und mit dem Üben anzufangen. Falls Sie finden, dass das total albern klingt: Kann schon sein. Aber wie wäre es, Sie probieren es einfach mal aus und lassen sich von den Ergebnissen überraschen? Auf diese Weise haben schon manche Sportmuffel den Einstieg geschafft und sind wirklich drangeblieben. Darüber hinaus hilft es, wenn Sie Ihre Mikrogewohnheit koppeln mit einer bereits erfolgreich etablierten Gewohnheit. Wenn Sie also beispielsweise abends gewohnheitsmäßig Ihren Schreibtisch aufräumen, rollen Sie direkt danach Ihre Yogamatte aus.

Hier der ganze Ablauf noch einmal als Checkliste:

Wie Sie am besten vorgehen

- Welche neue Gewohnheit wollen Sie etablieren?
- Was könnte dafür eine Mikrogewohnheit sein? Sammeln Sie ruhig ein paar Ideen, bevor Sie sich entscheiden. Und bleiben Sie wirklich winzig klein, sodass Ihr „fauler Anteil" fast gar nicht

merkt, was Sie da eigentlich vorhaben. Das ist oft eine Herausforderung. Fragen Sie sich bei jeder Ihrer Ideen, wie Sie diese noch weiter verkleinern könnten und fangen Sie mit dem winzigsten vorstellbaren Schritt an.

- An welche bereits vorhandene Gewohnheit können Sie Ihre Mikrogewohnheit andocken?

Sobald Sie den ersten Teil Ihrer neuen Gewohnheiten im Hinblick auf Ihre Selbstfürsorge fest etabliert haben, gehen Sie nach diesem Muster Ihre nächste Aufgabe an. Auf diese Weise sammeln Sie Erfolgserlebnisse und verfolgen konsequent Ihr Ziel.

Positiv Denken

Wir haben es jeden Tag in der Hand, uns weiterzuentwickeln

Wie ein roter Faden zieht sich durch alle bisher angesprochenen Bereiche dieses Buches die tiefe Überzeugung, dass wir es selbst in der Hand haben, unser Leben als Unternehmerinnen und Unternehmer in der Weise zu gestalten, die am besten zu uns passt. Das ist die wahre Magie. Wir können jeden Tag Entscheidungen treffen, die dazu beitragen, dass wir uns persönlich und unternehmerisch weiterentwickeln und unseren Fokus auf Lösungen statt auf Probleme richten. Wenn wir dieses Verhalten regelmäßig praktizieren, vergrößert sich unsere Resilienz, das heißt, wir werden gegenüber den Herausforderungen des Lebens insgesamt widerstandsfähiger.

Wer postitiv denkt, erholt sich schneller von Rückschlägen

Die amerikanische Professorin für Psychologie Barbara Fredrickson hat viel zu diesem Thema geforscht. Sie konnte mit ihren Studien klar belegen, dass eine positive Lebenseinstellung auf vielen Ebenen hilfreich ist. Abgesehen davon, dass durch eine grundsätzlich positive Einstellung das Gesundheitsrisiko sinkt und damit auch die Lebenserwartung deutlich steigt, wirkt sie sich auch auf unseren Umgang mit den weniger schönen Aspekten unseres Daseins aus: Wer positiv denkt, erholt sich schneller von Rückschlägen und auch von persönlichen Tragödien. Sie können sich vorstellen, dass diese Fähigkeit für unternehmerische Persönlichkeiten äußerst wertvoll ist. Denn wir haben alle immer wieder mit Situationen zu tun, in denen es nicht rundläuft: Unser Angebot wird vom Kunden abgelehnt, ein nahestehender Mensch erkrankt, wir haben finanziell auf das falsche Pferd gesetzt und möglicherweise viel Geld verloren, und dann gibt auch noch das Auto seinen Geist auf. Manchmal kommen sogar einige solcher Erfahrungen zusammen, und das Leben scheint uns irgendwie die rote Karte zu zeigen. Wer trotz solcher Rückschläge seinen Fokus darauf legt, wie trotz der schwierigen Situation das Leben noch immer lebenswert und schön sein kann, kommt schneller wieder auf die Füße.

> Was mir sehr geholfen hat, war die Bereitschaft, sich verletzlich zu machen und dadurch sehr transparent zu sein. Ich habe einfach keine Angst davor, meine Schwächen zu zeigen oder darüber zu sprechen. Ich wollte meine Herausforderungen nicht verstecken, also habe ich angefangen, darüber zu reden. Und man muss wirklich gewillt sein, seinen Ängsten in die Augen zu schauen. Das ist eins der Dinge, die man lernen muss als Unternehmer. Da wo die Angst ist, da muss man hingucken. Nicht dass die Angst dann unbedingt immer weniger wird, aber man ist von ihr nicht mehr so beeindruckt.
>
> *Conni Biesalski, Beraterin und Bloggerin*

Das könnte auch die Antwort auf die Frage sein, zu der Fredrickson forscht, nämlich wieso unsere Vorfahren überhaupt positive Emotionen entwickelten. Denn negative Emotionen wie Angst, Ekel und Zorn waren in vielerlei Hinsicht für unsere Ahnen überlebenswichtig: Wer keine Angst verspürte, wurde vom nächsten großen Raubtier gefressen. Wer Zorn nicht kannte, konnte schlecht die Energie mobilisieren um sich gegen Angriffe zu wehren. Und ohne Ekel lassen sich giftige oder schädliche Nahrungsmittel nicht von genießbaren unterscheiden. Aber wie trugen positive Gefühle zum Überleben der Spezies bei?

Die Broaden-and-Build-Theorie

Die Antwort der Wissenschaftlerin auf diese Fragestellung war Ende der 90er-Jahre die sogenannte Broaden-and-Build-Theorie: Eine positive Grundeinstellung sorgte dafür, dass die Menschen der Vorzeit physisch, sozial, intellektuell und psychologisch an Stärke gewannen und damit sicherstellten, dass sie evolutionär gesehen einen Vorsprung hatten.

Positives Denken erweitert den Spielraum

Inzwischen belegen viele Studien, dass positive Emotionen uns auch aus scheinbar ausweglosen Situationen befreien können, weil sie unseren Denk- und Handlungsspielraum erweitern. Wir öffnen unseren Geist und unsere Herzen und werden so empfänglicher, offener und kreativer. Das bedeutet nicht, dass positiv denkende Menschen die negativen Aspekte des Lebens verleugnen oder den Kopf in den Sand stecken. Sie nehmen sie durchaus wahr, und sie fühlen ebenso Trauer, Schmerz und Zorn wie alle anderen auch. Aber sie lösen sich schneller von diesen negativen Emotionen und geraten weniger in eine Abwärtsspirale aus Verzweiflung und Wut.

> Wer offen und positiv gestimmt ist, lernt also mehr als jemand, der negativ und zurückweisend (oder auch nur neutral) ist, denn er ist optimistisch, interessiert und lässt sich von seiner Neugier inspirieren. Eine negative Haltung – sogar Neutralität – hemmt Ihre Energien. Negativität und Neutralität verhindern weitere Erfahrungen.
> *Frederickson, B. (2011): Die Macht der guten Gefühle, S. 38.*

Insofern lässt sich eine positive Grundhaltung als Investition verstehen, und zwar nicht nur in uns selbst, sondern auch in unsere Umwelt. Es ist ausgesprochen gesund, dafür zu sorgen, dass es uns und den Menschen in unserer Umgebung gut geht, und wir dürfen Dinge auch deshalb tun, weil sie uns einfach nur Freude schenken und Spaß machen.

Kultivieren Sie eine positive Haltung

Wenn Sie diese Haltung bewusst kultivieren, erhöhen Sie nicht nur die Chance dafür, dass Ihnen noch mehr und bessere Ideen für Ihr Business kommen. Sie werden außerdem auch mehr Freude in die Welt insgesamt bringen und darin tiefere Erfüllung finden als jemals zuvor.

Für Coachs, Trainer und Berater, die sich unternehmerisch verstehen, könnten folgende Leitfragen interessant sein:

Leitfragen für eine positive Haltung

- Wie kann ich dafür sorgen, dass mir meine Tätigkeit noch mehr Freude macht?
- Wie lassen sich auch unangenehmere Bestandteile meines unternehmerischen Daseins so gestalten, dass sie Spaß machen?

Widmen Sie diesen Überlegungen einige Zeit, denn Sie können auf diese Weise Ihrem Denken und Handeln eine ganz neue Qualität geben.

Intuition und Sachverstand

Bei den Denkfragen des vorherigen Abschnitts und auch bei der Arbeit mit Ihren Widerständen hat sich vielleicht bereits Ihre innere Stimme bemerkbar gemacht. Sie meldet sich oft dann, wenn wir unsicher sind, wenn wir eine Entscheidung brauchen oder auf der Suche nach dem richtigen Weg sind. Allerdings müssen wir die Bedingungen so gestalten, dass wir sie auch wahrnehmen. Unsere Intuition meldet sich nicht immer laut und unüberhörbar, und nur zu oft nehmen wir sie auch nicht so recht ernst.

Circa 90% unserer Entscheidungen beruhen auf Emotion

Doch das „Bauchgefühl", lange Zeit als Gefühlsduselei abgetan, hat durch die Neurowissenschaften inzwischen eine Art Rehabilitation erfahren. Dass gerade Zahlen-, Daten- und Faktenmenschen die Intuition noch immer gern belächeln, hat vor allem mit mangelndem Wissen zu diesem Thema zu tun. Gehirnforscher wie Antonio Damasio konnten zeigen, dass ca. 90 Prozent unserer Entscheidungen emotional verlaufen, schon weil wir sehr häufig nicht über ausreichend Informationen verfügen, um nur aufgrund nackter Daten und Fakten eine Entscheidung treffen zu können. Pro- und Contra-Listen funktionieren genau deshalb oft nicht besonders gut, denn das reine Abwägen von Fakten negiert die emotionale Qualität, die Entscheidungen nun mal immer mit sich bringen. Abgesehen davon: Wenn wir bei jeder noch so „unwichtigen" kleinen Entscheidung eine rationale Wahl treffen müssten, wären wir wahrscheinlich den lieben langen Tag mit nichts anderem mehr beschäftigt und kämen trotzdem zu keinem Ergebnis, wie das Beispiel von Menschen zeigt, die in dem Hirnareal verletzt wurden, das für die Verarbeitung von Emotionen zuständig ist.

Bei bis zu 100.000 Entscheidungen pro Tag, von den ganz kleinen („Welche Duschlotion wähle ich heute?") bis hin zu jenen, die unter Umständen unser ganzes Leben verändern („Mache ich mich selbstständig?") spielen Emotionen also eine große Rolle. Emotionen sind somit als ein wesentlicher Bestandteil einer funktionierenden Intuition zu betrachten, aber bei Weitem nicht der einzige. Darüber hinaus scheinen weitere Faktoren eine wichtige Rolle zu spielen:

Faktoren, die Entscheidungen beeinflussen

- **Unbewusste Wahrnehmung und Informationsverarbeitung**
  Unser Gehirn ist in der Lage, pro Sekunde ca. 40.000 Bits, also Informationseinheiten, zu verarbeiten. Nur ca. 40 bis 50 davon können wir allerdings bewusst wahrnehmen. Das bedeutet, wir erhalten eine riesige Menge an Daten, die unsere Emotionen und Entscheidungen mit beeinflussen, aber wir können fast nie „den Finger darauf legen".

- **Erfahrungswissen**
  Unsere Erfahrungen dienen als zusätzlicher Filter unserer Wahrnehmungen. Darin liegt gleichermaßen eine Chance und eine Gefahr, denn unser ökonomisch arbeitendes Gehirn tendiert dazu, Erfahrungen zu verallgemeinern. Wir kommen auf diese Weise in Sekundenbruchteilen zu Einschätzungen von Personen und Situationen. Was bei Katastrophenhelfern und spezialisierten Profis wie Spitzensportlern oder Chirurgen jedoch eine unverzichtbare Hilfe ist, weil sie aufgrund dieser Fähigkeit sehr schnell entscheiden können, welcher notwendige Schritt als Nächstes getan werden muss, kann uns im Alltag allerdings Steine in den Weg legen. Wer beispielsweise negative Erfahrungen mit einer Person gemacht hat, die durch das Hochziehen von buschigen Augenbrauen Missbilligung ausdrückte, wird dadurch eventuell in Zukunft gegenüber Menschen mit diesem körperlichen Merkmal eine gewisse Zurückhaltung zeigen. Möglicherweise entgeht einem deshalb eine wertvolle Begegnung mit einem interessanten Menschen.

- **Spiegelneurone**
  Aus dem NLP-Modeling kennen viele von uns die Macht, die darin steckt, kleine Details aus dem Verhalten eines Klienten auf der Körperebene zu spiegeln. Wir erhalten dadurch einen Zugang zu seiner Gefühlslage, die sich in minimalen Körpersignalen zeigt, jedoch vom Klienten nicht notwendigerweise bewusst artikuliert werden kann. Die Mitte der 1990er-Jahre entdeckten Spiegelneurone erklären, wieso das so ist. Diese spezialisierten Nervenzellen haben nämlich eine besondere Eigenschaft: Sie erzeugen im Gehirn eines Betrachters, der etwas

beobachtet oder hört, die gleichen Aktivitätsmuster, als wenn die beobachteten Handlungen von ihm selbst durchgeführt würden. Wenn wir also empathisch bestimmte Minisignale spiegeln, erleben wir tatsächlich Ähnliches wie unser Klient und können ihm diese Wahrnehmung dann wieder zur Verfügung stellen. Das erlaubt uns einen „intuitiven" Zugang zu seiner Welt – und durch die Forschungen der Neurowissenschaften wissen wir jetzt auch, wieso das gelingt.

Intuition scheint, wenn man all diese Faktoren zusammennimmt, also durchaus eine professionelle Kompetenz zu sein. Viele Forscher, von der Antike bis heute, schwören auf ihre Fähigkeit, ihr Bauchgefühl wahrzunehmen und ihm in bestimmten Situationen zu vertrauen. Und auch viele unternehmerische Persönlichkeiten folgen bei wichtigen Entscheidungen anscheinend eher ihrer Intuition als den nach allen Regeln der Kunst von ihren Beratern erstellten Charts – auch wenn diese das Bauchgefühl durchaus untermauern oder füttern können.

Intuitionsfallen vermeiden

Um unsere Intuition sinnvoll zu nutzen, sollten wir allerdings auch mögliche Fallen vermeiden. Eine davon, die Tendenz zu Verallgemeinerung von Erfahrungen, wurde bereits angesprochen. Weitere Fallen lauern beispielsweise in falschen Sehnsüchten oder in Ängsten. Wenn wir etwas besonders herbeisehnen oder uns im Gegenteil vor etwas fürchten, neigen wir dazu, auch hierin Signale unserer Intuition zu erkennen.

Der Pygmalion-Effekt

Besonders schwierig wird es, wenn wir bestimmte Erwartungen an eine Situation haben, denn dann können wir unserer Intuition kaum noch vertrauen. Man spricht zum Beispiel vom sogenannten „Pygmalion-Effekt": Lehrer, denen mitgeteilt wurde, dass sie eine Klasse von Hochbegabten unterrichten werden, bewerten in Folge das Verhalten der Kinder anders, und das beeinflusst wiederum ihr eigenes Verhalten. Nach dem Unterricht dazu befragt, werden sie die Aktionen der Kinder immer im Kontext von Hochbegabung bewerten. Das hat übrigens auch interessante Auswirkungen auf die tatsächliche Leistung der Kinder.

Konformitätserwartungen

Auch Querdenker in Unternehmen haben es oft so schwer, weil sie ständig gegen die kollektiven Erwartungen verstoßen. Wenn die Umgebung erwartet, dass man sich konform verhält, wird sie immer mit Irritation reagieren, wenn Menschen die informellen Regeln brechen. Vorgesetzte, die nicht erkennen, dass ihre eigenen Erwartungen das Bild des querdenkenden Mitarbeiters einfärben, womöglich negativ, können das darin liegende Potenzial für das Team oder das Unternehmen als Ganzes dann nicht nutzen. Sie denken vielleicht, dass sie ihrem Bauchgefühl folgen, wenn sie so einen „Störfaktor" nicht im Team haben wollen. Tatsächlich bestimmen aber auch in diesem Fall ihre Erwartungen ihre Wahrnehmung: Wären Querdenker in der Unternehmenskultur willkommen, würden sie gar nicht erst als störend empfunden.

Vorurteile

Auch Vorurteile sind eine Form von Erwartungen, die unser Verhalten steuern. In einem Experiment der Psychologen John Darley und Paget Gross wurden etwa zwei Gruppen von Testpersonen gebeten, ihre Einschätzung zu dem Foto eines Mädchens bei einem Schultest abzugeben. Die beiden Gruppen kamen zu gegensätzlichen Ergebnissen, was gar nicht so überraschend war, denn sie hatten unterschiedliche Vorabinformationen erhalten: Der einen Gruppe wurde mitgeteilt, dass das Mädchen aus einer guten Wohngegend stammte, der anderen, dass es aus einem sozial schwachen Viertel kam. Im ersten Fall wurde es als intelligent und aufgeschlossen eingeschätzt, im zweiten als gehemmt und schwierig.

Eigene Bewertungen hinterfragen

Für uns als unternehmerische Persönlichkeiten bedeutet das, dass wir gut daran tun, immer wieder zu hinterfragen, wie unsere Erwartungen unsere Bewertungen und somit ein entsprechendes Verhalten bestimmen. Sie können das gleich einmal für sich selbst überprüfen:

Hinterfragen Sie eigene Bewertungen

- Wählen Sie zunächst eine Situation aus der jüngeren Vergangenheit, in der Sie eine Entscheidung getroffen haben. Fragen Sie sich:
  - Wodurch war die Situation charakterisiert? In welchem Kontext waren Sie unterwegs?
  - Welche Person(en) war(en) daran beteiligt? Wie ist Ihr Verhältnis zu dieser oder diesen Personen?

- Mit welchen Erwartungen sind Sie in diese Situation gegangen, bezogen auf das gewünschte Ergebnis? Was haben Sie gehofft, was befürchtet?

▶ Wenn Sie die Situation und den Kontext sowie die beteiligten Personen und auch Ihre Erwartungen wieder klar vor Augen haben, denken Sie über folgende Impulse nach:
- War das, was Sie wahrgenommen haben, die Wahrheit?
- Könnte nicht alles ganz anders gewesen sein? Versuchen Sie, aus den Ihnen bekannten Fakten und Wahrnehmungen eine völlig andere Geschichte zu erzählen.
- Welche alternativen Handlungsmöglichkeiten hätten Sie dann gehabt?

▶ Wenn Sie nun an eine Situation in der Zukunft denken, bei der Sie wieder vor einer Entscheidung stehen werden:
- Wie sind Ihre Erwartungen an diese Situation?
- Was könnten Sie stattdessen erwarten?

Frei von Erwartungen Intuition nutzen

Sie werden feststellen, dass diese kleine mentale Gymnastikübung Sie öffnet für Unerwartetes. Damit bleiben Sie wach und im Augenblick, und Sie geben Ihrer Intuition zugleich die Chance, sich tatsächlich bemerkbar zu machen, relativ unbeeinflusst von Ihren Erwartungen. Denn wenn wir immer nur das Übliche erwarten, wird es sich sehr wahrscheinlich auch einstellen. Positive Erwartungen verstärken den gewünschten Effekt immer. Selbst darin lauert jedoch eine weitere Falle: Wenn es dem Autohausverkäufer beispielsweise gelingt, uns in gute Stimmung zu versetzen, sind wir weit eher geneigt, eine „unvernünftige" Investition zu tätigen. Der Bauch entscheidet aufgrund der positiven Emotion, wenn gleichzeitig nicht ausreichend Fakten zur Verfügung stehen. Bei größeren Anschaffungen ist deshalb der Rat, noch einmal darüber zu schlafen, in vielen Fällen wirklich sinnvoll.

Sichergehen: Darüber schlafen

Es sollte jedoch deutlich geworden sein, dass Intuition für unsere Tätigkeit als Coach, als Trainer oder als Beraterin benutzt wird und als professionelle Kompetenz auch sinnvoll genutzt werden kann. Es gibt diverse Aspekte, bei denen das Bauchgefühl eine wichtige Rolle spielt:

Wann das Bauchgefühl eine Rolle spielt

- Schon angesprochen wurde das Thema Entscheidungen. Als unternehmerische Persönlichkeit müssen wir ständig Entscheidungen treffen, und nicht immer fällt uns das leicht, weil scheinbar so viele unwägbare Faktoren zu berücksichtigen sind. Hier kann uns die Intuition wirklich helfen. Indem wir das in uns verankerte Erfahrungswissen sowie das unbewusst verfügbare Wissen, das unsere Sinne uns zur Verfügung stellen, aktivieren, können wir unseren Impulsen nach und nach besser vertrauen. Wir verzweifeln dann nicht mehr an zu viel oder im Gegenteil zu wenig Informationen.

- Kreativität ist ohne Intuition kaum denkbar. Sie entsteht zwanglos und wird gespeist aus allen Erfahrungen sowie dem auch unbewusst verfügbaren Wissen. Kreative Menschen haben schon oft erfahren, dass die besten Ideen in Ruhephasen oder sogar im Schlaf entstehen, wenn sich Bewusstes und Unbewusstes neu zusammenfügen.

- Das hat auch Einfluss auf die Weise, wie wir unser Business gestalten. Manchmal lohnt es sich, einem „Instinkt" zu folgen, dem eigenen Riecher, auch wenn das Marktumfeld scheinbar nicht dafür bereit zu sein scheint. Unsere Intuition kann uns wertvolle Hinweise geben, wenn es beispielsweise um die Entwicklung neuer Geschäftsfelder geht. Darauf kommen wir im Kontext der Rahmenbedingungen noch zu sprechen.

- Auch wie wir unsere Beziehungen zu Kunden, Partnern und unserem sozialen Umfeld insgesamt gestalten, kann durch unser Bauchgefühl mitgeprägt werden. Unsere Intuition gibt uns Hinweise darauf, wie wir Menschen ansprechen und begeistern können. Mithilfe unserer aus der Intuition gespeisten Menschenkenntnis können wir uns ein Netzwerk aus unterstützenden Partnern und Fans knüpfen.

- Selbst beim Timing bestimmter Entscheidungen kann unsere Intuition eine wertvolle Rolle spielen. Das Gespür für den richtigen Zeitpunkt, unabhängig von mess- oder kalkulierbaren Faktoren, drückt sich oft in dem dringenden Bedürfnis aus, sofort zu handeln und nicht länger zu zögern. Dieser Tatendrang zeigt sich, wenn im Gesamtzusammenhang eines Projekts plötzlich alles zu stimmen scheint und man „irgendwie" weiß, dass es nun „Jetzt oder nie!" heißt.

- Und nicht zuletzt eröffnet unsere Intuition uns den Weg zu unseren Potenzialen, zu dem, was wesentlich ist, zu unserem innersten Kern. Bei der Arbeit an Ihrer Vision zu Beginn dieses Kapitels haben Sie darauf bewusst oder unbewusst bereits zugegriffen.

Intuitionstraining für Anfänger und Fortgeschrittene

Vielleicht haben Sie ja bereits einen guten Zugang zu Ihrer Intuition und können darauf vertrauen. Doch gerade im geschäftlichen Kontext stehen wir uns manchmal selbst im Weg, weil unsere Ängste uns den Zugang zu dieser wichtigen Quelle verbauen. Deshalb ist es für unternehmerische Persönlichkeiten so wichtig, ihre Intuition gezielt zu trainieren. Denn das ist in diesem Fall genauso möglich wie bei jeder anderen professionellen Kompetenz.

Intuition gezielt trainieren

Ein Wahrnehmungsspaziergang

Zum Einstieg sei Ihnen empfohlen, öfter mal einen „Wahrnehmungsspaziergang" zu machen, um Ihre Sinne zu „putzen". Denn wir sind ja in dem Sinn sinnliche Wesen, dass wir die Welt über unsere Sinne erfahren. Wenn wir unsere Sinne ab und zu schärfen und ganz bewusst einsetzen, dann steigert das unsere Achtsamkeit, lässt uns genauer hinspüren, -hören und -sehen. Wir achten dann vermehrt auf die Dinge, die für uns Bedeutung haben und sind eher in der Lage, schnell und angemessen darauf zu reagieren. Nehmen Sie sich also eine halbe Stunde Zeit und gehen Sie für diese Übung an die frische Luft.

In den ersten zehn Minuten richten Sie Ihre Aufmerksamkeit vor allem auf das Sehen. Schauen Sie sich bewusst um, fangen Sie schon im Hausflur damit an. Wann haben Sie das letzte Mal die Fliesen bewusst angesehen? Was hat sich heute in Ihrer Straße verändert? Was haben Sie bisher noch nie so gesehen? Achten Sie ganz bewusst auf die Details, lassen Sie den Blick schweifen. Blenden Sie die anderen Sinne so weit wie möglich aus.

In den nächsten zehn Minuten richten Sie den Blick auf den Boden und fokussieren Sie Ihre Aufmerksamkeit auf Ihr Gehör. Plötzlich werden Sie feststellen, dass um Sie herum weitaus mehr zu hören ist und Sie viel mehr Geräusche unterscheiden können als sonst.

Lauschen Sie abwechselnd nach links und nach rechts, nach vorne und nach hinten, und versuchen Sie, die unterschiedlichen Klänge zu benennen.

In den letzten zehn Minuten geht es schließlich darum, sich zu spüren. Wie fühlt sich Ihr Körper an? Welche Muskeln können Sie wahrnehmen, während Sie gehen? Vielleicht spüren Sie die Wärme der Sonne in Ihrem Gesicht, oder ein Windhauch streift die Härchen auf Ihrem Arm. Schlägt Ihr Herz schnell? Geht Ihr Atem regelmäßig? Können Sie etwas riechen oder sogar auf der Zunge schmecken?

Jeweils zehn Minuten nur einem Sinn zu widmen, ist eine interessante Erfahrung. Vielleicht stellen Sie fest, dass es Ihnen beim einen leichter fällt als beim anderen. Das ist ganz normal. Wir haben alle Vorlieben. Gerade dann ist es aber eine gute Übung, immer mal wieder auch die anderen Sinne bewusst zu aktivieren. So lernen wir mit der Zeit, achtsamer durchs Leben zu gehen. Und Achtsamkeit ist wiederum eine gute Voraussetzung, um die Stimme der Intuition wahrzunehmen.

Aus Optionen wählen

Wenn Sie öfter mit Entscheidungsschwierigkeiten zu kämpfen haben, können Sie Ihre Intuition auf verschiedene Weise mit ins Spiel bringen.

Entweder-oder-Entscheidung: Ein Münzwurf

Geht es um eine Entweder-oder-Entscheidung, ist oft die klassische Variante des Münzwurfs empfehlenswert. Dabei geht es gar nicht darum, dem Zufall die Wahl zu überlassen. Wenn Sie mit Ihrem Fokus bei dem Gefühl bleiben, das in Ihnen aufkommt, sobald Sie erkennen, auf welche Seite die Münze gefallen ist, merken Sie meist sehr schnell, was tatsächlich die richtige Entscheidung für Sie wäre. Egal, auf welcher Seite die Münze zu liegen kommt: Sie empfangen meist ein sehr klares, oft körperlich spürbares Signal. Dann braucht es „nur" noch das Vertrauen, diesem Impuls dann auch zu folgen. Probieren Sie es aus, anfangs vielleicht bei weniger wichtigen Entscheidungen, um Ihr Gefühl zu trainieren. Mit der Zeit werden Sie mutiger werden, weil Sie damit lernen, Ihrer Intuition zu vertrauen.

Übung: Aus mehreren Optionen wählen

Stehen hingegen mehrere Optionen zur Auswahl, können Sie ein weiteres Spiel ausprobieren: Schreiben Sie jede Variante auf eine Moderationskarte und verteilen Sie Ihre Karten dann auf unterschiedliche Stühle. Nehmen Sie nun nacheinander auf jedem Stuhl Platz und spüren Sie in sich hinein, welche Gefühle sich jeweils melden.

Impulse bei Honorarsätzen wahrnehmen

Diese Übung lässt sich zum Beispiel sehr gut anwenden, um die Höhe eines Honorars für ein Angebot zu identifizieren – etwas, womit sich viele Trainer und Berater schwertun. Schreiben Sie verschiedene Beträge auf Ihre Moderationskarten und nehmen Sie wahr, was in Ihnen dazu jeweils aufsteigt. Sehr oft werden Sie merken, dass es einen „Wohlfühl-Betrag" gibt, der sich dann auch tatsächlich verkaufen lässt. Je öfter Sie diesem Impuls folgen, umso mehr Vertrauen werden Sie auch in diesem Fall in Ihre Intuition bekommen.

Experiment: Jedem Impuls folgen

Dann sind Sie vielleicht auch bereit für ein Experiment, das zu sehr spannenden Ergebnissen führen kann: Geben Sie einmal einen Tag lang jedem Impuls nach, den Sie verspüren. Wenn Sie an eine Person denken, rufen Sie sie an. Wenn Sie plötzlich Lust auf ein bestimmtes Nahrungsmittel verspüren, essen Sie es. Voraussetzung ist, dass Sie Ihr eigenes Verhalten nicht negativ bewerten, sondern es quasi absichtslos geschehen lassen. Dann kann so ein Tag ein richtiges Abenteuer werden. Wer weiß, vielleicht finden Sie sich plötzlich am Flughafen wieder, oder in einem Café im Gespräch mit einem wildfremden Menschen.

> Und dann folgen wir auch dem Prinzip Intuition, wenn es darum geht, welche Themen wir machen. Jemand hat eine Idee, und dann probieren wir das eben aus. Allerdings stellen wir das auch immer auf den Prüfstand. Wir haben uns relativ viel mit Entscheidungen und mit der Rolle der Intuition beschäftigt, und wie man da eine gute Kombination hinbekommt. Wir jagen das dann anschließend durch eine Reihe von Filtern, um zu checken, ob das auch wirklich funktionieren kann. Aber der Ursprung folgt der Intuition.
>
> *Ralf Senftleben, Herausgeber von „Zeit zu leben"*

Unsere Intuition braucht Freiraum, um sich zu entwickeln. Sie ist ein zartes Pflänzchen, oft lange vernachlässigt, und um sich voll entfalten zu können, müssen wir ihr gute „Arbeitsbedingungen" schaffen. Haben wir sie erst einmal stabil in unserem unternehmerischen Leben verankert, wird sie uns unschätzbare Dienste leisten, weil sie Entscheidungsprozesse verkürzt und ein Kreativitäts-Turbo ist.

Fragen an Ihr zukünftiges unternehmerisches Selbst:

Wann soll Ihre innere Stimme Ihnen helfen?

- Bei welchen Ihrer wichtigen Lebensentscheidungen hat Ihre Intuition Ihnen entscheidende Signale gesendet?
- In welchen Situationen wollen Sie in Zukunft gezielt Ihre innere Stimme befragen?
- Womit beginnen Sie noch heute?

Zusammenfassung des Mosaiksteins Persönlichkeit

In diesem Kapitel haben Sie sich umfassend mit sämtlichen Aspekten Ihrer Persönlichkeit als Unternehmer oder Unternehmerin befasst:

- Sie haben Ihr Selbstbild überprüft und untersucht, in welchen Bereichen Ihrer Tätigkeit Ihnen mehr Wertschätzung gut tun würde.
- Sie haben sich mit Ihrem inneren Antrieb, Ihrer Vision und Ihren Werten beschäftigt und wissen jetzt, woran Sie sich mit Ihrem Business orientieren wollen.
- Sie haben ein Bild von Ihrer unternehmerischen Persönlichkeit der Zukunft entworfen und ausprobiert, wie sich das anfühlt, hier und heute.
- Sie haben sich Ihren Widerständen gewidmet und neue Erfolgsgewohnheiten implementiert.
- Sie haben sich mit den verschiedenen Aspekten Ihrer Selbstfürsorge auseinandergesetzt und somit Ihre Resilienz gestärkt.
- Und Sie haben erfahren, wieso Intuition eine wertvolle professionelle Kompetenz ist, und wie Sie diese neben Ihrem Sachverstand trainieren können.

Herzlichen Glückwunsch, das war schon ein gutes und wertvolles Stück Arbeit – und eine ganz wichtige Voraussetzung, um weiter an den Themen zu arbeiten, die für Ihre Entwicklung als unternehmerische Persönlichkeit entscheidend sind.

Im Folgenden geht es um die drei weiteren Mosaiksteine, aus denen sich die unternehmerische Persönlichkeit zusammensetzt. Jedes der nächsten Kapitel behandelt einen Mosaikstein, und jeder Abschnitt darin widmet sich wiederum verschiedenen Aspekten des jeweiligen Schwerpunktes. Identifizieren Sie jeweils die größte Herausforderung, der Sie sich stellen müssten, um zu der unternehmerischen Persönlichkeit zu werden, die Sie sein können. Was Sie dann wirklich weiterbringen wird, ist das Bild von Ihrer unternehmerischen Persönlichkeit der Zukunft, das Sie hier bereits entworfen haben. Denn Sie werden jede Herausforderung durch die Brille dieser Person betrachten und sich fragen, wie diese damit umgehen würde. Entsprechende Denkfragen finden Sie in jedem Abschnitt.

Durch diesen kleinen Trick machen Sie sich Ihr zukünftiges Ich zum Verbündeten und entwickeln so Schritt für Schritt die zu Ihnen passenden Maßnahmen und Strategien. Auf diese Weise können Sie gar nicht anders als in die Richtung zu marschieren, die Sie zu der von Ihnen gewünschten unternehmerischen Persönlichkeit macht.

Kapitel 3

Mosaikstein Rahmenbedingungen

Mosaikstein Rahmenbedingungen

Was hat von außen Einfluss auf Ihr Tun?

In diesem Kapitel

Als Coach, als Trainerin oder als Berater sind wir stets auch äußeren Einflüssen unterworfen, die unser Handeln bestimmen – ob wir wollen oder nicht. Je bewusster Sie sich mit diesen befassen, umso mehr Gestaltungsmöglichkeiten werden Sie haben.

Zunächst setzen wir uns dazu intensiv mit den Wünschen und Bedürfnissen der anvisierten Zielgruppe auseinander. Je erfolgreicher uns das gelingt, umso höher die Wahrscheinlichkeit, als Expertin oder Experte wahrgenommen und entsprechend gebucht zu werden. Dazu gehört auch, dass wir uns informiert halten über aktuelle Trends, seien sie gesamtgesellschaftlicher Natur oder bezogen auf unsere Zielbranche. Denn das ermöglicht uns, mögliche neue Geschäftsfelder früher zu erkennen als andere und entsprechende neue Angebote zu kreieren. Systematisch in eigener Sache Marktforschung zu betreiben, ist daher unverzichtbarer Bestandteil unseres unternehmerischen Tuns, und wir haben Freude daran, unsere Wunschkunden immer besser kennenzulernen und ihre Bedürfnisse möglichst sogar zu antizipieren.

Wer Einfluss nehmen will, und das tun wir als Coachs, Trainer und Berater, kann dabei nicht die „Spielregeln der Macht“ ignorieren. Daher beschäftigen wir uns im Kontext dieses Mosaiksteins ferner mit der angenommenen Polarität zwischen Macht und Ohnmacht. Darüber hinaus folgt unser Markt gewissen Regeln und Konventionen, die wir gut kennen und verstehen sollten. Oft geht es dabei eher um informelle „Gesetze“, doch wer sie nicht kennt, hat damit schon einen erheblichen Nachteil gegenüber informierten Mitbewerbern.

Im letzten Abschnitt dieses Kapitels widmen wir uns dem mitunter schwierigen Thema Honorare und Geld allgemein. Dies gehört ebenfalls zu den äußeren Rahmenbedingungen, denn als Mitglieder dieser Gesellschaft müssen wir Geld verdienen und eine bestimmte Haltung dazu entwickeln, um unseren Lebensunterhalt mit einem guten Gefühl zu sichern. Daher werden wir noch einmal die Brücke zum ersten Mosaikstein, der Persönlichkeit, schlagen, wenn es nämlich um Vorbehalte und emotionale Blockaden beim Thema Geld geht.

Zielgruppe und Wunschkunden

Bestimmt wissen Sie schon sehr genau, dass man sein Angebot auf seine Zielgruppe zuschneiden muss. Gleichzeitig scheint aber genau an dieser Stelle oft etwas schiefzulaufen. In der Beratungspraxis zeigt sich, dass es an diesem Punkt folgende Stolpersteine gibt, die eine nähere Betrachtung wert sind:

Stolpersteine bei der Zielgruppenausrichtung

1. Ihre gewählte Zielgruppe ist zu groß und unspezifisch.
2. Sie betrachten die Probleme Ihrer Zielgruppe durch Ihre „Beraterbrille".
3. Die wirklichen Bedürfnisse werden nicht oder nur unzureichend adressiert.

1. Ihre gewählte Zielgruppe ist zu groß und unspezifisch

Das ist ein klassisches Missverständnis, dem insbesondere Coachs zu Beginn ihrer Laufbahn häufig unterliegen. Sie sind meist äußerst engagiert und zutiefst davon überzeugt, dass das, was sie können, wirklich allen Menschen zugute kommen sollte. Deshalb wollen Sie sich nicht festlegen auf eine eingegrenzte Zielgruppe, denn das erleben sie als Beschränkung.

Klienten suchen Angebote für ein spezifisches Problem

Das Problem ist allerdings, dass Leute dort draußen, die einen Coach brauchen, selten einfach nur „Coaching" suchen, also die Dienstleistung als solche. Sie suchen ein Angebot für ein ganz spezifisches Problem. Ihre Aufgabe als Anbieter von Coachingleistungen ist es daher, herauszufinden, bei welchen Herausforderungen Sie Ihre Wunschkunden besonders gut begleiten können. Denn nur dann können Sie Ihre Leistungen in einer Art und Weise kommunizieren, dass sich genau die richtigen Personen angesprochen fühlen. Sie müssen Ihr Wissen in Produkte umwandeln, sodass Menschen, die aktiv auf der Suche nach Unterstützung für ihr aktuelles Problem sind, nicht mehr an Ihnen vorbeikommen.

Dienstleistung als Produkt, das es zu designen gilt

Diese Sichtweise auf unser Arbeitsfeld im Bereich Coaching, Training und Beratung ist hierzulande noch eher ungebräuchlich. Unsere Dienstleistung als „Produkt" zu sehen, das es zu designen und zu vermarkten gilt, scheint auf den ersten Blick zu bedeuten, dass wir uns verabschieden müssen von lange gehegten Annahmen zu unserem Beruf. Und doch ist das der einzige Weg heraus aus der Beliebigkeitsfalle. Wer sich als Coach oder als Trainerin für beinahe alles aufstellt, also mit dem klassischen Bauchladen antritt, wird nie wirkliche Exzellenz erreichen und im Mittelmaß untergehen. Das ist ein mögliches Geschäftsmodell, das allerdings garantiert, dass Sie immer viel arbeiten. Und selbst wenn Sie von Ihren Klienten und Teilnehmern durchaus geschätzt werden, erarbeiten Sie sich auf diese Weise keinen Expertenstatus. Die Zeit für unspezifische Zielgruppen ist endgültig vorbei, erst recht für Newcomer in diesem Markt. Ältere Semester mögen sich teilweise ganz behaglich eingerichtet haben mit Stammkunden, die sie seit Jahren buchen. Doch manch einer musste auch hier schon aufwachen und sich ungläubig die Augen reiben, weil ein Wettbewerber mit attraktiven und durchdachten neuen Angeboten den sicher geglaubten Umsatz plötzlich für sich in Anspruch nahm.

Ein breites Mittelmaß-Angebot bedeutet viel Arbeit

Als Experte wahrgenommen werden

Wenn Sie hingegen ein „Dach" finden für all Ihre Aktivitäten und darunter Produkte und Angebote versammeln, die Ihre Expertise im jeweiligen Bereich zeigen, wird es Ihnen nach und nach gelingen, die Aufmerksamkeit Ihrer Wunschkunden zu gewinnen und ständig an sie zu verkaufen. Denn Sie werden zunehmend als Expertin oder Experte wahrgenommen und mit Ihrem ganz eigenen Thema assoziiert. Eine zu kleine Zielgruppe gibt es im Grunde gar nicht. Je spezialisierter Sie sind, und je fokussierter Sie die Probleme Ihrer Wunschkunden angehen, umso attraktivere Angebote können Sie entwickeln, die von aktiven Suchern dann auch gerne angenommen werden.

Wenden wir uns dem zweiten Hindernis zu, wieso es Coachs, Trainern und Beratern oft nicht zu gelingen scheint, ihr Angebot an die gewählte Zielgruppe zu bringen:

2. Sie betrachten die Probleme Ihrer Zielgruppe durch Ihre „Beraterbrille"

Oft kennen wir unsere Zielgruppe ja tatsächlich schon ganz gut, und wir meinen zu wissen, was sie brauchen. Daher formulieren wir Angebote, die das Leben unserer Wunschkunden positiv verändern würden – davon sind wir jedenfalls überzeugt. Leider geht diese Rechnung in vielen Fällen nicht auf. Denn wenn unsere Ansprechpartner die Probleme, die wir als Berater ganz klar wahrnehmen können, selbst noch nicht als Problem erkannt haben, werden sie logischerweise auch nicht nach einer Lösung dafür suchen. Wenn wir unsere Wunschkunden erst noch davon überzeugen müssen, dass sie ein Problem haben, schaffen wir eine extrem hohe Kommunikationshürde und machen uns das Leben unnötig schwer.

Kunden nicht erst von einem Problem überzeugen

Als ich vor zehn Jahren damit begann, mich als Positionierungscoach aufzustellen, war dieses Thema für viele in unserer Branche noch so neu, dass ich anfangs nur wenige Kunden fand. Schon mit dem Begriff „Positionierung" konnte kaum jemand etwas anfangen. Erst als ich konkrete Produkte entwickelte – einen Online-Workshop, ein Buch – die klar vermittelten, welchen Gewinn meine Kunden aus einer unverwechselbaren Positionierung ziehen konnten, wurde ich häufiger gebucht und konnte meine Expertise weiter ausbauen.

Deshalb werden Sie Ihre Angebote gleich auch einem „Realitätscheck" unterziehen und erkennen, wie Sie noch stärker die wahrgenommenen Bedürfnisse Ihrer Wunschkunden fokussieren können.

Lassen Sie uns aber zunächst auch noch den dritten Faktor untersuchen, an dem Trainer, Berater und Coachs häufig scheitern:

3. Die wirklichen Bedürfnisse werden nicht oder nur unzureichend adressiert

Selbst wenn Sie Ihre Zielgruppe gut kennen und die von ihr benannten Probleme wie aus der Pistole geschossen benennen können, ist das noch lange keine Garantie dafür, dass es Ihnen gelingt, aus diesem Wissen heraus spezifische Produkte und entsprechende Verkaufsargumente zu generieren.

Problem: Unspezifische Außendarstellung

So allgemein lassen sich hier die Ursachen nur vermuten. So versuchen wir in unserer Außendarstellung vielleicht noch zu oft, angenommenen Standards zu genügen. Das heißt, wir formulieren unser Angebot in einer Weise, wie wir das auf zig anderen Websites oder Flyern gesehen haben, weil wir denken, nur so wäre es „seriös". Das würde jedenfalls erklären, warum sich auf derart vielen Berater- und Coaching-Websites die immergleichen Worthülsen finden. „Coaching ist Hilfe zur Selbsthilfe", „Alle Ressourcen liegen in dir" etc. Von den bereits tausend Mal gelesenen Zitaten à la „Man kann einen Menschen nichts lehren, man kann ihm nur helfen, es in sich selbst zu entdecken" (G. Galilei) ganz zu schweigen.

Stärke zeigen: Mit Ecken und Kanten

Zudem trauen sich viele Coachs, Trainer und Berater einfach nicht, sich mit Ecken und Kanten zu präsentieren. Sie haben Angst davor, als „zu esoterisch", „zu provokant", „zu bunt" oder was auch immer wahrgenommen zu werden und verstehen nicht, dass genau darin ihre eigentliche Stärke liegt: Wir können es nicht allen recht machen. Aber für eine klar eingegrenzte Gruppe von Menschen und Unternehmen sind wir mit unserer Persönlichkeit und unserer Kompetenz der perfekte Anbieter. Da passt dann alles, und die Arbeit fällt leicht. Wieso ringen wir so sehr darum, dass wir einem bestimmten Bild entsprechen, statt stolz und selbstbewusst unsere Stärken zu präsentieren und in Kauf zu nehmen, dass damit nicht jeder gut kann?

Sprache professionell einsetzen

Das schlägt sich dann eben auch in der sprachlichen Selbstdarstellung nieder, und für das Versäumnis, angemessene Lösungen attraktiv zu präsentieren, ist zudem auch die mehr oder weniger stark ausgeprägte Unfähigkeit verantwortlich, Sprache professionell einzusetzen. Sprache ist ein wichtiges Handwerkszeug, eine Kompetenz, die manchen so leichtfällt, für andere aber eine fast unüberwindliche Hürde darstellt. Doch wenn Sie von sich wissen, dass Schreiben nicht Ihre Stärke ist, dann dürfen Sie hier nicht an der falschen Stelle sparen! Suchen Sie sich professionelle Unterstützung, und damit ist nicht Ihr Neffe gemeint, der im Deutsch-Leistungskurs 15 Punkte hatte. Textprofis wissen zum einen, wie sie aus Ihnen das nötige Wissen über Ihr Unternehmen und Ihre Kunden herauskitzeln. Und sie können Ihnen unschätzbare Dienste damit leisten, dieses Know-how dann in eine sprachliche Form zu gießen, die genau auf Ihre Wunschkunden zugeschnitten ist.

Denn Coachs, Trainer und Berater, die ihre Website ebenso wie ihre übrigen Werbemittel mit so wenig Verständnis für ihre Kunden befüllen, müssen sich über mangelnde Umsätze wahrlich nicht wundern. Es zeugt von mangelnder Wertschätzung – sowohl sich selbst gegenüber als auch gegenüber ihren Kunden. Die sich dann überraschenderweise lieber einen Dienstleister suchen, der sich erkennbar mit ihnen beschäftigt hat und ihnen praktikable Lösungen anbietet.

Strategisches Herangehen

Beschäftigen wir uns also im ersten Schritt mit Ihrer Zielgruppe, und da wir niemals Geschäfte mit Unternehmen machen, sondern immer und ausnahmslos mit Menschen, lassen Sie uns zunächst einmal fragen, mit wem Sie es hier zu tun haben wollen. Ja, Sie haben richtig gelesen: Sie dürfen bestimmen, mit wem Sie arbeiten möchten. Ob es der Personalentwickler im DAX-Konzern ist oder die Heilpraktikerin, die Inhaberin eines mittelständischen Unternehmens oder Solo-Entrepreneure des kreativen Sektors – Sie wissen, für wen Ihr Angebot am attraktivsten ist und mit wem Sie am liebsten arbeiten. Also richten Sie sich genau auf diese Menschen aus. Das gelingt, indem Sie sich Ihre Wunschkunden imaginieren und dann so präzise wie möglich deren Bedürfnisse ausarbeiten. Je bewusster Sie diesen Prozess durchlaufen, und je mehr Details Sie für Ihre Imagination finden, umso deutlicher werden Sie erkennen, was die spezifischen Probleme Ihrer Wunschkunden ausmacht. Erst dann können Sie maßgeschneiderte Angebote entwickeln, die von diesem Personenkreis tatsächlich nachgefragt werden.

Mit welchen Menschen wollen Sie zu tun haben?

Maßgeschneiderte Angebote durch ein detailliertes Bild

Als Coach, als Trainerin oder als Berater sind wir nun mal darauf angewiesen, Kunden zu finden, die von unseren Leistungen profitieren. Meist machen wir uns allerdings zu wenig Gedanken über die Art von Kunden, die wir ansprechen möchten. Das heißt, wir werfen einfach mal ein großes Netz aus und hoffen, dass sich darin die richtigen Fische verfangen mögen. Leider haben wir dann immer auch einen großen „Beifang" – und das bedeutet in unserem Fall: Kunden, die wir zwar „irgendwie" bedienen und mit denen wir auch durchaus Geld verdienen können. Doch der Preis dafür ist oft hoch: Wir wenden viel Energie auf für Themen, für die unser Herz eigentlich nicht wirklich schlägt. Und die Kunden, die das meist

Eine weitgefasste Zielgruppe erfordert hohen Energieaufwand

irgendwann auch merken, fühlen sich auf einer Ebene, die schwer zu fassen ist, nur unvollständig in ihren Bedürfnissen erkannt und gewürdigt. Die Folge: Sie wandern irgendwann ab. Zum günstigeren Anbieter oder zu jemand, der mehr auf ihrer Wellenlänge liegt. Und beide, Dienstleister und Kunde, bleiben mit einem schalen Gefühl zurück.

Wir tun also gut daran, uns intensiv mit den Kunden zu befassen, die zu uns passen. Dazu sind zwei Strategien nötig, die sich gegenseitig ergänzen:

Strategien für die Zielgruppeneingrenzung

- Lernen Sie Ihre Wunschkunden genau kennen und erforschen Sie sie auf allen Ebenen.
- Wechseln Sie die Perspektive: Klären Sie, was Ihre Kunden von Ihnen erwarten sollten.

Die klassische Zielgruppendefinition hat ausgedient

Was bedeutet das konkret? Die klassische Zielgruppendefinition hat aus meiner Sicht ausgedient. Soziologische Milieus sind heutzutage derart diversifiziert, dass es unmöglich geworden ist, mit großen Filtern à la „weiblich, 30–45 Jahre alt, Akademikerin, im Vertrieb tätig" Ihr Zielpublikum zu erreichen. Wir müssen hier kleinteiliger agieren und versuchen, den Personenkreis, für den unsere Angebote wirklich relevant sind, ganzheitlich zu erfassen. Angefangen von dem Umfeld, in dem sich diese Menschen bewegen bis hin zu der Frage, was ihre Identität bestimmt und welchen Gruppen sie sich zugehörig fühlen.

Durch Fokussierung werden Sie als Problemlöser wahrgenommen

Eine derartige selbst gesteuerte Fokussierung bringt fast unglaubliche Ergebnisse. Denn sie zwingt dazu, sich äußerst intensiv mit den eigenen Motiven auseinanderzusetzen und gleichzeitig die bisherige Zielgruppe sehr genau zu überprüfen und oft auch weiter einzugrenzen. Je präziser die wahren Bedürfnisse Ihrer Wunschkunden erkannt und benannt werden können, umso höher die Wahrscheinlichkeit, dass Sie von diesem Personenkreis auch als Problemlöser wahrgenommen und entsprechend adressiert werden. Das erstaunliche Phänomen, dass solche Wunschkunden oft schon wenige Stunden nach der intensiven Arbeit an ihrem Profil anrufen, wird dadurch nicht erklärt. Vielleicht hat dieser Effekt etwas mit der sogenannten „strategischen Synchronizität" zu tun, die Sie durch diesen intensiven Prozess erzeugen. Das ist der „Zufall, der einem zufällt, wenn er fällig wird".

Ihre Wunschkunden-Imagination

Übung: Wunschkunden imaginieren

Um dem Zufall in diesem Sinne auf die Sprünge zu helfen, hat sich die folgende Übung bewährt, bei der Sie sich Ihrer Vorstellungskraft bedienen. Für diese Übung brauchen Sie einen ruhigen Ort und ca. anderthalb Stunden Zeit. In der ersten Phase imaginieren Sie nacheinander mindestens drei Ihrer Wunschkunden, in der zweiten überprüfen Sie deren Bedürfnisse und bringen sie in Einklang mit dem, was Sie bereit zu geben sind.

Setzen Sie sich aufrecht hin, beide Füße flach auf dem Boden, und atmen Sie dreimal tief ein und wieder aus, sodass Ihr Verstand langsam zur Ruhe kommt. Wenn Sie gute Erfahrungen damit gemacht haben, können Sie auch hier wieder die Übung nutzen, bei der Sie sich vorstellen, Ihr Kopf sei eine Kugel, die Sie leicht und mühelos auf Ihrem Hals balancieren.

Entwerfen Sie nun mental zunächst Ihr ideales Arbeitsumfeld. Richten Sie es genau so ein, dass es für Sie perfekt ist und Sie dort alles haben, was Sie benötigen, um Ihre Arbeit gut zu machen. Geben Sie dem Raum Farbe, überlegen Sie, was Sie dort hören möchten oder auch nicht und vielleicht sogar, wie es darin riecht. Wohin zeigen die Fenster, und was gibt es dort zu sehen? Wie hell ist es dort, und welche Temperatur herrscht? In Ihrem Kopf gibt es keinerlei Einschränkungen für diesen Raum, der genau auf Ihre Bedürfnisse zugeschnitten ist.

Wenn Sie alles zu Ihrer Zufriedenheit eingerichtet haben, setzen Sie sich mental in diesen Raum mit Blick auf die Tür. Freuen Sie sich auf die Person, die gleich durch diese Tür eintreten wird. Sie wissen, dass es einer Ihrer Lieblingskunden sein wird, mit dem Sie richtig gerne zusammenarbeiten. Wenn Sie bisher noch gar keinen richtigen Lieblingskunden hatten, dann haben Sie jetzt die Chance, ihn zu erfinden.

Erinnern Sie sich, wie Sie diesem Kunden das erste Mal begegnet sind. Wie heißt Ihr Kunde, und wie alt ist er? Männlich oder weiblich? Wie haben Sie beide sich verhalten, bis es zum ersten Auftrag kam? Was war besonders angenehm dabei? Wie hat er Sie behandelt? Und warum arbeiten Sie so besonders gern mit ihm zusammen? Welche positiven Eigenschaften oder Merkmale hat dieser Mensch, die Sie an ihm besonders schätzen?

Positive Eigenschaften des Wunschkunden

- Vielleicht ist er besonders humorvoll.
- Oder er bedankt sich immer für Ihre Arbeit.
- Er ist immer pünktlich.
- Er empfiehlt Sie ständig von sich aus weiter.
- Er denkt mit.
- Er akzeptiert Ihre Ideen.
- …

Nehmen Sie nun Ihre Kladde und schreiben Sie als Überschrift darüber „Mein Wunschkunde …" Darunter listen Sie jetzt alles auf, was Ihnen zu Ihrem Lieblingskunden, seinen Eigenschaften, Fähigkeiten, Merkmalen etc. einfällt. Nehmen Sie sich dafür ausreichend Zeit.

Wenn Sie an Ihrem Wunschkunden jetzt noch etwas ändern oder ergänzen könnten, um ihn völlig perfekt zu machen, dann schreiben Sie die entsprechende Eigenschaft auch noch auf dieses Blatt. Denken Sie zum Beispiel auch an folgende Attribute, wenn diese für Sie wichtig sind:

Weitere Attribute des Wunschkunden

- Er nimmt sich Zeit für die Dinge, die ihm wichtig sind.
- Er muss niemandem etwas beweisen.
- Er weiß, dass er gut ist und er erwartet das auch von seinen Dienstleistern.
- Er ist integer, loyal und aufrichtig.
- Er akzeptiert faire Preise und zahlt immer pünktlich.
- …

Ihre Liste darf ruhig mehr als eine Seite umfassen! Sie wissen ja: Je spezifischer und konkreter, umso besser. Sie können so eine Liste auch für verschiedene Kundentypen anlegen. Vielleicht haben Sie verschiedene Produkte oder Dienstleistungen, die sich an jeweils andere Kundengruppen wenden. Beantworten Sie im folgenden Durchgang noch weitere Fragen:

Die Lebenssituation des Wunschkunden

- Was genau macht die Person beruflich? In welchem Umfeld bewegt sie sich? In einem Konzern oder Familienbetrieb, ist sie selbstständig, regional oder international unterwegs?

- Welche Position hat sie inne?
- Mit welchen Menschen hat sie dort zu tun?
- Wie sieht das private Umfeld der Person aus? Ist sie verheiratet oder lebt sie allein? Hat sie Kinder, Tiere?
- Wo lebt sie? In der Stadt, auf dem Land, im Loft oder im Einfamilienhaus?
- Mit wem ist sie befreundet? Welche Menschen sind ihr wichtig?
- Wen fragt sie in beruflichen, wen in persönlichen Dingen um Rat?
- Was macht die Person in ihrer Freizeit? Geht sie aus oder sucht sie eher Ruhe? Macht sie Sport oder betätigt sie sich kreativ?
- Was sind die besonderen Stärken der Person? Was kann sie besonders gut? Wofür wird sie von anderen geschätzt im beruflichen und im privaten Kontext?
- Was ist dieser Person besonders wichtig? Woran glaubt sie? Für was setzt sie sich ein? Gibt es etwas, wofür sie sich besonders engagiert?
- Gibt es so etwas wie ein Lebensmotto für diese Person? Eine Art Leitlinie für ihr Handeln?
- In welcher Rolle fühlt sie sich am wohlsten?
- Wo informiert sie sich? Im Internet, auf Messen, in Fachzeitschriften? Wo genau? Bitte konkret sein.
- Wovor hat diese Person Angst?
- Und was wünscht sie sich noch für ihr Leben, was möchte sie unbedingt noch erreichen?

Bekommen Sie das Gefühl für die Art von Mensch, mit der Sie arbeiten möchten

Wahrscheinlich können Sie feststellen, dass Sie sich noch nie so intensiv mit Ihrem Wunschkunden auseinandergesetzt haben. Es ist übrigens unwichtig, ob Sie all diese Fragen tatsächlich beantworten können. Sie dürfen hier imaginieren und fantasieren. Es geht eher darum, ein Gefühl für die Art von Menschen zu bekommen, mit denen Sie am liebsten arbeiten möchten. Folgen Sie Ihren ersten Impulsen und lassen Sie den inneren Zensor draußen vor der Tür stehen. Wenn Sie alle Fragen beantwortet haben, verabschieden Sie sich mental von diesem ersten Lieblingskunden und nehmen Sie wieder in Ihrem idealen Raum Platz. Warten Sie nun ab, bis der nächste Wunschkunde anklopft und durchlaufen Sie mit ihm diesen Prozess ebenfalls. Wiederholen Sie das Ganze mindestens noch einmal.

Nun haben Sie drei oder mehr Profile vor sich liegen. Untersuchen Sie diese zunächst auf Gemeinsamkeiten. Vielleicht stellen Sie fest, dass all Ihre Wunschkunden ausgesprochen unabhängige Persönlichkeiten sind, oder dass alle soziales Engagement zeigen. Sie könnten auch bemerken, dass Sie mit allen eine gewisse Werteebene teilen. Das ist natürlich kein Zufall: Wir arbeiten am liebsten und am leichtesten mit Menschen zusammen, für die ähnliche Dinge Bedeutung haben wie für uns selbst. Solche Gemeinsamkeiten geben Ihnen bereits gute Ansatzpunkte, auf die wir später noch zurückkommen werden. Doch zunächst beantworten Sie bitte auch die drei folgenden Fragen:

Ansatzpunkte für gewünschte Unterstützung

- Was war die jeweils größte Herausforderung, bei der Ihre Wunschkunden Ihre Unterstützung angefragt haben?
- Wenn sie bei Google nach einer Lösung für ihr Problem suchen würden, was würden sie wahrscheinlich eingeben?
- Worüber grübeln Ihre Wunschkunden, wenn sie nachts nicht schlafen können?

Befragen Sie Ihre Kunden!

Diese Fragen kommen recht harmlos daher, aber die Antworten fallen oft gar nicht so leicht. Sollte das auch bei Ihnen der Fall sein, dann lautet die Empfehlung, ganz konkrete Marktforschung in eigener Sache zu betreiben. Vereinbaren Sie mit einigen Ihrer bestehenden oder potenziellen Wunschkunden Termine zum Mittagessen und fragen Sie ihnen Löcher in den Bauch. Eine ganz zentrale Frage sollte dabei die nach ihrer jeweiligen größten Herausforderung im Bereich X sein. X steht dabei für Ihre Spezialisierung. Manchmal fällt es Menschen schwer, das in Worte zu fassen. Dann greifen Sie zu folgendem kleinen rhetorischen Kniff und fragen: *„Wenn ich eine gute Fee wäre oder einen Zauberstab hätte, mit dem ich Ihnen für Ihr Business drei Wünsche erfüllen könnte, welche wären das?"*

Die Antworten werden Sie bisweilen überraschen, aber immer nützlich sein, um für diesen Personenkreis nun Angebote zu kreieren, die wirklich einzigartig sind und ein großes Problem Ihrer Wunschkunden lösen können. Darauf kommen wir dann im Rahmen des Mosaiksteins Außenwirkung ab S. 221 ff. noch mal zurück. Unsere Imaginationsarbeit ist jedoch noch nicht ganz abgeschlossen, denn nun kommt eine weitere Übung, die Ihnen einen Perspektivwechsel auf Ihre Wunschkunden erlaubt: Es geht jetzt nämlich darum, was Ihre Wunschkunden von Ihnen erwarten sollen.

Perspektivwechsel zum Wunschkunden

Was Ihre Wunschkunden wollen sollen

Es ist zunächst etwas ungewohnt, aus dieser Perspektive auf das Wunschkunden-Thema zu blicken. Wir sind inzwischen oft schon darauf getrimmt, nach dem Kundennutzen zu suchen und emotionale „Marker" zu setzen, und das ist natürlich auch wichtig. Aber wir nehmen unsere eigenen Wünsche und Bedürfnisse dabei oft gar nicht mehr so recht wahr. Wir fokussieren uns komplett auf den Kunden – und manchmal führt das dazu, dass wir zwar tolle Arbeit leisten, uns aber innerlich irgendwann doch „leer" fühlen, vielleicht sogar ausgebrannt.

Resonanz beim Wunschkunden erzeugen

Der Perspektivenswitch, den Sie hier nun kennenlernen, hat daher durchaus mehr Vorteile als „nur" eine höhere Resonanz bei den Wunschkunden zu erzeugen. Wenn Sie lernen, bewusst von sich selbst ausgehend nach einer Deckungsgleichheit zwischen Ihnen und Ihren Wunschkunden zu suchen, sorgen Sie damit gleichzeitig gut für sich. Gerade uns engagierten Dienstleistern fällt das leider oft besonders schwer. Doch Ihr Wunschkunde schätzt Ihre Art, Geschäfte zu machen. Deshalb können Sie davon ausgehen, dass ein echter Wunschkunde die „richtigen" Erwartungen an Sie hat. Sonst hätte er nämlich einen anderen Anbieter gewählt. Was Sie dem Kunden liefern wollen, deckt sich exakt mit dem, was er erwartet. Mit anderen Worten: Was Sie liefern wollen, entspricht zu hundert Prozent dem, was Ihre Wunschkunden erwarten.

Wenn Sie sich diesen Zusammenhang bewusst gemacht haben, nehmen Sie erneut Ihre Kladde zur Hand und schreiben Sie folgende Überschrift auf die nächste Seite: Meine Wunschkunden sollen von mir erwarten, dass ...

Ergänzen Sie diesen Satz mit allen Dienstleistungen und Angeboten und sämtlichen weiteren Punkten, die Ihnen einfallen, wenn es um die Erwartungen Ihrer Wunschkunden an Sie geht. Es geht immer und ausschließlich darum, was Sie auch liefern wollen, das ist ganz wichtig! So könnte zum Beispiel eine Mediatorin folgende Punkte auf ihrer Liste stehen haben:

„Meine Wunschkunden sollen von mir erwarten, dass …

Beispiel: Was Kunden erwarten sollen

- ich pünktlich um 17 Uhr Feierabend mache, weil ich Zeit für meine Familie haben will.
- ich am Wochenende grundsätzlich nicht arbeite.
- ich immer erst nach einer Möglichkeit suche, einen Rechtsstreit zu vermeiden.
- ich einen für beide Seiten tragbaren Kompromiss finde.
- ich Erstberatungen am Telefon ab einer Dauer von 20 Minuten in Rechnung stelle.
- …"

Seien Sie detailliert und spezifisch!

Achten Sie auch hier wieder darauf, möglichst detailliert und spezifisch zu bleiben. Nach dem ersten Durchgang gehen Sie alle Erwartungen noch einmal durch und fragen Sie sich bei jeder, wie Sie diese noch eindeutiger fassen können. Fragen Sie sich vorsichtshalber auch noch mal, ob Sie den jeweiligen Punkt wirklich, wirklich liefern wollen. Es kann sein, dass Sie hier auch noch mal spezifizieren sollten. Zum Beispiel könnten Sie im ersten Durchlauf geschrieben haben: „Meine Wunschkunden sollen von mir erwarten, dass ich jede Mail nach spätestens 24 Stunden beantworte." Vielleicht fällt Ihnen beim zweiten Durchlesen auf, dass das nicht für die Wochenenden gilt und natürlich auch nicht während Ihres Urlaubs. Ergänzen Sie den Satz dann mit diesen Konkretisierungen. Die Liste mit den Erwartungen Ihrer Wunschkunden sollte übrigens mindestens so lang sein wie die anfängliche Liste mit deren Eigenschaften.

Sie werden wahrscheinlich feststellen, dass es Spaß macht, sich so intensiv mit seinen Wunschkunden zu beschäftigen. Und vor allem werden Sie sehr schnell bemerken, wie positiv sich das auf Ihren Geschäftserfolg auswirkt. Sie kennen jetzt Ihre Wunschkunden ziemlich genau und haben damit die Rahmenbedingungen für Ihre weitere Aktivität definiert.

Mit diesem positiven Ergebnis und dem guten Gefühl, das dadurch ausgelöst wird, gönnen Sie sich folgendes kleines gedankliches Experiment: Atmen Sie bitte zweimal tief ein und wieder aus … Und dann spüren Sie einmal nach, was folgende Fragen bei Ihnen auslösen:

Fragen, die Freude bereiten

- Wie werden Sie sich fühlen, wenn Sie immer mehr Kunden in Ihr Leben ziehen, die Sie und Ihre Leistung wertschätzen?
- Die bereit sind, Ihre Honorare zu bezahlen?
- Die Sie immerzu gerne weiterempfehlen?

Wenn Sie sich diese drei Fragen immer wieder genau dann stellen, wenn Sie sich mit Ihrem Marketing beschäftigen, werden Sie feststellen, dass Ihnen die entsprechenden Aktivitäten leichtfallen und mit Freude verbunden sind. Interessanterweise ist damit auch eine höhere Erfolgsquote verbunden. Das liegt daran, dass wir so einen wertschätzenden emotionalen Fokus aufbauen, der sich natürlich mitteilt. Fragen Sie sich selbst: Wem vertrauen Sie eher, einem Menschen, der eine positive und wertschätzende Energie ausstrahlt oder jemandem, der angestrengt und nahezu verzweifelt wirkt?

Erkennen Sie neue Entwicklungen vor Ihren Kunden

Wenden wir uns nun dem Markt insgesamt zu und untersuchen die objektiven Gegebenheiten dort, denn auch das kann Ihnen weitere wertvolle Hinweise geben, wie Sie Ihre Wunschkunden zukünftig noch besser „bedienen“ können. Denn durch die intensive Auseinandersetzung mit Ihren Wunschkunden werden Sie zwar in den meisten Fällen interessante Zustandsbeschreibungen erhalten. Doch die wenigsten Ihrer Kunden schauen wahrscheinlich über den Tellerrand des Tagesgeschäfts hinaus und antizipieren neue Entwicklungen, die auf ihr Business Einfluss nehmen werden. Das jedoch ist Ihr Job als Berater, Trainer und Coach, damit Sie nicht selbst von Innovationen im technischen Bereich überholt werden oder Trends verschlafen, die Ihr Business maßgeblich beeinflussen werden. Wenn Sie agil bleiben und aktuelle Entwicklungen in Ihre Angebote einarbeiten, bieten Sie Ihren Kunden einen klaren Mehrwert und können ihnen so einen Vorsprung verschaffen.

Trends und Marktentwicklungen

Viele Coachs, Berater und Trainer schmoren lange im eigenen Saft. Sie lernen bestimmte Methoden und Techniken, von denen sie überzeugt sind und die sie gerne und auch gut anwenden. Doch leider reicht es in unserem Business nicht (mehr), sich auf einmal gelernten Tools auszuruhen. Diese Erkenntnis mussten beispielsweise viele Trainer machen, die den Trend zum E-Learning in manchen Bereichen im wahrsten Sinne des Wortes „verschlafen" haben. Auch wer sich nicht frühzeitig mit den sozialen Medien und ihren Möglichkeiten auseinandergesetzt hatte, ist nun im Nachteil gegenüber Kollegen, die sich ganz natürlich auf dieser Spielwiese bewegen und sie für ihr Business einsetzen.

> Wir halten uns über den Markt auf dem Laufenden, aber wir betreiben relativ wenig aktive Marktforschung. Auf unsere Kunden bezogen allerdings schon, da machen wir das sogar sehr intensiv. Es ist natürlich wichtig, Trends mitzukriegen, also was bewegt die Leute im Augenblick, was sind gesellschaftliche Themen, was verändert sich gerade. Ich bin allerdings sehr zurückhaltend dabei, immer auf andere zu gucken. Du guckst auf einen Mitbewerber und denkst, boah, der macht aber coole Sachen. Und dabei weißt du gar nicht, ob das funktioniert, was der tut. Du weißt auch nicht, was der für einen Background hat, welche Ressourcen der hat, die du vielleicht gar nicht bereitstellen könntest. Ich halte insgesamt relativ wenig von Benchmarking, außer wenn du in sehr stark standardisierten Märkten unterwegs bist. Wir kennen unsere Mitbewerber, wir wissen, was die machen, wir kaufen aber keine Produkte von denen.
>
> *Ralf Senftleben, Herausgeber von „Zeit zu leben"*

Diese Beispiele zeigen, wie wichtig es sein kann, das gesamte Umfeld, in dem wir uns täglich bewegen, im Auge zu behalten. Das betrifft gesamtgesellschaftliche Entwicklungen ebenso wie Innovationen in der Branche, in der Sie vorwiegend arbeiten, denn auch diese können großen Einfluss darauf haben, in welcher Weise Sie Ihre Angebote modifizieren oder neu gestalten.

Trends: Gesamtgesellschaftlich und branchenspezifisch

Momentan gewinnt beispielsweise der Trend „Betriebliches Gesundheitsmanagement“ rasant an Fahrt, was vor ein paar Jahren jedoch erst wenige erkannten. Diese Trainer haben jetzt einen Erfahrungsvorsprung gegenüber anderen, die erst später auf den bereits rollenden Zug aufgesprungen sind. Erkennbar ist das an der inzwischen kaum noch überschaubaren Menge an Angeboten rund um die Burnout-Prophylaxe. Wer diesen Trend frühzeitig erkannt und aufgegriffen hat und die Wirksamkeit seiner Angebote inzwischen auch mit Zahlen unterfüttern kann, wird gegenüber Newcomern auf dem Markt stets die Nase vorn haben.

Das muss nicht heißen, dass Sie gar keine Chance haben, wenn Sie sich ebenfalls in diesem Bereich aufstellen wollen. Es bedeutet allerdings, dass Sie noch intensiver nach Möglichkeiten suchen müssen, wie und wo Sie Ihr Angebot platzieren, und wie Sie es gegebenenfalls mit anderen Angeboten sinnvoll kombinieren, um für Ihre Kunden noch größeren Nutzen zu schaffen.

Wer später kommt, muss intensiver nach Nischen suchen

Ihr Trendbarometer

Zunächst einmal sollten Sie also diejenigen Trends identifizieren, die unter Umständen Einfluss auf Ihr Business nehmen könnten. Dabei gilt es, die fünf Bereiche abzudecken, die auf der folgenden Seite abgebildet sind.

Welche Trends Einfluss nehmen

1. **Ihre eigene Branche** (Weiterbildung, Consulting etc.)
Der Beratungsmarkt als solcher boomt, doch nur einer von acht Coachs erwirtschaftet komfortable Umsätze. Das liegt auch daran, dass die Branche sich nur widerwillig auf neue Trends eingestellt hat. Wo sehen Experten für die nächsten Jahre Entwicklungspotenzial, und wie können Sie diese Erkenntnisse für Ihr eigenes Business nutzen? Eine gute Quelle sind die großangelegten Studien zu der Weiterbildungsbranche, die der Verlag managerSeminare jährlich herausgibt: *www.managerseminare.de/Weiterbildungsszene*

2. **Die Branche(n) Ihrer Kunden**
Auch Ihre Kunden bewegen sich in einem sich entwickelnden Markt, der neue Chancen bringt, aber auch Gefahren birgt. Je besser Sie darauf vorbereitet sind und neue Lösungen und Angebote für Ihre Kunden bereitstellen, umso zielgerichteter können Sie diese ansprechen und für sich gewinnen.

3. **Technologische Innovationen**
Viele Coachs, Trainer und Berater stehen technologischen Entwicklungen eher skeptisch gegenüber. Wie können Sie das ggf. als Vorteil nutzen? Welche Innovationen in diesem Bereich lassen sich für Ihr Business adaptieren und erleichtern Ihnen möglicherweise Ihre Arbeit? Was davon können Sie Ihren Kunden anbieten?

4. **Gesamtgesellschaftliche Entwicklungen**
Die Frauenquote ist ebenso ein gesamtgesellschaftlich relevanter Trend wie das Misstrauen gegenüber etablierten Parteien und den Medien, oder der „Lifestyle of Health and Sustainability", kurz LOHAS. Was bedeutet das für Sie als Anbieter von Coaching, Training und Beratung? Wie können Sie durch Ihre spezifischen Angebote positiven Einfluss nehmen?

5. **Spirituelle Evolution**
Spiritualität ist ein großer Trend und ein weites Feld. Die Globalisierung hat unter anderem mit sich gebracht, dass jeder sich seine ganz eigene spirituelle Ausrichtung „basteln" kann. Inwiefern macht sich das auch in Ihrem Business bemerkbar?

Geben Sie spaßeshalber in Ihrer Suchmaschine einmal „Trendstudien“ als Suchbegriff ein. Sie werden überrascht sein, welche Schätze Sie in einer halbstündigen Recherche auf diese Weise fördern können. Viele Unternehmen und Beratungsfirmen im Bereich Zukunfts- und Trendforschung stellen ihre Studien ganz oder teilweise zum kostenfreien Download zur Verfügung oder fassen ihre Kernaussagen in Fachartikeln zusammen. Wählen Sie aus diesem Material zwei bis drei Bereiche aus, mit denen Sie sich etwas umfassender beschäftigen und planen Sie dafür einen halben Arbeitstag ein. Arbeiten Sie die für Sie interessanten Studien unter folgenden Fragestellungen durch:

Ihre Fragestellung in Bezug auf Trends

- Was bedeutet das konkret für meine Kunden? Welche Gefahren und welche Chancen liegen in den angesprochenen Entwicklungen? Versuchen Sie, Ihre Erkenntnisse so konkret wie möglich zu fassen.

- Welche Auswirkungen hat das auf mein Angebot? Was kann ich tun, um diesen Entwicklungen Rechnung zu tragen?
  - Welche innovativen Ideen für meine eigenen Angebote kann ich aus den Erkenntnissen der Zukunftsforscher ziehen?
  - In welcher Weise kann ich meine Leistungen anders platzieren, meine Angebote in anderen Medien präsentieren oder miteinander kombinieren?
  - Kann ich ggf. neue Kundengruppen adressieren? Oder im Gegenteil mich noch stärker auf eine Erfolg versprechende Nische konzentrieren?

Gezielte eigene Marktforschung

Ausgehend von den so gewonnenen Erkenntnissen können Sie Ihre Marktforschung in eigener Sache ausweiten und eine Umfrage erstellen, um von Ihren Wunschkunden noch präzisere Aussagen zu den jeweiligen Themen zu erhalten. Alternativ können Sie einzelne Kunden auch um ein Interview bitten. Als Begründung geben Sie an, dass Sie Ihre Angebote noch zielgenauer auf Ihre Kunden abstimmen möchten, sodass Sie auch in Zukunft gute Arbeit leisten können. Sie werden feststellen, dass die meisten Kunden gerne bereit sind, Auskunft zu geben, denn auch ihnen ist ja daran gelegen, dass ihre Berater einen guten Job machen. Die meisten fühlen sich geschmeichelt, wenn sie um ihre Meinung gebeten werden.

So könnten Sie Ihre Kunden beispielsweise fragen, inwieweit Trend X ihr derzeitiges Marketing beeinflusst, oder ob Trend Y bereits Auswirkungen auf ihre Personalpolitik hat. Versuchen Sie, möglichst konkrete Antworten zu erhalten. Je unmissverständlicher die Aussagen sind, umso mehr Nutzen ziehen Sie aus der Auswertung, weil Sie im nächsten Schritt überlegen können, wie Sie Ihren Kunden noch bessere Lösungen für ihre Probleme bieten können.

Haben Sie einen Trend erkannt, zögern aber?

Wenn Sie noch immer zögern, mit diesem Anliegen auf Ihre Kunden zuzugehen, könnte etwas ganz anderes dahinter liegen: Vielleicht fürchten Sie sich vor Ablehnung? Oder Sie wollen nicht zeigen, dass Sie ein Thema noch nicht so gut beherrschen? Fühlen Sie sich dann irgendwie entblößt? Oder gibt es Ihnen ein Gefühl von Unterlegenheit, das für Sie unangenehm ist?

Falls Sie eine dieser Fragen bejaht haben, dann könnte der Aspekt „Macht" für Sie ein ungeklärtes Thema sein, das zu bearbeiten aus vielerlei Gründen lohnenswert sein könnte. Nicht nur, weil es grundsätzlich angenehmer ist, aus einer Position von Selbstmächtigkeit heraus zu handeln, sondern auch, weil Sie als Coach, als Trainerin oder als Berater immer in Machtkonstellationen unterwegs sind und sich dessen bewusst sein sollten, um damit konstruktiv agieren zu können. Daher ist der nächste Abschnitt sehr wesentlich für Ihr unternehmerisches Selbstbild, und gerade wenn das Wort Macht bei Ihnen bisher eher negativ belegt war, sollten Sie sich das Thema einmal genauer betrachten.

Macht und Selbstmächtigkeit

Egal in welchem Kontext wir uns bewegen: Wo Menschen miteinander interagieren, geht es immer auch um Macht. Wer nicht als Hering unter Haien unterwegs sein möchte, tut gut daran, sein eigenes Verhältnis zur Macht zu klären und zu transformieren. Entwickeln Sie Ihre Selbstmächtigkeit als wichtigste Voraussetzung für einen souveränen Umgang mit Macht – und mit Machtmenschen.

Macht spielt immer eine Rolle

Dabei ist Macht in der Tat ein Thema, das für viele Menschen eher negativ besetzt ist, ganz besonders für Frauen und im Speziellen für Kollegen, die sich als spirituell verstehen. Wir sind oft durchdrungen vom Geist der Kooperation, der Gleich-Gültigkeit im Sinne des „Ich bin o.k., du bist o.k.“. Egalitäre und kooperative Ansätze können funktionieren, wenn sich alle Teilnehmenden einer Gruppe darauf verständigen. Doch in wie vielen Bereichen des täglichen Lebens ist das gegeben? Und welche Möglichkeiten der Einflussnahme habe ich dann als jemand, der Menschen in Veränderungsprozessen unterstützen möchte, wie es auf Tausenden von Beraterwebsites postuliert wird? Natürlich kann man sich auf den Standpunkt stellen, sich dem „Machtspiel“ zu entziehen. Das ist eine durchaus ehrenwerte Entscheidung, die jedoch nur zu oft leider gerade diejenigen treffen, die Methoden und Werkzeuge zur Hand hätten, um ein langsames Umdenken bei anderen zu bewirken. Und hier wird die Frage nach dem eigenen Umgang mit der Macht geradezu existenziell.

Hier geht es darum, einen „geläuterten“, das heißt transformierten Umgang mit der eigenen Macht zu erreichen. Wer Führung übernehmen möchte – und das tun wir als Coachs, Trainer und Berater im Prinzip ständig – muss in der Lage sein, anzuerkennen, dass er eine gewisse Machtposition innehat gegenüber Klienten, Teilnehmenden und Kunden, schon wegen des meist deutlichen Wissens- und Erfahrungsvorsprungs. Wie wir führen, welche Regeln wir einsetzen, wie wir auf deren Einhaltung pochen, wann wir wie in Prozesse ein-

Die eigene Machtposition anerkennen

greifen – all das sind Facetten von Macht und ihrer Ausübung, auch wenn das für manche eine schwierige Einsicht sein mag. Wer sich in vergangenen Situationen jedoch selbst als ohnmächtig erlebt hat und diese Erfahrungen nicht gründlich aufgearbeitet hat, wird sich schwertun, sich in einer konstruktiven Weise mit Macht zu arrangieren und einen eigenen Zugang dazu zu finden. Das bedeutet in der Konsequenz leider meist, dass die eigene Ohnmacht weiter besteht, weil man sich nicht die Erlaubnis gibt, sich als mächtig zu erleben – zu negativ ist das Thema besetzt.

Erlebte Ohnmacht aufarbeiten

Doch zwischen Macht und Ohnmacht gibt es eine Brücke, die wir als integrale Persönlichkeiten finden können: Wir erobern uns die Selbstmächtigkeit zurück.

Selbstmächtigkeit stärken

Beantworten Sie zunächst zwei Denkfragen zum Thema Macht – Ohnmacht – Führung. Wählen Sie am besten zwei unterschiedliche Farben, um Ihre Antworten zu differenzieren. Ergänzen Sie weitere Felder, falls notwendig.

Denkfragen zum Thema Macht

Tab.: Erlebte Macht und Ohnmacht

- In welchen Situationen erleben Sie sich als machtvoll oder mächtig oder im Gegenteil als machtlos oder ohnmächtig?

	Trifft 100% zu	Trifft teilweise zu	Teils – teils	Trifft selten zu	Trifft nie zu
Familie: - Vater - Mutter - Geschwister					
Freunde					
Kollegen					
Kunden					
In Verhandlungen					
In Konflikten					
In Gruppen					
Im Training					

	Trifft 100% zu	Trifft teilweise zu	Teils – teils	Trifft selten zu	Trifft nie zu
Im Coaching					
In der Beratung					
Wenn es um ... geht					
Wenn es um ... geht					

- Wann übernehmen Sie Führung, und in welcher Weise genau?

Ihr Führungsverhalten

Schauen Sie sich Ihr Führungsverhalten einmal ganz genau an, auch in Alltagssituationen, wie z. B. beim Autofahren, beim Anstehen in der Supermarktschlange, beim Bestellen im Restaurant etc. Denken Sie auch darüber nach, welche Rolle Sie gewohnheitsmäßig in der Partnerschaft und im Freundeskreis innehaben: Sind Sie diejenige Person, die immer alles organisiert, oder lassen Sie das gerne andere machen? Versuchen Sie, Ihre Wünsche durchzusetzen, und wie tun Sie das? Wann stecken Sie zurück, wann gehen Sie forsch an die Spitze? In welchen Situationen fühlt es sich für Sie ganz normal an, Dinge zu entscheiden, auch für andere?

Fast alle Menschen kennen Situationen, in denen es ihnen schwerfällt, die Führungsrolle zu übernehmen. Welche inneren Anteile melden sich da bei Ihnen? Es kann sich lohnen, auch an dieser Stelle noch einmal mit den Lebensbildern aus dem vorhergehenden Mosaikstein „Persönlichkeit“ zu arbeiten (s. S. 51 ff.), um die alten Muster zu untersuchen und möglicherweise auch zu verändern.

Der Umgang mit ausgeprägtem Machtverhalten

Als Coachs, Trainer oder Berater bewegen wir uns häufig in Kontexten mit Menschen, die ein sehr ausgeprägtes Machtverhalten an den Tag legen. Wenn wir die eigene Macht nicht anerkennen, wenn wir leugnen, welche Rolle sie im Verhältnis zu unseren Coachees und Kunden spielt, balancieren wir auf einem sehr schmalen Grat, der nicht selten in Machtmissbrauch der ein oder anderen Form mündet: entweder gegenüber den uns Anvertrauten oder aber gegenüber uns selbst. Vor allem als Coach brauchen wir also ein gesundes Bewusstsein der eigenen Macht, weil wir aus dieser Haltung heraus erst Machtverhalten im Denken und Handeln erkennen und spiegeln können und so unseren Klienten Erkenntnisgewinn ermöglichen.

Hinzu kommt die Tatsache, dass wir den verschiedenen Machtformen, die uns in Organisationen begegnen können, sonst eher hilflos und dadurch auch arglos gegenüberstehen. Wir erleben ein diffuses Gefühl von Irritation, ohne den Finger darauf legen zu können. Im Ergebnis fühlen wir uns oft missverstanden mit unseren ehrenwerten und „idealistischen" Absichten und Motiven und können nicht verstehen, wieso unsere Impulse nicht greifen.

„Vergiftete Aufträge"

Die Systemdynamik problematischer Aufträge

Für Berater, Trainer und Coachs, die in Unternehmen tätig sind, spricht Klaus Grochowiak in diesem Zusammenhang von „vergifteten Aufträgen": Wenn wir also einen Auftrag annehmen, der unweigerlich zu einer systemischen Verstrickung führt, weil wir die dahinter liegende Systemdynamik nicht erkennen bzw. anerkennen und daher auch nicht klären. So kann es nach Grochowiak zu folgenden Konstellationen kommen:

- **Im Auftrag Ihrer Majestät**
  Dahinter verbirgt sich eine sehr verhängnisvolle Dynamik, die uns direkt in einen Loyalitätskonflikt führt. Der Auftraggeber verlangt offen oder verdeckt von uns, dass wir uns mit ihm verbünden und im gegnerischen Lager quasi „spionieren". Wenn Sie in einem Vorgespräch an dieser Stelle ein starkes Unbehagen verspüren, ist das in der Regel ein gutes Indiz dafür, dass Sie zum verlängerten Arm des Auftraggebers gemacht werden sollen.

- **Die Sandwichposition zwischen den Alphatieren**
  Wenn Sie einen Auftrag erhalten, den nur ein Mitglied der Geschäftsführung für sinnvoll hält, wogegen jedoch ein weiterer Geschäftsführer opponiert, geraten Sie ebenfalls in eine fast unlösbare Position. Das Training wird damit ein verlagerter Austragungsort eines firmeninternen Machtkampfes, von dem Mitarbeiter in der Regel Kenntnis haben; die Atmosphäre ist verunsichert, da niemand sich traut, das Thema offen auszusprechen.

- **„Machen Sie mal!"**
  Was erst einmal viel Freiheit in Gestaltung und Methodik zu versprechen scheint, ist in Wahrheit oft eine Falle, weil das Training lediglich als „Beweis des guten Willens" vorgeschoben wird. Eigentlich möchte man keine Veränderung, was daran deutlich wird, dass es im Vorgespräch sehr schwierig ist, eine klare Aussage zur Motivation und den Zielen des Trainings zu erhalten.

- **Versagen mit Ansage**
  Werden Sie hellhörig, wenn man die Arbeit Ihrer Vorgänger als Trainer oder als Beraterin herabwürdigt und Sie selbst sozusagen als „Heiland" postuliert, der nun alles zum Besseren wenden soll. So schmeichelhaft das im ersten Moment klingt: In der Regel sind Sie dann mit himalayahohen Ansprüchen konfrontiert, die einen Erfolg im Grunde kaum erlauben.

- **Der Auftraggeber ist das Problem**
  Häufig erkennen Sie diese Konstellation schon sehr früh am autoritären, oft unberechenbaren Verhalten, das Ihr Auftraggeber gegenüber seinen Mitarbeitern, aber auch Ihnen zeigt. Sie werden von ihm vor die Aufgabe gestellt, das Problem zu lösen, ohne es jedoch zu thematisieren – und das, obwohl das System sehr genau weiß, was die Ursache ist. Damit stehen Sie vor einer Aufgabe, die Sie tatsächlich nicht bewältigen können.

Natürlich ist es oft dennoch verführerisch, auch solche Aufträge anzunehmen: Schließlich lockt das Honorar oder auch die Reputation. Um solche Konstellationen zu erkennen, sind die Leitfragen, die Klaus Grochowiak nennt, sicher hilfreich (Quelle: Fachvortrag „Ordnungen der Macht II, Dez. 2004):

Leitfragen für den Berater bei der Auftragsklärung

„Vergiftete Aufträge" erkennen

- Ist das, was ich gerade machen soll, Managementaufgabe?
- Soll ich die Problemdefinition des Systems übernehmen?
- Soll ich die Lösungsvorstellung des Systems nur noch durchführen?
- Soll ich etwas tun, wofür schon jemand im Unternehmen bezahlt wird?

- Soll ich etwas tun, wofür derjenige im Unternehmen bezahlt wird, der mir den Auftrag gibt?
- Wird ein interaktioneller Konflikt zwischen innerbetrieblichen Parteien als Defizit/Problem einer Seite dargestellt?
- Soll ich mich auf eine Seite stellen?
- Soll ich (für eine Seite) die schmutzige Arbeit leisten?

Die eigenen Machtprogramme kennen

Die Antworten auf diese Fragen bzw. ihr Fehlen erleichtert Ihnen die Entscheidung, ob Sie solch einen Auftrag annehmen möchten oder ihn besser ablehnen. Um das tun zu können, brauchen Sie eine klare Haltung zu Ihrem eigenen Umgang mit Macht. Dazu gehört auch die Erkenntnis, welchen inneren Machtprogrammen Sie (noch) folgen. Wer zum Beispiel ein ungeklärtes „Autoritätsproblem" hat, wird oft automatisch in Opposition gehen und das auch auf Klienten oder Teilnehmer projizieren.

Dieses spannende Thema kann hier nur angerissen werden, aber eins steht fest: Macht begegnet uns in den unterschiedlichsten Situationen unseres Lebens. Wenn wir einen souveränen Umgang damit finden wollen, ist es unabdingbar, sich unseres machtvollen Verhaltens bewusst zu werden: wann und in welchen Kontexten zeige ich Macht, wann und wo fühle ich mich eher ohnmächtig? Das gibt uns wertvolle Hinweise auf Entwicklungspotenziale, denn nur wenn wir auch negative Erfahrungen mit Macht transformieren und läutern, können wir unsere Klienten dabei begleiten, ihren eigenen Umgang mit Macht umfassend und vollständig zu reflektieren und ggf. zu erweitern.

Die Klientel erwartet Vertrautheit mit Spielregeln der Macht

Holistisches Denken hat insgesamt gesehen erst in wenigen Unternehmen Eingang gefunden, und hierarchische Machtstrukturen sind nach wie vor an der Tagesordnung. Führungskräfte und Manager bewegen sich auf einem politisch hoch brisanten Parkett und haben gelernt, nach den Spielregeln der Macht zu agieren. Noch einmal: Es ist daher notwendig für Berater, die in diesem Umfeld unterwegs sind, Sprache und Verhalten der Macht zu kennen und nötigenfalls selbst anwenden zu können, damit sie von dieser Klientel überhaupt ernst genommen werden. Der deutsche Philosoph Wilhelm Schmid hat dazu in einem Interview einmal folgende Formulierung gebraucht: „Man muss Macht über sich selbst besitzen. Selbstmächtigkeit ist deshalb so wichtig, weil bei ihrem Nichtvorhandensein

Mächte von außen sehr viel größere Zugriffsmöglichkeiten auf mich hätten." (Schmid, W.: Glück der Fülle, WAMS vom 13.11.2015.)

Was meint Selbstmächtigkeit für unsere Rolle als Coach, als Berater oder als Trainerin?

Dazu gehören unterschiedliche Aspekte:

Aspekte der Selbstmächtigkeit

- Ich erkenne, wo ich mich in meinen Beziehungen mächtig und wo ohnmächtig fühle.
- Ich nehme meine eigene Macht an und setze sie in Beziehung zu meiner Ethik und meinen Werten.
- Ich entscheide immer wieder neu, zu welchem Zweck und mit welchem Ziel ich von meiner Macht Gebrauch mache und akzeptiere die Konsequenzen.

Macht erfordert Aktivität

Entscheidend dafür, tatsächlich selbstmächtig zu werden, ist die Bereitschaft, dafür etwas zu tun. „Um Macht zu bekommen, müssen Sie etwas machen," sagt Wirtschaftscoach Christine Bauer-Jelinek, denn sie fliege einem nicht zu. Im Klartext bedeutet das, sein Verhalten immer wieder zu überprüfen und teilweise neue Strategien zu entwickeln. Sie wissen ja: Wer immer nur das tut, was er immer getan hat, wird sich kaum weiterentwickeln.

Damit Ihre Selbstmächtigkeit sich wirklich entfalten kann und nicht nur eine leere Hülle bleibt, ist es wichtig, Zugang zur eigenen Macht zu finden. Das erweist sich öfter als gedacht als große Hürde. Falls Sie innerlich noch immer einen Widerstand spüren bei der Vorstellung, selbstmächtig zu sein, dann kann Sie vielleicht folgende Übung in Kontakt mit Ihrem mächtigen Anteil bringen.

Macht mit den eigenen Werten verknüpfen

Dabei geht es darum, Ihre Macht und Selbstmächtigkeit mit Ihren Werten zu verknüpfen. Wir haben oft ein negatives Bild von Menschen mit Macht. Nicht umsonst sprechen wir von der „Verführung der Macht" oder gar der „dunklen Seite der Macht". Daher ist es notwendig, uns zu vergegenwärtigen, was Macht im positiven Sinne bewirken kann.

Positive Beispiele für Machteinsatz

Notieren Sie jetzt mindestens fünf Persönlichkeiten, die ihre Macht zum Wohle anderer eingesetzt haben. Vielleicht fällt Ihnen ein Prominenter ein, der seinen Status genutzt hat, um zum Beispiel Spenden zu sammeln. Oder eine Unternehmerin, die mit der „hellen Seite" der Macht gerechtere Arbeitsbedingungen geschaffen hat. Es gibt viele Beispiele von Menschen, die über ihre Macht Einfluss auf das große Ganze genommen haben und damit viel Gutes bewirkt haben. Lassen Sie sich von diesen Persönlichkeiten inspirieren für Ihre eigene Selbstmächtigkeit.

„Machtvertrag" mit sich selbst

Es ist empfehlenswert, sodann einen schriftlichen Vertrag mit sich selbst abzuschließen und sich und der Welt damit zuzusichern, dass Sie den Verlockungen der „dunklen Seite" widerstehen werden und Ihre Macht immer bezogen auf die Werte, die Ihnen besonders am Herzen liegen, einsetzen. Finden Sie Sätze, die genau ausdrücken, wofür Sie sich Macht wünschen und wozu Sie diese einsetzen werden. Wählen Sie ruhig Formulierungen, die bedeutsam klingen und eine gewisse Förmlichkeit transportieren – ganz wie in einem echten Vertrag. Sie könnten etwa so lauten:

Ich, [Ihr Name], verspreche hiermit, dass ich meine Macht gemäß folgenden Werten ausüben werde:
[Ihre fünf höchsten Werte, s. S. 60 ff.]

Ich werde meine Macht stets zum Wohle des großen Ganzen nutzen und sie niemals missbrauchen.

Ich werde meinen Einfluss nutzen, um folgende Ziele zu erreichen:
[Nennen Sie drei bis fünf Ziele]

Meine Selbstmächtigkeit darf sich daher frei entfalten, und ich freue mich darauf!

Abb.: Schriftlicher Vertrag über Machteinsatz

Unterschreiben Sie diesen Vertrag und beobachten Sie, was sich dadurch möglicherweise in Ihrer Wahrnehmung von Macht und Selbstmächtigkeit verändert.

Werfen Sie nun einen Blick auf Ihre Antworten zu den Denkfragen auf S. 144 f. bezüglich Ihres bisherigen Umgangs mit Macht und Führung. An den Stellen, an denen Sie sich bisher eher ohnmächtig gefühlt haben, stellen Sie sich nun folgende Fragen:

Überprüfen Sie Ihre Ohnmachtserfahrungen

- Ist das wirklich wahr? Oder habe ich nicht gerade durch meine scheinbare Ohnmacht auch Macht ausgeübt? Das klassische Opferverhalten kann in der Tat sehr, sehr mächtig sein, und durch die systemische Brille lässt sich oft gut erkennen, wo und wie in einer Täter-Opfer-Konstellation das Opfer zuweilen zum Täter wird und das gesamte System beherrscht.
- Sehen Sie sich jede Konstellation und Situation, in der Sie sich bisher eher machtlos gefühlt haben, genau an. Wie hätte sich jemand an dieser Stelle verhalten, der nicht machtlos ist? Welche anderen Strategien hätte so eine Person gezeigt? Zu welchen Ergebnissen hätte das geführt?
- Welche Ressourcen stehen Ihnen bereits zur Verfügung, um in einer ähnlichen Situation in Zukunft anders reagieren zu können?
- Wenn Sie morgen früh aufwachen würden und tief in sich drin spüren könnten, dass Sie wie von Zauberhand nun über einen hohen Grad an Selbstmächtigkeit verfügen, woran würden Sie das als Erstes merken? Wer könnte das von außen als Erstes wahrnehmen?
- Was wird nun ganz anders sein, und wen wird das am meisten überraschen?
- Was wird für Sie jetzt möglich, was für andere?
- Was müssten Sie tun, um diese Entwicklung wieder rückgängig zu machen bzw. was müssten andere tun, um dies zu erreichen?

Nehmen Sie sich Zeit für die Beantwortung dieser Fragen, denn oft lösen Sie damit ganz erstaunliche Prozesse aus. Spüren Sie Ihren Impulsen nach und halten Sie Ihre Ideen auch schriftlich in Ihrer Kladde fest. So können Sie immer wieder darauf zugreifen in Phasen von Mutlosigkeit oder bei Ohnmachtsgefühlen. Wie so vieles, muss auch die Selbstmächtigkeit eingeübt und trainiert werden. Trauen Sie sich was! Und kommen Sie ins Tun!

Denn wenn Sie erkannt haben, in welchen Situationen Sie sich am wenigsten mächtig fühlen und Sie das ändern möchten, und wenn Sie durch die obige Übung schon Ideen dazu entwickelt haben, dann können Sie sich im nächsten Schritt ganz konkrete Aufgaben stellen:

Aufgaben zur Stärkung der Selbstmächtigkeit

- Vielleicht haben Sie ja erkannt, dass sich Ihre Stimme immer „piepsig" anhört, wenn Sie wichtige Gespräche mit potenziellen Kunden führen. Dann könnten Sie im nächsten Gespräch bei einem potenziellen Auftraggeber einmal ganz bewusst darauf achten, dass Sie ruhig und langsam sprechen und Ihre Stimme am Satzende senken.

- Oder der Prozess hat Ihnen gezeigt, dass Ihre Mutter sehr überrascht wäre, wenn Sie plötzlich aus der „Ja, aber"-Schleife aussteigen würden, die Ihr Verhältnis zueinander seit Jahren prägt. Dann könnten Sie im nächsten Telefonat vielleicht ganz entspannt sagen, dass Sie Thema X heute nicht mit ihr diskutieren möchten und ihr stattdessen eine angenehme Begebenheit erzählen.

Wenn Sie Ihren Fokus in dieser Weise darauf legen, mehr und mehr positive Referenzerfahrungen zu sammeln, wird sich Ihr Gefühl von Selbstmächtigkeit innerhalb eines überschaubaren Zeitrahmens positiv verändern. Dies wird sich wiederum auf Ihre Ausstrahlung auswirken und Sie werden zuversichtlicher auch in schwierige Gespräche gehen. Es liegt nahe, dass Sie zudem auch zu Klienten und Auftraggebern insgesamt eine neue Haltung einnehmen werden, die Ihrem Gegenüber signalisiert, dass Sie sich ebenbürtig fühlen.

Darüber hinaus können Sie Ihre Selbstmächtigkeit immer dann stärken, wenn Sie offen auf andere zugehen und ehrlich sind –

auch und vor allem sich selbst gegenüber. Einen Freundeskreis zu pflegen, auf den Sie jederzeit zählen können, ist ebenfalls wertvoll. Eine Voraussetzung dafür ist, dass Sie anderen Menschen vertrauen, denn so schaffen Sie Vertrauen – und damit entziehen Sie vielen Machtspielchen den Boden.

Gegenseitiges Vertrauen bremst Machtspiele aus

Wir sprechen als Berater und als Coachs oft von der „Augenhöhe“, die wir gegenüber unseren Klienten einnehmen. Doch tatsächlich vermeiden viele aus unserer Zunft eine bestimmte Klientel, weil sie sich dieser bewusst oder unbewusst unterlegen fühlen. Wenn wir also unsere Selbstmächtigkeit trainieren, kann das sogar dazu führen, dass wir uns gegenüber neuen Kundengruppen öffnen. Wäre das nicht ein äußerst spannendes Experiment?

Selbstmächtigkeit eröffnet neue Kundengruppen

Regeln und Rituale erkennen und nutzen

Auch wenn wir auf diese Weise unser Verhältnis zu Macht transformiert haben und grundsätzlich in der Lage sind, souverän zu agieren, braucht es noch eine weitere Zutat, um als Coach, als Beraterin oder als Trainer auf dem politischen Parkett in vielen Unternehmen reüssieren zu können: die Kenntnis der ganz besonderen Spielregeln, an die sich alle halten, egal ob sie klar kommuniziert sind oder unausgesprochen vorausgesetzt werden. Denn im Spiel wie im echten Leben gilt: Wer die Regeln kennt und möglichst virtuos anwendet, hat einen Vorsprung gegenüber Anfängern bzw. Menschen, denen gar nicht bewusst ist, dass sie in einem gegebenen Kontext bestimmten Konventionen folgen sollten. Die für die eigene Branche geltenden Regeln und deren mehr oder weniger informelle Gesetzmäßigkeiten zu kennen, ist also eine notwendige Bedingung für den Erfolg, allerdings nicht die einzige. Fast noch entscheidender ist die Frage, ob man gewillt ist, diese Regeln auch selbst anzuwenden. Denn daran scheitern im Grunde viele, die sich den „Spielregeln der Macht" verweigern und ganze Wirtschaftsbereiche für ihr eigenes Business komplett ausblenden. Oder sie bedienen die geforderte Klaviatur, leiden jedoch darunter, weil es sich mit ihren Werten eigentlich nicht verträgt.

Die Spielregeln kennen und danach spielen wollen

Es geht also einerseits darum, überhaupt zu erkennen, dass es solche Regeln gibt, worin sie in der spezifischen Branche bestehen, in der man unterwegs ist – und dann zu prüfen, wie das eigene Selbstverständnis ist und was das für die Ausübung dieser Regeln bedeutet. Dabei gilt es zu unterscheiden zwischen Regeln, die nur in bestimmten Kontexten gelten und solchen, die meist unbewusst auf uns wirken, egal in welchem Zusammenhang wir uns bewegen.

Wenden wir uns zunächst der Frage zu, wie Sie lernen können, die Spielregeln Ihrer Branche zu erkennen und entsprechend zu handeln. Dafür empfiehlt es sich, ganz systematisch vorzugehen und zunächst einmal zu untersuchen, womit Sie es konkret zu tun haben. Sammeln Sie also Informationen zu den folgenden Fragen:

Die Spielregeln der Branche erkennen

- In welchem Kontext bewegen Sie sich als Coach, als Trainerin oder als Berater? In welcher Branche? Mit welchen Hierarchiestufen haben Sie zu tun? Wer hat das Sagen? Gibt es vielleicht jemand, der als graue Eminenz im Hintergrund wirkt und eigentlich wichtiger ist als die Person mit dem Titel?

  Wenn Sie als Trainer oder als Beraterin mit Personalentwicklern zu tun haben, dann sind das beispielsweise oft gar nicht die Entscheider. Dennoch dürfen Sie diese Leute in den meisten Fällen nicht übergehen.

- Welches Verhalten zeigen Mächtige und weniger Mächtige in diesem Kontext? In welchen Momenten folgen alle einer spezifischen Abfolge? Wer bestimmt darüber? Wo gibt es Abweichungen davon? Welche sind erlaubt, welche nicht? Wie wird abweichendes Verhalten möglicherweise geahndet?

- Welche Stärken zeichnen diejenigen aus, die Sie als machtvoll identifizieren können? Was gehört also dazu, um im Spiel Ihrer Branche ganz oben mitspielen zu können?

- In welcher Rolle sind Sie unterwegs und in welcher Rolle sind es die anderen Beteiligten des Systems?

- Welche Werte gelten in diesem Kontext – offene und unausgesprochene? Was bedeutet das für Ihr Vorgehen?

- Was motiviert alle Beteiligten dazu, ihre jeweilige Rolle zu spielen?

Je konkreter Sie hier antworten können, umso aufschlussreicher sollten Ihre Ergebnisse sein. Denn jetzt können Sie sich ziemlich klar verorten und auch bestimmen, ob und in welcher Weise Sie sich am Spiel beteiligen möchten. Sie werden damit zum Handelnden und können selbst Impulse in das System hineingeben, statt bloß zu reagieren, wie es leider oft der Fall ist.

> Wir versuchen regelmäßig, Regeln zu brechen. Das ist der Spaß am selbstständig sein – wir sind unser eigener Chef und müssen uns nicht zwingend an Regeln halten bzw. haben die Chance, Regeln neu zu definieren. Die women&work ist ein klassisches „Rulebreaker-Projekt“: Wir haben mit der women&work ein neues Recruiting-Format geschaffen, indem wir Recruiting-Messe und Fachkongress miteinander verbunden haben. Und wir haben die Angebote auf eine Zielgruppe zugespitzt. Das gab es vorher in dieser Form in unserer Branche nicht. Dadurch haben wir eine neue Nische des „Female Recruitings“ geschaffen, durch die wir uns sehr erfolgreich vom Wettbewerb abheben können.
>
> *Melanie Vogel, Change-Management-Expertin*

Territorialverhalten – Nutzen Sie Ihren Spielraum!

Kommen wir nun zu Spielregeln, die das gesamte menschliche Miteinander mitbestimmen, jedoch häufig völlig unbewusst ablaufen. Dabei entscheiden sie auch und gerade im Umgang mit Entscheidungsträgern in Unternehmen oft über Wohl und Wehe. Die Rede ist vom sogenannten Territorialverhalten, mit dem ganz klar signalisiert wird, wer wo in der Hierarchiestufe steht. Wenn Sie diese nonverbalen Signale zu interpretieren wissen und sich bewusst dazu verhalten, vermeiden Sie Fettnäpfchen und verhalten sich im Umgang mit Ihren Ansprechpartnern angemessen.

Nonverbale Spielregeln der Macht

In der westlichen Kultur wahren wir instinktiv eine gewisse Intimsphäre, das heißt, wir halten im Gespräch einen gewissen Abstand zueinander. Wird dieser unterschritten, erleben wir das als übergriffig bis bedrohlich. Das nutzen sehr statusbewusste Persönlichkeiten, indem sie mitunter in den intimen Abstandsbereich eindringen, um Gesprächspartnern nonverbal zu demonstrieren, dass sie das Sagen haben. An diesem Punkt lässt sich unser „animalischer“ Anteil kaum verleugnen: Wir machen uns immer größer, wenn wir beeindrucken wollen, stehen aufrecht, versuchen, über jemanden aufzuragen.

Das Überschreiten von Abstandsbereichen

Das ist auch einer der Gründe, warum Sie im Kontakt mit einem kleineren Gesprächspartner, der Ihnen hierarchisch übergeordnet ist, den Abstand besser noch vergrößern, um keine bedrohlichen Signale auszusenden. Gerade Frauen fällt das oft schwer, denn sie sind häufig beziehungsorientiert und kommen gar nicht auf die Idee, dass der vertrauliche geringe Abstand missverstanden werden könnte. Doch aus der Perspektive der kleineren Person, insbesondere eines kleineren Mannes, verkürzt sich der Größenunterschied, je weiter weg Sie sich positionieren, und das fühlt sich angenehmer an. Sie entspannen also Ihr Gegenüber, wenn Sie darauf achten.

Der richtige Abstand zu übergeordneten Gesprächspartnern

Schon wenn Sie Ihren Gesprächspartner begrüßen, werden weitere klare Signale gesendet: Wie ist beispielsweise der Händedruck zur Begrüßung? Oft werden hier eindeutige Dominanzsignale übermittelt, indem etwa der Handrücken Ihres Gegenübers nach oben weist und fest, manchmal sogar sehr fest zugedrückt wird. Zuweilen geht dabei die andere Hand an Ihren Oberarm. Auch damit wird deutlich gemacht: Hier bin ich der Chef im Ring! Wenn Ihnen daran liegt, als ebenbürtiger Gesprächspartner wahrgenommen zu werden, sollten Sie versuchen, Ihre Hand aus der „unterlegenen" Stellung in eine gerade Position zu manövrieren, dabei gleichzeitig dem Gegenüber in die Augen zu sehen und ihn eventuell sogar selbst zu berühren. Damit machen Sie auf der nonverbalen Ebene deutlich, dass Sie sich nicht unterbuttern lassen möchten. Berührungen sind in diesem Kontext immer als Dominanzgesten zu verstehen.

Dominanzsignale bei der Begrüßung

Berührung als Dominanzgeste

Auch die Sitzordnung ist natürlich wesentlich für die Gesprächsatmosphäre. Noch immer findet man die riesigen Chef-Schreibtische, hinter denen sich Ihr Ansprechpartner regelrecht verschanzt, während Sie auf den Stuhl davor gebeten werden, meist begleitet von einer hinweisenden Geste. Damit wird klar signalisiert, wer hier das Sagen hat. Sollte es eine andere Sitzgelegenheit im Raum geben, dann bitten Sie doch einfach darum, sich gemeinsam dorthin zu setzen, mit der Begründung, es sei für Sie dann einfacher, Ihre Unterlagen angemessen zu präsentieren. Bitten durch eine Begründung zu begleiten, erhöht übrigens die Wahrscheinlichkeit, dass sie auch befolgt werden. Um eine konfrontative Sitzhaltung zu vermeiden, rücken Sie Ihren Stuhl in die klassische „Beraterposition". Sie sitzen dann so, dass sich Ihre Blicke mit denen des Gesprächspartners im rechten Winkel kreuzen. Das ist für beide Seiten deutlich entspannter, weil man den Blickkontakt jederzeit unterbrechen kann, ohne dass das Gefühl aufkommt, „verloren" zu haben.

Trutzburg Chef-Schreibtisch

Konfrontative Sitzhaltung vermeiden

Platzanspruch als Machtgeste

Sitzen Sie zusammen am Tisch, machen sich erfahrene Verhandlungspartner gerne mal breit: Sie fächern ihre Unterlagen großflächig auf, legen Laptop und Schreibzeug vor sich hin und nehmen insgesamt viel Raum ein. Auch das ist eine mehr oder weniger bewusste Machtgeste, die Sie selbst natürlich auch nutzen können, um unauffällig deutlich zu machen, dass Sie ebenfalls einen hohen Status beanspruchen. Zudem sitzen selbstbewusste Menschen meist aufrecht, legen gerne einmal einen Arm auf den leeren Stuhl neben sich oder stützen beide Arme auf und legen sogar den Kopf auf die Hände. Auch das sind alles Gesten, die deutlich machen: Hier ist mein Territorium!

Ein Gespür für Machtgesten entwickeln

Achten Sie in einem ersten Schritt einfach mal auf diese Anzeichen. Sie werden vermutlich überrascht sein, wie viele dieser Gesten Sie plötzlich wahrnehmen können. Dann können Sie beginnen, damit zu experimentieren: Was passiert, wenn ich mich einfach mal anders hinstelle oder mehr Platz auf dem Tisch beanspruche? Es braucht ein wenig Fingerspitzengefühl und Erfahrung, denn Sie wollen ja in den meisten Fällen nicht in eine Konfrontation gehen, sondern einfach nur Ihren eigenen Spielraum erweitern. Sie werden rasch bemerken, dass die Gesten allein nicht ausreichen – wenn Sie sich nicht ebenbürtig fühlen, verpufft der Effekt, und Sie wirken bestenfalls unauthentisch.

Sie müssen sich auch ebenbürtig fühlen!

Vor einem wichtigen Gespräch ist es daher immer sinnvoll, sich in einen guten Zustand zu bringen und die kraftvollen Ressourcen Ihrer Selbstmächtigkeit zu aktivieren. Inzwischen können Sie aus einem großen Reservoir schöpfen, da Sie nicht nur Ihre Vision und Ihre Werte kennen, sondern sich auch intensiv mit Ihren ganz besonderen Stärken beschäftigt haben und wissen, was Sie als Persönlichkeit einzigartig und unverwechselbar macht (s. S. 31 ff.). Nutzen Sie diese innere Sicherheit und rufen Sie die dazugehörigen Emotionen vor einem wichtigen Gespräch gezielt ab. Achten Sie ganz besonders darauf, wie sich dadurch Ihre Körperhaltung und Ihr Atem verändern.

Übung für eine sichere Stimme

Um auch Ihre Stimme in einen guten Modus zu bringen, hilft folgende simple Übung, die Sie noch im Auto oder auf dem Weg gut durchführen können:

Summen Sie bei geschlossenen Lippen ein paar Minuten vor sich hin und wechseln Sie dabei auch mal die Tonlage. Das entspannt sowohl Ihre Stimmbänder als auch Ihr Zwerchfell auf ganz natürliche Weise und hilft Ihnen, die gefürchtete „Piepsstimme“ und aufgeregte Kurzatmigkeit zu vermeiden. Die Übung trägt dazu bei, dass Sie sich insgesamt ruhiger fühlen und in einen Zustand wacher Konzentration und Aufmerksamkeit kommen – beste Voraussetzungen, um sich seiner Selbstmächtigkeit zu vergewissern und dies auch auszustrahlen. Das empfiehlt sich übrigens auch bei dem für viele schwierigen Thema Geld und Honorare, dem wir uns im folgenden Abschnitt widmen.

Geld und Honorare

Das Thema Geld betrifft uns ja alle, wir kommen einfach nicht daran vorbei, auch wenn manche von der Utopie einer geldlosen Gesellschaft träumen mögen. Geld bestimmt mit über unseren sozialen Status, und wir messen Erfolg oder Misserfolg gern an den Zahlen auf unserem Bankkonto. Statussymbole wie ein teures Auto, Markenkleidung oder Schmuck kommunizieren unmittelbar, dass wir „wertvoll" sind. Oder ist bei Ihnen gerade eine innere Stimme zu hören, die mehr oder minder abfällig behauptet, dass „so was" für Sie ja gar keine Bedeutung hat? Dann könnte sich darin schon jetzt gezeigt haben, dass viel Geld, Wohlstand und Reichtum für Sie eher negativ belegt sind – und wieso es Ihnen dann so schwerfällt, Geld zu verdienen und auch zu halten.

Eine positive Haltung zum Geld entwickeln

Insofern tun wir uns einen Gefallen, wenn wir eine innere Haltung zu Geld entwickeln können, die von positiven Grundannahmen gekennzeichnet ist, denn das wird uns das Geldverdienen und -verwalten definitiv erleichtern. Und wie eben schon gezeigt, tut sich hiermit so manche Trainerin und so mancher Berater schwer.

Im Kontext des Mosaiksteins „Persönlichkeit" wurde bereits angekündigt, dass wir uns an dieser Stelle noch einmal mit den spezifischen Glaubenssätzen und mehr oder weniger bewussten Annahmen zum Thema Geld beschäftigen werden. Aus dem Grund, weil es eine Reihe von Kollegen gibt, die bestens ausgebildet und in ihrem Bereich echte Experten sind, die finanziell aber dennoch ständig knapp sind und kaum über die Runden kommen. Darüber wird natürlich nicht geredet, aber es ist ein ganz heikles Thema, weil es eben wirklich existenziell ist: Wenn es uns nicht gelingt, mit unserem Business ausreichend Umsätze zu generieren, bleibt nur die Insolvenz, Hartz IV oder der Weg zurück in eine Festanstellung. Wer das aus lauter Verzweiflung bereits probiert hat, weiß, dass auch dabei ziemlich hohe Hürden genommen werden müssen.

Als unternehmerisch denkende und vor allem auch handelnde Coachs, Trainer oder Berater ist in unserem Verhältnis zu Geld ganz nüchtern erst einmal eine mögliche Hürde zu sehen, die unserem verdienten Erfolg im Wege steht. Und damit sind wir möglicherweise schon einem weiteren Glaubenssatz auf der Spur: Verdienen Sie, was Sie verdienen?

Ich bin ein Fan von Geld. Ich mag Geld, ich fahre gern ein schönes Auto und ich wohne auch gern in einem schönen Haus und habe gern ein tolles Büro, ich mag schnelle Rechner. Ich glaube, es ist wichtig, genug Geld zu haben, und Geld gibt gerade im unternehmerischen Bereich auch viele Freiräume. Ich möchte, dass „Zeit zu Leben" finanziell immer erfolgreicher wird. Ich möchte noch mehr Leute mit ins Boot holen, noch mehr spannende Sachen machen. Und dabei hilft natürlich Umsatz und Geld. Ich glaube, man darf keine Angst vor Geld haben, weder auf der positiven noch auf der negativen Seite. Also man darf weder Angst davor haben, zu viel Geld zu machen, noch davor, es zu verlieren. In dem Thema Geld steckt ganz viel Emotion, und ich glaube, es lohnt sich, sich auf der emotionalen Seite damit zu beschäftigen, was es mit einem macht. Ich habe meine Lektion zum Glück sehr früh gelernt, weil meine Mutter im Lotto gewonnen hat, als ich zwanzig war. Und da meine Mutter eine sehr großzügige Frau war, hat sie an die Kinder einen ganzen Batzen verschenkt. Und da hatte ich dann mit 20 Jahren einen sechsstelligen Betrag auf dem Konto und wusste nicht, wohin damit. Insofern habe ich das sehr effizient auf den Kopf gehauen und wusste dann hinterher, dass es mir nichts gebracht hat.

Ralf Senftleben, Herausgeber von „Zeit zu leben"

Die eigene Haltung zum Geld

Lassen Sie uns einmal schauen, welche der folgenden Aussagen bei Ihnen Resonanz erzeugen. Kreuzen Sie einfach an, welchen Sätzen Sie innerlich zustimmen:

- ☐ Geld stinkt!
- ☐ Wer viel Geld verdient, muss dafür über Leichen gehen.
- ☐ [Ihre Tätigkeit] – das ist doch brotlose Kunst!
- ☐ Bei Geld hört die Freundschaft auf.
- ☐ Geld verdirbt den Charakter.
- ☐ Lieber arm und glücklich als reich und unglücklich.
- ☐ Es gibt Wichtigeres als Geld.
- ☐ Geld ist nicht alles.
- ☐ Über Geld spricht man nicht.
- ☐ Zeit ist Geld.
- ☐ Reiche werden doch nur wegen ihres Geldes geliebt.
- ☐ Wer Geld hat, hat Macht.
- ☐ Geld macht faul und träge.
- ☐ Ich arbeite doch nicht für Geld!
- ☐ Geld ist ein notwendiges Übel.

Vielleicht kommen Ihnen jetzt gerade auch noch weitere Sätze in den Sinn, die um Geld kreisen und Ihnen zeigen, wie Ihre Beziehung zu Geld tatsächlich aussieht.

Negative Annahmen positiv umformulieren

Formulieren Sie im nächsten Schritt nun die Sätze, die Sie angekreuzt hatten, einmal im positiven Sinne um. Das wird Ihnen wahrscheinlich gar nicht so leichtfallen – ein Indiz dafür, wie tief solche Annahmen in uns verwurzelt sind. Beantworten Sie nun folgende Frage:

- Was würde sich in Ihrem Leben ändern, wenn Sie an die positiven Sätze glauben würden?

Finden Sie so viele Antworten wie möglich auf diese Frage! Das richtet Ihren Fokus auf die positiven Aspekte, die das Geldverdienen und Wohlstand für Sie haben können.

Übung: Aufstellungsarbeit

Lernen Sie nun eine sehr wirksame Übung kennen, die auf systemischer Aufstellungsarbeit beruht. Sie benötigen dazu vier Moderationskarten und einen Raum, in dem Sie sich eine Stunde lang ungestört aufhalten können. Beschriften Sie die erste Karte mit Ihrem Namen. Auf der zweiten Karte notieren Sie den Namen oder das Logo Ihres Unternehmens, auf die dritte schreiben Sie „Kunden". Die vierte Karte beschriften Sie mit einem Symbol für Geld, etwa dem Euro-Zeichen. Stellen Sie sich vor, dass alle Karten eine Blickrichtung haben und kennzeichnen Sie diese auf der Karte durch einen Punkt. Legen Sie diese vier Karten nun mit ausreichend Abstand voneinander auf den Boden, so, wie es sich für Sie passend anfühlt. Denken Sie nicht zu lange darüber nach, sondern folgen Sie Ihren ersten Impulsen. Ihre Konstellation könnte dann zum Beispiel so aussehen, wie im Folgenden gezeigt.

Bevor wir danach zur Analyse des Beispiels kommen, legen Sie bitte zuerst Ihre eigenen Karten aus. Sie sollten das unvoreingenommen tun und wirklich Ihrem Gefühl folgen.

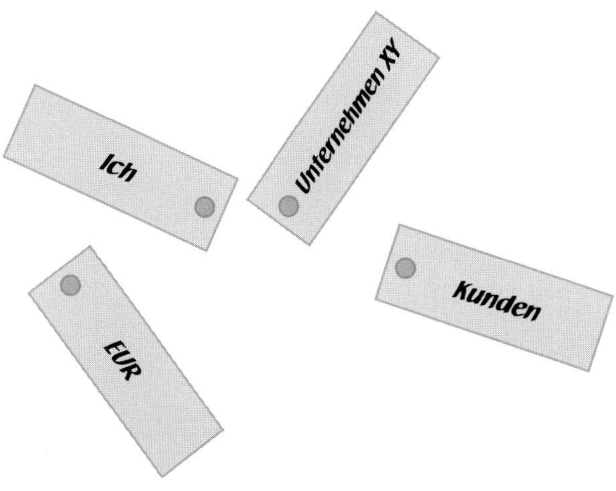

Abb.: Aufstellungsarbeit, Verhältnis zum Geld

Betrachten Sie nun aus der Helikopterperspektive die Beziehung der einzelnen Elemente zueinander. Am besten wandern Sie um das gesamte Bild herum, um es sich aus möglichst verschiedenen Perspektiven zu betrachten. Bei diesem Beispiel lässt sich gut erkennen, dass der Fokus der Person sehr stark auf dem eigenen Unternehmen liegt, was ihr teilweise den Blick auf die Kunden verstellt. Diese wiederum sind sehr auf die Unternehmerpersönlichkeit ausgerichtet. Das Geld scheint jedoch völlig außen vor zu sein. Es guckt quasi an der Person vorbei und nimmt auch das Unternehmen oder die Kunden gar nicht wahr. Umgekehrt blickt lediglich das Unternehmen direkt auf das Geld, wird von diesem aber nicht wahrgenommen.

Beschreiben Sie für Ihre eigene Konstellation die Beziehung jedes Elements zu jedem anderen. Versuchen Sie, das ganz wertfrei zu tun – nehmen Sie einfach nur wahr, in welcher Beziehung alle Teile zueinander stehen. Folgen Sie dabei diesen Leitfragen:

Leitfragen zur Analyse

- Gibt es ein eindeutig definiertes Zentrum, auf das alle Elemente ausgerichtet sind?
- Welche Beziehung besteht zwischen
  - Ich und Unternehmen,
  - Ich und Kunden
  - Ich und Geld
  - Unternehmen und Kunden
  - Unternehmen und Geld
  - Kunden und Geld?
- Wie groß sind die Abstände?
- Wohin geht jeweils die Blickrichtung?
- Wie nah oder weit entfernt von der Wand liegen die einzelnen Elemente?

Nehmen Sie nun Ihre Kladde oder einen Block sowie einen Stift zur Hand. Alternativ können Sie auch ein Diktiergerät nutzen und Ihre Wahrnehmungen laut äußern. Stellen Sie sich zunächst auf die Position „Ich", und zwar mit genau der Blickrichtung, die Sie vorgegeben haben. Blicken Sie von dort aus auf Ihr Unternehmen, Ihre Kunden und das Geld. Was können Sie nun innerlich wahrnehmen? Welche Gefühle melden sich? Notieren Sie alles, was Sie spüren und bemühen Sie sich dabei, Bewertungen außen vor zu lassen. In diesem Schritt geht es einfach nur darum, wahrzunehmen, was sich meldet. In gleicher Weise nehmen Sie danach die Position „Unternehmen" und „Kunden" ein. Auch hier nehmen Sie wahr, was innerlich passiert, welche Bilder vielleicht entstehen oder welche Gefühle auftauchen, während Sie auf dieser Position stehen. Zuletzt stellen Sie sich auf die Position des Geldes und überprüfen auch hier Ihre Wahrnehmungen. Halten Sie alle Ihre Eindrücke möglichst unmittelbar fest. Sie werden wahrscheinlich feststellen, dass Sie ziemlich deutliche Signale in Form von Gefühlen wahrnehmen können. Sollten Sie mit Aufstellungsarbeit vertraut sein, kennen Sie dieses Phänomen. In diesem Prozess melden sich sehr oft eher „negative" Emotionen: Traurigkeit, zuweilen auch Wut, Verlassenheitsgefühle, Ablehnung etc. Die spannende Frage ist jetzt natürlich, wie Sie damit umgehen und Ihre Haltung eventuell auch verändern können.

Nehmen Sie dazu wieder die ursprüngliche Helikopterperspektive ein, die emotional nicht beteiligt ist und einfach nur ganz sachlich und nüchtern betrachtet, was ist. Mit dieser dissoziierten Haltung überlegen Sie nun, wie die Beziehung der verschiedenen Elemente zueinander aussehen müsste, damit möglichst alle zu ihrem Recht kommen. Verschieben Sie dann die am Boden liegenden Karten entsprechend. Um zu überprüfen, wie sich das für alle „Beteiligten" nun anfühlt, gehen Sie wieder in jede einzelne Position hinein und spüren Sie nach:

In eine neue Konstellation einfühlen

- Fühlt sich die neue Position jetzt gut an, oder verspüren Sie hier einen Impuls, noch mal etwas zu verändern? Falls ja, testen Sie das aus.
- Was hat sich jetzt verändert?
- Was bedeutet das konkret?

Notieren Sie auch in diesem Durchgang alle aufkommenden Emotionen und Wahrnehmungen. Sie sollten am Ende zu einem Ergebnis kommen, bei dem Sie sich in allen Positionen mindestens neutral, bestenfalls wohl und entspannt fühlen.

Treten Sie zum Abschluss wieder zurück in Ihre sichere Helikopterperspektive. Was hat sich nun verändert, nachdem Sie die Konstellation umgestellt haben? Inwieweit hat sich Ihr Blick auf das Thema Geld verändert, während Sie diesen Prozess durchlaufen haben? Was ist Ihnen möglicherweise deutlich geworden, als Sie die verschiedenen Ebenen der gegenseitigen Beziehungen wahrgenommen haben? Finden Sie jetzt ein paar Sätze als Fazit, die Ihre Erkenntnisse auf den Punkt bringen.

Vorsätze direkt umsetzen

Was werden Sie ab sofort anders machen als bisher? Notieren Sie die ersten drei Schritte, die Sie noch heute, spätestens morgen, angehen werden. Das ist sehr wichtig, denn je länger Sie mit der Umsetzung warten, umso schneller verblassen Ihre gerade so mühsam gewonnenen Vorsätze. Es gibt Studien, die zeigen, dass Vorhaben, die wir innerhalb von maximal 72 Stunden nach dem Entschluss angehen, mit einer deutlich höheren Wahrscheinlichkeit gelingen. Je länger wir Dinge vor uns herschieben, umso stärker sinken unsere Erfolgsaussichten.

Also: Was werden Sie ab sofort in puncto Geld anders machen als bisher?

1. ______________________________

2. ______________________________

3. ______________________________

Nachdem Sie auf diese Weise Ihr Verhältnis zu Geld beleuchtet und möglicherweise auch schon verändert haben, widmen wir uns nun der Frage, wie sich das ganz praktisch auf Ihre Honorargestaltung auswirken kann.

> Geld und ich, wir haben eine tolle Beziehung! Die ist total unkompliziert, und das war schon immer so. Ich habe immer die Jobs bekommen, ich habe immer irgendwie Geld verdient, auch früher schon. Ich hatte schon immer klare Prioritäten, ich wollte was erreichen. Ich hatte einen starken Willen, und wenn ich Geld benötigt habe, dann bin ich halt raus und habe mir einen Job gesucht und habe Geld verdient. Ich glaube, ich bin da schon jemand mit einem starken Willen, aber auch mit einem ausgeprägten Pragmatismus.
>
> *Conni Biesalski, Beraterin und Bloggerin*

Honorare mit dem Wohlfühlfaktor

Als Coach, als Beraterin oder als Trainer haben wir meist einerseits einen Stundensatz, andererseits einen Tagessatz, und möglicherweise haben Sie auch bereits Pauschalangebote für bestimmte Pakete geschnürt. Wenn ein potenzieller Kunde Sie nun nach Ihrem Satz fragt, fällt es Ihnen leicht, Ihr Honorar zu nennen? Falls ja, können Sie diesen Abschnitt beruhigt überspringen. Allerdings gibt es nur wenige Kollegen, die bei diesem Thema wirklich völlig entspannt sind.

Fällt es Ihnen leicht, Ihr Honorar zu nennen?

Auch bei mir hat es lange gedauert, bis ich mit Überzeugung und innerer Klarheit auf diese Frage antworten konnte – ohne direkt einzuknicken und einen Rabatt anzubieten, wenn als Reaktion auf meine Ansage zunächst ein angespanntes Schweigen kam. Es ist ja eine Sache, durch eine anständige Kalkulation zu wissen, welches Honorar man verlangen *muss*, um den nötigen Umsatz zu generieren. Aber diese Zahl auch mit einem guten Gefühl zu nennen, ist meist noch mal etwas ganz anderes.

Möglicherweise hat sich durch die grundsätzliche Beschäftigung mit dem Thema Geld in der vorigen Übung bei Ihnen inzwischen schon etwas an Ihrer inneren Haltung verschoben oder verändert. Sie können zusätzlich noch mal überprüfen, wo bei Ihnen die Obergrenze liegt, über die Sie sich momentan nicht hinwegtrauen.

Die folgende Übung wurde schon einmal im Abschnitt „Intuition" im Kontext des Mosaiksteins Persönlichkeit erwähnt (s. S. 118.). Nun wandeln wir sie etwas ab und dehnen unsere Komfortzone etwas weiter aus. Schreiben Sie dafür auf drei verschiedene Moderationskarten unterschiedliche Beträge, und zwar Ihre absolute Untergrenze für Ihren Stunden- oder Tagessatz auf die erste Karte, auf die zweite Ihr derzeitiges Honorar, und auf die dritte Karte notieren Sie eine Zahl, die Sie gerne verlangen würden, aber derzeit als eher utopisch einschätzen. Legen Sie die Moderationskarten nun auf den Boden, und während Sie sich nacheinander auf jede der Karten stellen, spüren Sie nach:

Übung: Ihre Empfindungen bei unterschiedlichen Honorarsätzen

- Was passiert in Ihnen, während Sie auf dem niedrigen, dem aktuellen und dem höchsten denkbaren Honorar stehen?

- Welche Gefühle melden sich, welche Bilder oder Assoziationen tauchen auf?
- Wie äußert sich das körperlich?

Die Körperempfindung zeigt, wenn innere Überzeugung fehlt

In den allermeisten Fällen zeigen sich klare körperliche Signale spätestens auf der letzten Karte – vielleicht wird die Kehle eng, oder es grummelt im Bauch. Manchmal verschiebt sich die ganze Körpersymmetrie oder es zeigt sich ein Wippen, oder es treten sogar unwillkürliche Zuckungen auf. Nehmen Sie das erst einmal wahr. Dieses eher unangenehme Gefühl zeigt, dass Sie selbst noch nicht ausreichend davon überzeugt sind, dass Ihr Honorar angemessen ist. Wenn Sie jedoch selbst nicht glauben können, dass Ihre Leistung diesen Preis wert ist, wird es natürlich schwer, das Ihren Kunden zu verkaufen. Denn so, wie Sie sich auf der Karte stehend fühlen, so kommen Sie auch beim Thema Honorar rüber: mit dem Kloß in der Kehle und daher zittriger oder heiserer Stimme, wackelig, unklar. Wenn Ihr Kunde ein Profi ist, wird er direkt versuchen, Sie herunterzuhandeln. Und wahrscheinlich hat er damit dann auch Erfolg, während Sie sich mies fühlen und enttäuscht sind, dass Sie wieder einmal nicht den Preis bekommen haben, den Sie erhofften.

Als Unternehmerinnen und Unternehmer kalkulieren wir unsere Honorare realistisch, das heißt, wir kennen unsere Fixkosten, wir wissen, an wie vielen Tagen pro Jahr wir unsere Leistungen grundsätzlich verkaufen könnten, abzüglich Wochenenden, Feiertagen, Urlaub etc. und wir planen auch Zeiten für Selbstmarketing und Akquise sowie strategische Überlegungen ein. Wir haben die Marktlage sondiert, wissen, welche Sätze unser Wettbewerb ungefähr berechnet – und trotzdem fühlen wir uns unwohl, wenn wir unserem Gegenüber eine Zahl nennen sollen. Da passt also etwas nicht zusammen.

Es gibt keine allgemein akzeptierten Preise

Fakt ist zunächst einmal, es gibt keine allgemein akzeptierten Preise für den Bereich Coaching, Training und Beratung. Die gezahlten Honorare hängen immer von vielen verschiedenen Faktoren ab: In welcher Branche Sie sich bewegen, auf welche Inhalte und Methoden Sie sich spezialisiert haben, welche Zielgruppe Sie bedienen und welche Bedeutung Ihr Angebot für den Erfolg Ihrer Kunden hat, sind einige Aspekte, die Einfluss nehmen auf die Höhe des potenziellen Honorares (vgl. J. Graf: Honorar- und Gehaltsstudie Trainer, Berater, Coachs, managerSeminare 2013).

Teilweise gibt es jedoch auch Riesenunterschiede zwischen den Honoraren von Coachs und Trainern, obwohl sie in derselben Branche unterwegs sind, sich an die gleiche Zielgruppe wenden und ähnliche Inhalte vermitteln, und zwar sogar mit praktisch identischen Methoden. Wenn also Kollege X teilweise den doppelten und dreifachen Satz Ihres eigenen Honorars erhält – was macht diese Person anders?

Unterschiedliche Honorare für die gleiche Leistung?

Die Lösung hat zwei Seiten: Zum einen geht es darum, was man verkauft. Und Sie verkaufen mitnichten die Inhalte Ihres Trainings oder Coachings, sondern den Wert, den Ihre Leistung für Ihren Kunden hat. Je höher dieser Wert empfunden wird, umso mehr ist der Kunde bereit, dafür zu bezahlen. Und damit das funktioniert, müssen Sie zum anderen selbst vom Wert Ihres Angebots zutiefst überzeugt sein, damit Ihre Selbstzweifel Ihnen nicht Ihr Business kaputt machen.

Der Wert der Leistung muss von beiden Seiten so empfunden werden

Blättern Sie daher jetzt einmal zurück zu den Notizen, die Sie sich zum Mosaikstein Persönlichkeit gemacht haben. Alles, was Sie brauchen, um ein positives Gefühl zu Ihren Leistungen und Angeboten zu bekommen, sollte dort bereits stehen. Fassen Sie noch einmal zusammen:

Ergebnisse aus dem Mosaikstein Persönlichkeit aufgreifen

1. Welchem Ruf folgen Sie, was ist Ihre Vision? Was möchten Sie durch Ihr Tun der Welt geben?
2. In welcher Form zeigen Sie sich selbst, Ihren Kunden und Partnern und der Welt Ihre Wertschätzung?
3. Auf welche Ihrer Stärken und Potenziale können Sie sich immer verlassen?
4. Was ist das größte Bedürfnis oder Problem Ihrer Wunschkunden, das Sie befriedigen oder lösen können?
5. Was sind die schönsten positiven Rückmeldungen, die Sie immer wieder von Ihren Kunden hören?

Wenn Sie sich die Antworten auf diese Fragen noch einmal vergegenwärtigt haben, stellen Sie sich erneut auf die Karten mit Ihren Honorarangaben. Spüren Sie nach, was sich jetzt verändert hat.

Im Bereich des Mosaiksteins „Zugehörigkeit" finden Sie im nächsten Kapitel zudem eine hilfreiche Übung zum Thema Selbstmarketing, die Ihnen eine grundsätzlich andere Haltung zu diesem Thema vermitteln kann (s. S. 190 ff.). Das ist wichtig, weil sich bei Beratungen immer wieder zeigt, dass das Verkaufen der eigenen Leistungen für viele deshalb so schwierig ist, weil etwas dazwischenfunkt, was sich als „Bescheidenheitsthema“ bezeichnen lässt. Oft haben gerade Frauen das Gefühl, es würde als „Angeberei“ aufgefasst, wenn sie selbstbewusst über ihre Angebote erzählen – und das gilt es natürlich mit allen Mitteln zu vermeiden!

Das Thema Bescheidenheit

Sollte also noch immer ein Rest Unbehagen spürbar sein beim Thema Honorar, dann lesen Sie sich beim Mosaikstein Zugehörigkeit den Abschnitt „Vier Gründe gegen das Netzwerken – und warum Sie es dennoch tun sollten“ durch, insbesondere Punkt 2 (S. 190 f.).

Doch auch wenn Sie Ihr Honorar von nun an mit einem besseren Gefühl nennen können, bleibt die Frage, wie Sie damit umgehen, wenn Ihr Gegenüber es nicht sofort akzeptiert und mit Ihnen verhandeln möchte. Gleich vorab: In diese Situation kommen Sie wesentlich seltener, wenn Sie den Nutzen Ihres Angebots in den Vordergrund stellen. Wenn jemand unbedingt das haben will, was Sie zu bieten haben, dann ist der Preis letztlich Nebensache. Es muss Ihnen also möglichst gelingen, ein unwiderstehliches Angebot zu machen, das Ihre Wunschkunden nirgendwo anders in dieser Form bekommen können.

Stellen Sie den Nutzen des Angebots in den Vordergrund

> Geld ist für mich wie Benzin. Damit musst du das Auto betanken, sonst kommst du nicht weiter. Benzin ist der Treibstoff, mit dem du in der Lage bist, einen bestimmten Ort aufzusuchen. Das war's auch schon. Geld kann man übrigens immer verdienen – wenn man sich darauf konzentriert, für andere nützlich zu sein. Das habe ich schon oft genug durchexerziert: Wenn ich mit dem Rücken zur Wand stand und mich dann einfach nur darauf konzentriert habe, wo jemand ein Problem hat und wie ich dazu beitragen kann, es zu lösen, gibt es immer eine Möglichkeit, sich eine Geldquelle zu erschließen.
>
> *Martin Weiss, Trainer, Coach und Autor*

Diesem Thema widmen wir uns nun mit dem Mosaikstein Zugehörigkeit ausführlich, und bei dem abschließenden Mosaikstein „Außenwirkung" erfahren Sie, wie Sie Ihr Honorar in Verhandlungen dann auch tatsächlich durchsetzen.

Zusammenfassung des Mosaiksteins Rahmenbedingungen

Bei dem Mosaikstein Rahmenbedingungen stand das von außen Vorgegebene im Fokus, das natürlich in Wechselwirkung steht zu unserer inneren Befindlichkeit. Was uns scheinbar von außen steuert, lässt sich durch innere Prozesse in oft ungeahntem Ausmaß verändern. Es gilt also zu unterscheiden zwischen objektiven Rahmenbedingungen, innerhalb derer wir uns bewegen, und lediglich angenommenen Grenzen, die wir selbst verändern und erweitern können.

- Zu Letzteren gehört die Beschäftigung mit dem Thema Zielgruppe und Wunschkunden. Hier haben Sie erfahren, wie Sie zu den Kunden finden, mit denen Sie wirklich gerne arbeiten möchten – bzw. wie Sie für diese Kunden so attraktiv werden, dass diese gar nicht mehr an Ihnen vorbeikommen.

- Im nächsten Schritt haben Sie Ihr eigenes Trendbarometer erstellt, um die Bedürfnisse und Wünsche Ihrer Wunschkunden noch besser antizipieren zu können. Ihre Erkenntnisse werden Ihnen besonders im Zusammenhang mit dem Mosaikstein Außenwirkung noch mal zugute kommen.

- Im Abschnitt Macht und Selbstmächtigkeit haben Sie Ihr Verhältnis zum Thema Macht hinterfragt und erkannt, dass es geradezu „magische" Effekte haben kann, wenn Sie hier einen klaren Standpunkt beziehen. Auch diese Rahmenbedingung ist nur scheinbar unveränderlich – Sie haben tatsächlich eine Reihe von Möglichkeiten, Ihr eigenes Machtspektrum zu erweitern.

- Das wirkt sich auch aus auf vorgegebene Regeln und Rituale. Sie haben erfahren, wann es sinnvoll sein kann, bestimmte Regeln zu befolgen, und möglicherweise konnten Sie auch von einigen praktischen Tipps zum Thema Territorialverhalten profitieren.

- Zu guter Letzt haben wir uns intensiv mit dem Thema Geld und Honorare befasst. Sie haben untersucht, welche Glaubenssätze Sie in Bezug auf Geld haben, und Sie haben durch Ihre persönliche Geld-Aufstellung Ihr Verhältnis dazu verändert. Darauf aufbauend haben Sie sich mit der Höhe Ihrer Honorare beschäftigt und definiert, was der eigentliche Nutzen Ihrer Leistungen ist.

Kapitel 4

Mosaikstein Zugehörigkeit

Bindung und Verbundenheit: Wo fühlen Sie sich zugehörig?

In diesem Kapitel

Als unternehmerische Persönlichkeiten bewegen wir uns in unterschiedlichen Systemen: So bestimmt beispielsweise unsere Herkunftsfamilie mehr oder weniger bewusst unser Handeln sehr stark. Daneben sind wir eingebunden in ein privates Netzwerk aus Freunden, Bekannten und Verwandten, wir stehen in regelmäßigem Kontakt mit unseren Kunden, und die meisten von uns nutzen zudem in irgendeiner Form professionelle Netzwerke: seien es Berufsverbände oder Vereine mit regelmäßigen Treffen vor Ort, oder auch Online-Plattformen wie Xing oder Facebook. Der Mensch als soziales Wesen braucht diese Systeme, um sich als Teil von etwas zu fühlen. Niemand von uns ist gänzlich unabhängig von anderen, und Hand aufs Herz: Wer möchte das schon sein? Wir sehnen uns nach emotionaler Verbundenheit, um uns ganz zu fühlen – das ist wahrscheinlich eines der zentralen Merkmale unseres Menschseins. Insofern ist es auf jeden Fall lohnend, sich einmal anzuschauen, in welchen Zusammenhängen wir uns bewegen und wie wir Bindung erleben, denn nicht immer tun uns die Systeme gut, in die wir eingebunden sind.

Doch auch hier gilt: Wir können wählen, das heißt, bewusst entscheiden, an wen wir uns in welcher Form binden wollen. Daher gilt es bei diesem Stein des Mosaiks auch darum, herauszuarbeiten, wo wir uns zugehörig fühlen wollen – und wo eben nicht. Sich aus hemmenden Zugehörigkeiten zu befreien, kann sehr viel Kraft freisetzen. Wer sich beispielsweise bisher nur in einem Netzwerk aus Angestellten bewegt hat, musste möglicherweise die Erfahrung machen, dass von dieser Seite oft wenig Unterstützung kommt bei unternehmerischen Vorhaben. Begibt man sich hingegen in Kontakt mit anderen Unternehmerinnen und Unternehmern, stellen sich oft regelrecht beflügelnde Effekte ein – einfach weil Persönlichkeiten, die ihre eigenen Chefs sind, ein anderes Mindset haben als die meisten angestellt arbeitenden Menschen.

Es gilt also auch, professionelle Netzwerke aufzubauen und zu gestalten. Das ist tatsächlich eine strategische und damit in höchstem Maß unternehmerische Entscheidung, die große Auswirkungen auf unser berufliches Fortkommen haben kann. Wir sehen uns daher die unterschiedlichen Möglichkeiten an, wie Sie wertvolle Kontakte finden und für Ihr Angebot begeistern können. In diesem Abschnitt werden Sie auch viele praktische und umsetzbare Tipps finden, wie Sie – bezogen auf Ihre Wunschkunden – zielgerichtete und effektive Netzwerkarbeit leisten können. Sie lernen außerdem verschiedene Möglichkeiten kennen, sich in Ihrem Netzwerk notwendige Unterstützung zu organisieren bis hin zu fachlichen Kooperationen. Und Sie setzen sich mit der Frage auseinander, wann der richtige Zeitpunkt wäre, sich ein leistungsfähiges Team aufzubauen, das Sie effektiv entlasten kann.

Der letzte Abschnitt in diesem Kapitel dreht sich dann darum, unsere eigenen Rollen zu hinterfragen und einzuordnen in einen größeren Kontext. Hier stellen wir die Frage danach, was vielleicht noch größer ist als der individuelle Erfolg, und wie wir als Coach, als Beraterin oder als Trainer beitragen können zum Wohle des „großen Ganzen". Für viele Kollegen ist das ein zentraler und an Bedeutung zunehmender Punkt: Wir möchten mit unserem Tun etwas bewegen, das über unsere eigenen Ziele hinausgeht. Diese Verbundenheit mit allem, was ist, wirkt sich wiederum auf unser tägliches Handeln aus, und auch aus diesem Grund ist es lohnenswert, die eigenen Vorstellungen einmal zu überprüfen und gegebenenfalls anzupassen.

Unterstützung durch das Umfeld

Um unsere unternehmerische Kraft zu entfalten, sind manchmal auch radikalere Schritte notwendig. Wir müssen alte Glaubenssätze loslassen oder bisherige Annahmen hinterfragen und uns von ihnen lösen. An einigen dieser Themen haben Sie auch im Verlauf dieses Buches bereits gearbeitet: So haben Sie sich im Rahmen des Mosaiksteins Persönlichkeit intensiv mit Ihrem Selbstbild befasst und an einigen Schräubchen gedreht, um sich auszurichten auf eine erfolgreiche unternehmerische Zukunft. Mögliche Widerstände haben Sie ebenfalls bereits überprüft und durch Erfolgsgewohnheiten ersetzt. Bei dem Mosaikstein Rahmenbedingungen war Selbstmächtigkeit ein großes Thema, und Sie haben Ihre Überzeugungen zum Thema Honorare und Geld betrachtet sowie möglicherweise neue Perspektiven darauf gewonnen. Unter Umständen haben Sie bereits bei diesen Themen gespürt, dass sich dadurch Ihr Blick auf Ihr persönliches Umfeld verändert hat.

Beziehen Sie Kraft aus Ihrem Umfeld?

In diesem Abschnitt untersuchen Sie diesen Bereich nun noch gezielter mit der Fragestellung, ob Sie Kraft daraus beziehen oder ob Sie es vielleicht eher mit „Energievampiren" zu tun haben, die an Ihren Ressourcen zehren und Sie ohne gleichwertige Gegenleistung regelrecht aussaugen. Das kommt öfter vor, als man vielleicht meinen sollte, und es fällt uns häufig schwer, hier konsequent zu sein, unsere Grenzen zu kommunizieren und eindeutig Stellung zu beziehen. Viele haben scheinbar gerade bei denjenigen Menschen, die ihnen am nächsten stehen, eine Tendenz, in Situationen zu verharren, die ihnen nicht gut tun und sich damit selbst auszubremsen.

Machen Sie also die Energievampire in Ihrem Leben ausfindig und beziehen Sie sodann klar Stellung, indem Sie diese Personen nach und nach aus Ihrem Umfeld verbannen. Auch wenn dieser Schritt in jedem einzelnen Fall zunächst schmerzhaft scheint, werden Sie feststellen, welche Energie plötzlich freiwerden kann, wenn Sie sich zugestehen, solche Entscheidungen zu treffen.

Test: Ihr Unterstützerumfeld

Legen Sie nun zunächst eine Liste an mit denjenigen Menschen aus Ihrem persönlichen Umfeld, die Ihnen nahestehen und mit denen Sie häufiger Kontakt haben, also mindestens ein- bis zweimal pro Monat: Ihre Eltern, Ihr Lebenspartner, Kooperations- oder Geschäftspartner, Stammkunden, beste Freunde etc. Machen Sie nun für jede Person auf Ihrer Liste den folgenden Check und kreuzen Sie an, welche Aussage Sie am wahrscheinlichsten zu hören bekommen:

Test: Energievampire?

1. Sie planen ein neues unternehmerisches Projekt und erzählen begeistert von Ihrem Vorhaben. Wie reagiert die Person darauf?

   [A] „Das ist ja toll! Dazu fällt mir ein ..."
   [B] „Hm, klingt spannend. Erklär mal, wie das ganz konkret aussehen soll."
   [C] „Na ja, aber das Problem dabei ist doch, dass ..."
   [D] „Interessant. Habe ich dir eigentlich schon erzählt, was ich gerade plane?"

2. Sie haben derzeit ein Motivationsloch und es fällt Ihnen schwer, dringend nötige Schritte entschlossen anzugehen. Was wird die Person Ihnen wahrscheinlich sagen?

   [A] „Kann ich gut verstehen. Sollen wir mal bei einer Tasse Kaffee darüber nachdenken?"
   [B] „Letztes Mal hast du das doch auch gepackt. Was hat denn da funktioniert?"
   [C] „Ich hab' dir ja gleich gesagt, dass das schwierig wird."
   [D] „Du, bei mir ist das gerade auch ganz schlimm ..."

3. Sie sitzen finanziell gerade ein bisschen in der Klemme, wissen aber, dass Sie in absehbarer Zeit wieder über flüssige Mittel verfügen. Sie bitten die Person, von der Sie wissen, dass sie den Betrag grundsätzlich zur Verfügung hat, Ihnen kurzfristig einen niedrigen vierstelligen Betrag zu leihen.

- A „Klar, ich weiß ja, dass ich das Geld von dir pünktlich zurückbekomme."
- B „Wofür genau brauchst du das? Hast du schon andere Möglichkeiten gecheckt? Notfalls mache ich das aber."
- C „Du kannst aber wirklich nicht so gut mit Geld umgehen, oder? Na ja, wenn's sein muss ..."
- D „Wenn ich könnte, würde ich ja gerne, aber ich bin momentan selbst ziemlich knapp, weil ..."

4. Sie sitzen am Schreibtisch und arbeiten gerade konzentriert an einem Angebot für einen neuen Kunden. Sie nehmen einen Anruf von der Person entgegen und erklären, dass es im Moment ungünstig ist und Sie sich später wieder melden werden.

- A „Kein Problem, und ich drück die Däumchen für den neuen Auftrag."
- B „O.k., sag Bescheid, wenn du vielleicht Hilfe brauchst."
- C „Warum gehst du denn ans Telefon, wenn du keine Zeit hast? Ich würde dir wirklich gern erzählen, dass ..."
- D „Ja, aber du glaubst nicht, was mir gerade passiert ist! Das musst du dir wirklich anhören, du bist doch sowieso zu Hause ..."

5. Sie haben gerade ein wunderbares Feedback zu Ihrem letzten Job erhalten und möchten Ihre Freude gerne teilen. Sie rufen also die Person an ...

- A „Das ist ja großartig, ich freu mich für dich! Sollen wir heute Abend zusammen darauf anstoßen?"
- B „Herzlichen Glückwunsch! Das kannst du ja direkt für die nächste Akquiseaktion nutzen."
- C „Toll, aber ich würde mir nicht zu viel darauf einbilden. Das sagen die wahrscheinlich jedem."
- D „Das ist ja schön. Habe ich dir eigentlich schon erzählt, was mein Chef letzte Woche zu mir gesagt hat? Das war wirklich ein besonderes Lob, weil ..."

6. Sie planen eine größere Investition und fragen die Person um Rat.

   [A] „Wow, ganz schön mutig, dass du so viel Geld investieren willst. Das macht sich bestimmt bezahlt."
   [B] „Hast du ausgerechnet, ab wann sich das rechnet? So eine Investition will überlegt sein, da solltest du nichts überstürzen."
   [C] „Also, ich wäre da vorsichtig. Aber du machst ja sowieso, was du willst."
   [D] „Ich wüsste schon, was ich machen würde, wenn ich so viel Geld hätte.

7. Sie hatten in einem größeren Projekt „Land unter" und melden sich nun nach längerer Zeit wieder mal bei der Person.

   [A] „Ich hatte mir schon so was gedacht. Schön, dass alles gut gelaufen ist. Wann hast du denn mal Zeit für ein Treffen?"
   [B] „Das kommt eben manchmal vor. Erzähl mal, was hast du denn da genau gemacht?"
   [C] „Ist ja schön, dass du dich auch mal wieder meldest. Ich hätte bald eine Vermisstenanzeige aufgegeben."
   [D] „Ach, bei mir war auch unglaublich viel los. Das fing schon damit an, dass …"

Gehen Sie vor der Auswertung den Check mit allen Personen Ihres Umfelds durch, die Ihnen persönlich nahestehen. Zählen Sie dann für jede Person, wie oft Sie Antworten mit dem Buchstaben A, B, C oder D angekreuzt haben. Lesen Sie dann die Auswertung, bei der Ihre Testperson die höchste Zahl beim jeweiligen Buchstaben erzielt hat.

Auswertung

- **Typ A**: Bedingungslose Unterstützung
  Wenn die Person überwiegend zum Typ A gehört, haben Sie großes Glück: Wir brauchen als unternehmerische Persönlichkeiten unseren ganz eigenen „Fanclub", also Menschen, die wirklich bedingungslos an uns glauben und uns jederzeit ihre Unterstützung schenken. Das gilt in erster Linie für die emotionale Ebene, und fast genauso wichtig ist ganz handfester

Beistand. Fans neigen manchmal dazu, uns regelrecht zu überhöhen und mögliche Fehler auszublenden. Sie wirken aber Wunder, wenn das unternehmerische Selbstbewusstsein gerade mal wieder etwas angeschlagen ist.

- **Typ B**: Konstruktive Skepsis
  Wer aus Ihrem persönlichen Umfeld überwiegend zum pragmatisch orientierten Typ B gehört, ist ebenfalls wertvoll für Sie, denn auch diese Person steht Ihnen grundsätzlich wohlwollend gegenüber. Durch konkrete Nachfragen holt sie Sie zuweilen von Ihren kühnen kreativen Höhenflügen wieder zurück auf den Boden der Tatsachen und verhilft Ihnen so zu realistischen Einschätzungen und Plänen. Das ist nicht immer angenehm, doch weil Sie aus Erfahrung wissen, dass Typ B Ihnen schon oft weitergeholfen hat, schätzen Sie ihn sehr und wollen ihn nicht missen.

- **Typ C**: Vorsicht, Energievampir!
  Sie ahnen es schon: Wer sich Ihnen gegenüber häufiger in dieser Weise äußert, tut Ihnen wirklich nicht gut. Typ C neigt dazu, auf alles mit „... aber" zu reagieren, Ihnen nichts wirklich zu gönnen und Sie und Ihre Erfolge kleinzureden. Besonders perfide ist das, wenn so eine gewisse passiv-aggressive Grundhaltung mit dem Problemfokus einhergeht. Denn dagegen kann man sich wirklich ganz schlecht wehren. Das Verhalten von Typ C ist definitiv nicht förderlich fürs unternehmerische Selbstbewusstsein, und daher sollten Sie überlegen, wie Sie in Zukunft mit solchen Menschen aus Ihrem Umfeld umgehen können, um sich besser abzugrenzen.

- **Typ D**: Gnadenlos narzisstisch
  Menschen vom Typ D interessieren sich für Sie im Grunde nur, damit sie ein Publikum für die eigenen Befindlichkeiten haben. Sie erkennen diese Personen unschwer daran, dass sie jede Ihrer Äußerungen als Einladung verstehen, ihre eigenen Geschichten zu erzählen. Sie hören nicht wirklich zu, fragen niemals nach und akzeptieren Ihre Grenzen grundsätzlich nie. Sie kreisen nur um sich selbst und können wenig zu den Themen beitragen, die Sie im Moment bewegen. Gleichzeitig fordern sie ständig Ihre volle Aufmerksamkeit. Hier stimmt die Balance zwischen Geben und Nehmen nicht, und Sie müssen jetzt entscheiden, ob Sie das wirklich noch wollen.

Dieser Test samt Auswertung ist natürlich bewusst plakativ und polarisierend formuliert und kann in dieser Form nicht die ganze Vielfalt menschlicher Verhaltensweisen abdecken. Er ist dazu gedacht, ein Schlaglicht auf bestimmte Personen in Ihrem sozialen Umfeld zu werfen, und gerade die fast schon satirische Überspitzung macht vielleicht an der ein oder anderen Stelle bewusst, welche Energielecks da in Ihrer nächsten Umgebung lauern.

Sollte dies gelungen sein, dann haben Sie nun einerseits eine Liste mit Menschen, auf die Sie sich jederzeit verlassen können und die Sie als unternehmerische Persönlichkeit schätzen und achten. Andererseits kennen Sie nun auch die Energievampire, die Ihre Aufmerksamkeit beanspruchen und ständig an Ihnen ziehen und zerren, umgekehrt aber nicht willens oder in der Lage sind, Sie zu unterstützen.

Ein unterstützendes Umfeld ist wichtig für Unternehmer

Wenn Sie mit erfolgreichen Unternehmerinnen und Unternehmern sprechen, fragen Sie diese ruhig einmal, welche Rolle ihr Umfeld für ihren Erfolg gespielt hat. Die meisten werden Ihnen antworten, dass sie sich mit Menschen umgeben haben, die an sie geglaubt und sie unterstützt haben – und dass sie sich umgekehrt von Menschen getrennt haben, die ihnen einreden wollten, dass sie beispielsweise nicht das Zeug zum Unternehmer hätten. Wir sind das, was wir glauben, und wenn uns nahestehende Menschen uns ständig zu verstehen geben, dass sie uns bestimmte Dinge nicht zutrauen, wird es schwer, sich dagegen durchzusetzen. Denn das erfordert einen ungleich höheren Energieaufwand, als wenn wir von einem unterstützenden Umfeld umgeben sind. Menschen, die an uns glauben, beflügeln uns, und sie geben uns in Zeiten des Selbstzweifels die dringend nötige Infusion an Vertrauen in unsere Fähigkeiten.

Als unternehmerische Persönlichkeit haben Sie daher aus Verantwortung für sich selbst zwei Aufgaben: Zum einen sollten Sie Ihre ganz persönlichen Energievampire aus Ihrem Leben verabschieden, und zum anderen ist es eine gute Idee, sich gezielt auf die Suche nach Fans und Mentoren zu machen.

Abschied in Dankbarkeit

Energievampire loszuwerden, ist allerdings manchmal leichter gesagt als getan. Oft gibt es ein Geflecht aus emotionalen Verstrickungen und gefühlten Verpflichtungen, gerade bei Menschen aus dem engeren familiären Umfeld. Denn die lassen sich meist nicht so ohne Weiteres aus dem eigenen Leben fernhalten. Sie können allerdings auf Distanz gehen, indem Sie beispielsweise verbale Grenzen setzen oder auch die Kommunikation einschränken und sich auf Pflichtbesuche reduzieren. Was da für Sie am besten funktioniert, müssen Sie selbst herausfinden. Was jedoch immer hilft bei solchen Entscheidungen, ist, dies weniger aus einer Haltung der Verbitterung oder des Grolls heraus zu tun, sondern mit Dankbarkeit.

Denken Sie positiv an Ihren Energievampir

Wenn Sie also entschieden haben, einem bestimmten Menschen aus Ihrem Umfeld in Zukunft weniger Energie zu schenken, dann nehmen Sie sich die dafür nötige Zeit und schreiben Sie dieser Person einen Brief. Erinnern Sie sich an die guten Momente, die es zweifellos gab. Überlegen Sie, was das Verhalten der Person Gutes für Sie bewirkt hat. Wenn Sie beispielsweise ein übergriffiges Elternteil haben, das Ihre Grenzen nicht akzeptiert, denken Sie darüber nach, welche positiven Folgen das für Sie hat. Vielleicht respektieren Sie heute die Grenzen Ihrer eigenen Kinder umso besser, weil Sie besonders sensibel für dieses Thema sind.

Ein verabschiedendes Feuerritual

Machen Sie einen ernsthaften Versuch, solche Punkte aufzuspüren und dafür Dankbarkeit zu empfinden. Danken Sie der Person auch schriftlich in Ihrem Brief. Sie können Ihr Loslassen von dieser Person dann durch ein kleines Feuerritual abschließen: Zerknüllen Sie den fertigen Brief und verbrennen Sie ihn in einem feuerfesten Gefäß, am besten im Freien. Stellen Sie sich dabei vor, dass aller alte Groll mit dem Rauch aufsteigt und senden Sie zugleich Ihre Dankbarkeit aus.

In vielen Fällen verändert sich nach dieser Übung die Beziehung zum bisherigen Energievampir: Entweder gelingt es nun wesentlich leichter, den Kontakt zu reduzieren, und bisher verletzende Bemerkungen prallen leichter an Ihnen ab. Zuweilen ändert sich überraschenderweise aber auch das Verhalten der jeweiligen Person. Da greifen offenbar systemische Zusammenhänge und erzeugen einen Effekt, der sich schwer erklären lässt, jedoch durch die Erfahrungen vieler Menschen gestützt wird.

Ihr Fanclub-Baukasten

Eigentlich liegt es auf der Hand, dass ein Kreis aus Unterstützern jedem gut tut, und ganz besonders dann, wenn Sie unternehmerisch tätig sind. Künstler, die vor Publikum auftreten, sprechen oft davon, wie viel Kraft ihre Fans ihnen geben, und auch Sportler ziehen jede Menge Energie aus dem Umstand, dass ein ganzes Stadion ihnen zujubelt. Wieso sollten Sie sich dieser Kraftquelle verschließen? Doch bevor Sie das im Außen tun, rüsten Sie doch erst einmal Ihr inneres Publikum auf.

Oft bestehen die inneren Stimmen aus lauter Kritikern

Denn tatsächlich ist es ja so, dass die Energievampire nicht nur von außen an uns zerren. Viel schlimmer sind oft die inneren Kritiker und Kleinmacher, die uns ständig einreden wollen, dass wir für dieses oder jenes nicht schlau, ausdauernd, konsequent oder diszipliniert genug sind. In uns drin sitzt oft ein ganzer Saal voller Neider und Nörgler. Wie viel besser ginge es uns, wenn wir diese Leute einfach ausweisen und den Saal stattdessen mit wohlwollenden und begeisterten Fans füllen würden? Und genau das ist jetzt Ihre Aufgabe:

Denken Sie zurück an Ihre Vision, Ihren Ruf, den Sie sich im Rahmen des Mosaiksteins Persönlichkeit bewusst gemacht haben. Lesen Sie sich die entsprechenden Notizen in Ihrer Kladde noch einmal durch, bevor Sie damit beginnen, sich Ihren ganz persönlichen inneren Fanclub zu kreieren. Es geht dabei weniger darum, wie realistisch es ist, ob jemand, den Sie für unerreichbar halten, jemals von Ihnen hören wird. Wir besetzen jetzt Ihren inneren Fanclub, und dafür ist die Realität unerheblich. Schreiben Sie die Antworten auf die folgenden Fragen in die erste Spalte der Tabelle:

Bilden Sie einen inneren Fanclub

- Welche Menschen aus Ihrem persönlichen Umfeld gehören schon jetzt zu Ihren größten Fans?
- Welche Menschen, die Sie persönlich kennen, hätten Sie auch gern dabei?
- Welche mehr oder weniger prominenten Persönlichkeiten aus allen Bereichen des Lebens repräsentieren darüber hinaus für Sie bedeutsame Eigenschaften, Fähigkeiten oder Werte und gehören

deshalb auch in Ihren inneren Fanclub? Denken Sie dabei auch an unternehmerische Persönlichkeiten.

- Welche Menschen möchten Sie inspirieren, für wen wären Sie gerne Vorbild?

- Von wem möchten Sie sich außerdem noch zujubeln lassen?

Name	**Was finde ich toll an dieser Person?**	**Wofür soll diese Person mich ab sofort besonders wertschätzen?**
1.		
2.		
3.		
4.		
...		

Tab.: Der innere Fanclub

Diese Tabelle können Sie auch unter den Downloadressourcen herunterladen. Denken Sie beim Eintragen daran: Sie sollen einen ganzen Saal füllen! Geben Sie sich erst zufrieden, wenn Sie mindestens 50 Personen aufgeschrieben haben, die alle zu Ihrem inneren Fanclub gehören. In der zweiten Spalte listen Sie dann genau auf, was Sie besonders an der jeweiligen Person schätzen, und in der dritten Spalte erfassen Sie Ihre Überlegungen dazu, was Ihr jeweiliger Fan von nun an besonders cool und nachahmenswert an Ihnen findet.

Diese Übung kann Sie dabei unterstützen, Ihr Handeln ab sofort noch fokussierter nach Ihrer Vision auszurichten. Stellen Sie sich einfach vor, dass jeder Schritt Ihres unternehmerischen Wegs ab sofort von Ihrem Fanclub begeistert verfolgt und kommentiert wird. Wenn sich einer der verbannten Nörgler durch den Notausgang wieder in Ihren Saal hineingeschlichen hat, wird er von Ihren Fans einfach ausgebuht. Irgendeiner steht immer auf und jubelt Ihnen zu. Denn alle Menschen in diesem Saal wissen einfach, dass Sie ganz großartig sind und durch Ihr Tun etwas bewirken. Dafür lieben sie Sie, und Sie haben diese Anerkennung auch verdient.

Sie wissen, unsere Imagination ist eine äußerst wertvolle Ressource, denn unser Gehirn unterscheidet nicht zwischen real und imaginiert, wenn wir die innere Vorstellung über alle Sinneskanäle hinweg gestalten. Also schmücken Sie Ihren Saal nach Ihren Ideen und Wünschen aus und lassen Sie Ihren Fanclub so lebendig wie möglich werden. Dann steht Ihnen Ihr inneres Publikum immer dann zur Verfügung, wenn Sie wahre Fans nötig haben, die Sie unterstützen und Ihnen applaudieren.

Sie werden bemerken, dass auch in diesem Fall die alte Regel gilt „Wie im Innen, so im Außen": Je leichter es Ihnen fällt, mit Ihrem inneren Fanclub in Kontakt zu gehen, umso mehr Fans werden Sie auch im Außen anziehen.

Kontakte und Netzwerke

Wenden wir uns im nächsten Schritt also der Frage zu, wie Sie Kontakt zu Menschen aufnehmen können, die Sie persönlich und unternehmerisch weiterbringen. Auch im echten Leben brauchen unternehmerische Persönlichkeiten Unterstützer: Kunden, die zu Fans werden, immer wieder kommen und Ihre Angebote in Anspruch nehmen und sie weiterempfehlen. Multiplikatoren, die von Ihren Leistungen überzeugt sind und anderen gern davon erzählen. Mentoren, die an Sie glauben, ihr Wissen mit Ihnen teilen und Ihnen Türen öffnen. Beginnen Sie damit, ein strategisches Netzwerk aufzubauen, das Ihnen hilft, Ihr Angebot in die Welt zu bringen und mehr und bessere Aufträge zu erhalten.

Solche Menschen zu finden, ist heute durch die sozialen Medien um einiges leichter als noch vor 20 Jahren. Deshalb finden Sie in diesem Abschnitt auch einige Hinweise zur geschäftlichen Nutzung von Businessnetzwerken, wie etwa Xing, oder auch Facebook, das für Coachs, Trainer und Berater eine wertvolle Plattform sein kann.

Viele Coachs, Trainer und Berater sind als Solo-Entrepreneure unterwegs, was einigen auch nicht immer behagt. Die meisten sind zwar gerne ihr eigener Chef, doch manchmal sehnen sie sich zurück nach der Eingebundenheit in einem Team. Deshalb werfen wir einen Blick auf die Frage, wie wir auch als Solo-Unternehmerinnen und -Unternehmer dafür sorgen können, zumindest Teile unseres Jobs nicht nur alleine zu erledigen, etwa durch Erfolgsteams, Co-Coachings oder auch Kooperationen.

Bloße Mitgliedschaft reicht selten aus

Doch zunächst einige Anmerkungen zum Thema Netzwerkarbeit. Sie werden vorangeschickt, denn obwohl heute jedem klar ist, dass es wirklich schwer ist, ohne „Beziehungen" ein erfolgreiches Business aufzuziehen, werden oft ganz simple Regeln nicht beachtet. So reicht die bloße Mitgliedschaft in einem Netzwerk in den seltensten Fällen, um positive Effekte zu erzielen. Wenn Ihnen an wertvoller

Wie Sie selbst das Netzwerk unterstützen können

Unterstützung gelegen ist, dann fragen Sie sich immer zuerst, was Sie selbst dem Netzwerk geben können. Irgendetwas kann jeder teilen: Wissen oder Zeit, vielleicht auch bestimmte Ressourcen, die dem Netzwerk zugute kommen, etwa ein Raum, den Sie zur Verfügung stellen können. Oder Sie übernehmen eine Funktion, wie zum Beispiel die Leitung einer Arbeitsgruppe oder die Moderation eines Online-Forums. Sie könnten auch einen Vortrag halten oder jemand anderen mit einem spannenden Thema dafür gewinnen. Die zentrale Netzwerkregel lautet „First give, then take!". Ohne einen Einsatz Ihrerseits können Sie kaum erwarten, dass andere bereit sind, etwas für Sie zu tun.

> Netzwerke und Kontakte sind für mein Business durchaus wichtig. Ich empfehle Kolleginnen, wenn es sich so ergibt – und freue mich über Empfehlungen. Bewusst auf die Suche nach „Connections" mache ich mich allerdings nicht.
> *Carola Heine, Online-Marketing Professional*

Das gilt fürs private Netzwerken ebenso wie im Businesskontext: Vielleicht haben Sie auch schon einmal eine Feier für einen besonderen persönlichen Anlass organisiert? Dafür schließen sich oft Familienmitglieder oder einige aus dem Freundeskreis zusammen, und jeder übernimmt die Aufgaben, die ihm besonders liegen. Das Gleiche gilt, wenn Sie sich für Ihr Business irgendwo engagieren: Übernehmen Sie Aufgaben, die Sie gern machen, und bringen Sie sich auf authentische Art und Weise ein. Nur dann werden Sie auch echten Nutzen stiften. Netzwerken nur aus strategischen Gründen funktioniert nicht. Denn sie interagieren hier mit Menschen, und die spüren sehr genau, wie ernst es Ihnen ist.

Halten Sie sich mit Eigenwerbung zunächst zurück

Deshalb ist es auch schlau, wenn Sie sich mit Ihrer Eigenwerbung erst einmal zurückhalten. Wer sich neu in ein Netzwerk einbringt, tut gut daran, zunächst aus dem Hintergrund zu beobachten, wie die Netzwerkkultur beschaffen ist. Die Gelegenheit, dezent aufs eigene Business hinzuweisen, wird sicher geboten – schließlich wollen in einem geschäftlich orientierten Netzwerk alle Geschäfte machen. Doch wer mit einer „Hoppla, jetzt komm ich!“-Attitüde hereinplatzt, muss sich nicht wundern, wenn das in der ein oder anderen Weise „abgestraft“ wird. Bleibt die Frage, welche Netzwerke für Sie überhaupt in Frage kommen. Wie können Sie Netzwerke identifizieren, die Ihnen helfen?

Steckbrief für Ihr ideales Netzwerk

Bei der Entscheidung für das richtige Netzwerk kann es sehr hilfreich sein, wenn Sie einmal aufschreiben, was Sie sich wünschen:

Welches Netzwerk wünschen Sie?

- Welche Art von Menschen hätten Sie gern in Ihrem Netzwerk?
- Welche Netzwerkkultur erwarten Sie?
- Welche Berufe sollten diese Leute haben, und in welcher Position sind sie dort zu finden?
- Wie groß ist Ihr Netzwerk?
- Welchen Einzugsbereich hat es: lokal, also nur bezogen auf Ihre nähere Umgebung? Bundesweit oder gar international?
- Welche Themen möchten Sie gerne in Ihrem Netzwerk diskutieren?
- Welche Form der Unterstützung erhoffen Sie sich?
- Was können Sie selbst einbringen in puncto Wissen, Ressourcen oder Funktionen?
- Soll es Netzwerktreffen vor Ort geben, oder netzwerken Sie lieber virtuell? Oder ist eine Mischung aus beidem für Sie optimal?

Je konkreter Sie sich mit diesen Fragen auseinandersetzen, umso stärker können Sie eingrenzen, welche Netzwerke Ihren Bedürfnissen am meisten entsprechen. Die meisten Unternehmerinnen und Unternehmer sind in unterschiedlichen Netzwerken aktiv: Vielleicht sind sie Mitglied in einem Berufsverband, engagieren sich bei einem lokalen Unternehmerstammtisch und diskutieren außerdem noch in ein paar Xing- oder Facebook-Gruppen mit. Der Grad des eigenen Engagements ist dabei sicher unterschiedlich, aber es sollte immer gut überlegt sein, wo Sie sich in welcher Form einbringen. Natürlich gibt es Beispiele für Unternehmen, die wenig klassisches Business-Netzwerken betreiben und dennoch erfolgreich sind.

Netzwerkeinsatz sollte gut überlegt sein

Schaut man genau hin, stellt man aber schnell fest, dass auch hier gezielt Kontakte eingesetzt wurden – nur eben in einer anderen, nicht „offiziellen" Form.

Sie können auch ein neues Netzwerk gründen

Vielleicht stellen Sie bei der Arbeit an Ihrem idealen Netzwerk auch fest, dass eigentlich keins der bestehenden Netzwerke Ihre Bedürfnisse abdeckt. Dann denken Sie doch mal darüber nach, ob Sie nicht selbst ein Netzwerk gründen. Denn wenn es Ihnen so geht, ist es gar nicht so unwahrscheinlich, dass andere ähnlich empfinden und Sie schnell Gleichgesinnte finden. Das hat zum Beispiel Esther Eisenhardt getan, die Gründerin der MomPreneurs aus Berlin. Sie suchte ein Netzwerk für Frauen, die sich selbstständig machen, um Selbstverwirklichung mit ihrem Familienleben vereinbaren zu können. Da sie nicht fündig wurde, hat sie kurzerhand selbst ein Netzwerk gegründet, das inzwischen auch in anderen Städten aktiv wird.

Vier Gründe gegen das Netzwerken – und warum Sie es dennoch tun sollten

Bei der Arbeit mit Selbstständigen, insbesondere Trainern und Coachs, die als unternehmerische Persönlichkeit erfolgreicher werden möchten, stößt das Thema Netzwerken häufig auf Vorbehalte. Klar, jeder erzählt einem, dass Netzwerkarbeit eine wichtige Voraussetzung für den gewünschten Erfolg ist. Irgendwie sehen wir das ja auch ein. Aber innerlich spüren wir Widerstände, und bevor diese nicht ausgeräumt sind, können wir uns kaum an den Aufbau eines unterstützenden Netzwerks machen. Im Wesentlichen sind es die folgenden vier Begründungen, die genannt werden, wenn Trainer, Coachs und Berater sich vor mehr Netzwerkarbeit scheuen:

Innere Widerstände gegen Netzwerkarbeit

1. „Ich fühle mich unwohl, wenn ich auf solche Netzwerkveranstaltungen gehen soll. Da sind mir immer zu viel Leute."
2. „Beim Netzwerken geht es doch nur darum, wer am lautesten schreit. Selbstmarketing finde ich insgesamt eher lästig."
3. „Ich habe keine Zeit fürs Netzwerken! Wann soll ich das denn noch machen?"
4. „Ich wäre ja schön blöd, wenn ich mir von meinem Wettbewerb in die Karten schauen lassen würde."

Schauen wir uns diese vier Punkte doch mal etwas genauer an:

1. Angst vor Überforderung

Finden Sie es eher unangenehm, sich mit dem Thema Netzwerken überhaupt auseinandersetzen zu müssen? Oder fühlen Sie sich ohnehin meist unwohl, wenn es darum geht, sich in Gruppen zu zeigen?

Das könnten Indizien dafür sein, dass Sie zu den eher zurückhaltenden Menschen gehören. Introvertierte Menschen schrecken vor dem Engagement in Netzwerken zuweilen zurück, weil sie es als anstrengend erleben, sich mit vielen Menschen auseinandersetzen zu müssen und sich davon leicht überfordert fühlen. Damit verbauen sie sich jedoch nicht selten den Zugang zu wertvollen Informationen. Wer immer im Hintergrund bleibt, wird nicht wahrgenommen und kann daher von den positiven Effekten des Netzwerkens nicht profitieren. Deswegen tun auch Introvertierte gut daran, zu überlegen, welche ihrer Eigenschaften und Fähigkeiten sie in Netzwerke einbringen können. Eine besondere Stärke liegt häufig in ihrer Beobachtungsgabe, und sie gelten auch als gute Zuhörer. Falls Sie auch zu dieser Spezies gehören, nutzen Sie das! Menschen, die sich einlassen und wirklich auf ihr Gegenüber konzentriert sind, können viel zu einem interessanten Gespräch beitragen. Überlegen Sie aber schon im Vorfeld, was Sie auch über sich und Ihr Angebot erzählen möchten. Suchen Sie sich Ihre Bühne – aber eben auf die eher leise Art.

Auch Introvertierte bringen Ihre Fähigkeiten im Netzwerk zur Geltung

Für viele introvertierte Menschen sind übrigens gerade Online-Netzwerke ein wunderbares Spielfeld, um das Netzwerken in ihrem ganz eigenen Stil anzugehen. Denn hier bestimmen Sie selbst die Frequenz und Intensität Ihres Engagements. Sie entscheiden, wen Sie in Ihr Netzwerk aufnehmen und in welcher Form Sie kommunizieren. Sie haben die Wahl, wem Sie Ihre Zeit und Ihre Aufmerksamkeit widmen.

Wenn Sie in dieser Weise im virtuellen Raum Kontakte aufbauen, können Sie Ihren Aktivitätsradius allmählich auch auf Offline-Events ausdehnen, indem Sie sich zunächst nur mit Menschen verabreden, die Sie virtuell bereits etwas kennengelernt haben. Persönliche Kontakte im Dialog zu vertiefen, liegt Ihnen als introvertierter Person wahrscheinlich ohnehin – also nutzen Sie diese

Chance, die die sozialen Medien Ihnen heutzutage bieten. Wie Sie sich dort optimal präsentieren, erfahren Sie im weiteren Verlauf dieses Abschnitts.

2. Selbstmarketing ist nur was für Brüllaffen

Die Bescheidenheitsfalle

Sie wollen nicht zu diesen aggressiven Typen gehören, die ständig aller Welt erzählen, wie unglaublich toll sie sind? Heiße Luft zu produzieren, ist wirklich nicht Ihr Ding? Dann laufen Sie in die „Bescheidenheitsfalle“. Wahrscheinlich glauben Sie noch, dass allein die Qualität Ihrer Arbeit ausreichen sollte, damit Sie auch beruflich Erfolg haben. Oder Sie haben inzwischen gemerkt, dass das in der Tat nicht reicht, reagieren jetzt aber bockig und verweigern sich dem Thema Selbstmarketing insgesamt.

Falls Sie sich in dieser Beschreibung wiederfinden, dann sind Sie jetzt zu einem kleinen gedanklichen Experiment eingeladen, das Ihre Haltung zum Thema Selbstmarketing verändern kann. Lesen Sie die folgenden Fragen aufmerksam durch und beantworten Sie diese innerlich:

Gedankenexperiment: Ändern Sie Ihre Haltung zum Selbstmarketing

- Sie glauben wahrscheinlich fest daran, dass Ihr Angebot das Leben anderer Menschen irgendwie einfacher macht. Sie helfen Leuten, irgendwelche Probleme zu bewältigen, die sie ohne Ihre Hilfe nicht oder nur schwer selbst lösen könnten. Richtig?
- Es gibt also etwas, was Sie gut können, vielleicht sogar sehr viel besser als andere?
- Und da draußen gibt es Leute, die wirklich davon profitieren könnten, dass Sie ihnen helfen. Stimmt das?
- Gut. Das heißt, es wäre schon gut, wenn diese Leute von Ihrem Angebot wüssten, richtig?
- Diese Leute müssen Sie irgendwie finden können, das stimmt doch, oder?
- Bisher haben Sie aber nicht so viel dafür getan, dass man Sie finden kann, weil Sie Selbstmarketing ja irgendwie blöd finden, nicht wahr?
- Aha. Sie wollen sich eben einfach nicht so gern vermarkten.

Da müssen Sie sich jetzt leider mal was sagen lassen. Da draußen brauchen Leute Ihr Angebot, sehr dringend sogar. Und Sie erzählen ihnen einfach nicht, was Sie für sie tun könnten. Sie behalten Ihr ganzes Wissen für sich. Wissen Sie, was das ist? Total egoistisch! Ja, genau! Das ist doch wirklich nicht o.k.! Es gibt jede Menge Leute, die verzweifelt nach jemand suchen, der ihnen helfen kann und eine Lösung für ihr Problem kennt. Und Sie verschweigen einfach, dass Sie das könnten. Also, wenn das nicht egoistisch ist ...

Vermutlich haben Sie das noch nie gesehen. Gut so. Dann wissen Sie ja jetzt, dass Sie etwas verändern müssen, wenn Sie nicht länger so egoistisch Ihr Wissen für sich behalten wollen.

Übertreiben ist nicht nötig

Selbstmarketing heißt im Grunde nur, möglichst viele Menschen, die ein ganz spezifisches Problem haben, von Ihnen und Ihrem Angebot wissen zu lassen. Sie erzählen schlicht davon, was Sie wirklich gern und gut machen. Dafür müssen Sie nicht dick auftragen, übertreiben oder sich wie der sprichwörtliche Gorilla ständig auf die Brust klopfen. Sie reden über das, was Sie begeistert. Das ist alles. In Netzwerken haben Sie dazu vielfältige Möglichkeiten, und Sie können die Form Ihrer Kommunikation so gestalten, dass Sie sich damit wohlfühlen. Vielleicht schauen Sie noch mal im Mosaikstein Persönlichkeit vorbei, beim Abschnitt „Widerstände und Erfolgsgewohnheiten" (S. 65), und überprüfen, wie Sie das Thema Selbstmarketing im Einklang mit Ihren Werten angehen könnten. Sicher werden Sie jetzt neue Perspektiven darauf haben und so auch neue Herangehensweisen finden.

Kommunizieren Sie so, wie Sie sich wohlfühlen

3. Keine Zeit!

Netzwerken ist Arbeit an Ihrem Unternehmen

Netzwerken ist Arbeit an Ihrem Unternehmen, insofern greift die oft gehörte Ausrede nicht, man habe „keine Zeit" dafür. Zahlreiche Studien konnten inzwischen nachweisen, dass es für die Karriere insgesamt förderlich ist, wenn man über ein funktionales Netzwerk verfügt. Was für Angestellte gilt, ist für Unternehmerinnen und Unternehmer erst recht gültig: Wir brauchen Kunden, verlässliche Lieferanten und Dienstleister, Kooperationspartner, Multiplikatoren und Mentoren, um auf Dauer erfolgreich zu sein – und auch, um diesen Erfolg schneller zu erzielen. Wer also Zeit in sein Netzwerk investiert, beschleunigt damit seinen Erfolg. Oder umgekehrt: Wer hier mit seiner Zeit knausert, muss wahrscheinlich zuschauen, wie andere Tempo aufnehmen und an einem vorbeiziehen.

Netzwerken zur Routine machen

Wenn es Ihnen gelungen ist, die passenden Netzwerkpartner und Businessnetzwerke zu identifizieren, dann planen Sie ausreichend Zeit ein, um sich auch einzubringen. Vielen hilft es, sich dafür feste Zeitslots im Kalender einzutragen. Wenn Sie Ihre Netzwerkarbeit „ritualisieren", also zu einer Routine machen, dann werden Sie es bald gar nicht mehr missen wollen. Dreimal pro Woche eine halbe Stunde, um sich zu informieren, was es Neues gibt, um Fragen zu beantworten oder zu Diskussionen Stellung zu nehmen, sollten Sie erübrigen können. Was Sie darüber hinaus aktiv tun können, um von potenziell interessanten Personen wahrgenommen und in deren Netzwerk eingeladen zu werden, erfahren Sie im nächsten Abschnitt.

4. Erfolgsgeheimnisverrat

Sie haben eine geniale Methode entwickelt, um den Transfer des vermittelten Wissens in Ihren Seminaren sicherzustellen? Und die wollen Sie natürlich für sich behalten, weil ja sonst auch Ihr Wettbewerb damit werben könnte? Vielleicht haben Sie auch ein tolles Tool entdeckt, mit dem man seine Inhalte besonders gut aufbereiten kann – aber wenn das jeder kennt, verlieren Sie ja gefühlt Ihren Wissensvorsprung? Falls Sie auch zu den Menschen gehören, die eifersüchtig über ihre Inhalte und Methoden wachen und nie verraten, was bei Ihnen besonders gut funktioniert, dann gibt es schlechte Nachrichten für Sie: Wer sein Wissen teilt, kommt weiter.

Wer sein Wissen teilt, wird belohnt

„Sharing is caring" ist ein Leitsatz der Informationsökonomie, und wer großzügig sein Wissen teilt, wird meist reich belohnt: durch Wissenszuwachs von anderer Seite, durch Empfehlungen, einen wachsenden Fanclub und letztlich auch durch mehr und lukrativere Aufträge. Nur wenn Menschen erfahren, über welche speziellen Kenntnisse Sie verfügen, was das Besondere an Ihren Methoden ist und wodurch Sie ihnen ganz konkret helfen können, werden sie Sie gerne weiterempfehlen. Mögliche Verbündete, Mentoren und Multiplikatoren werden auf diese Weise auf Sie aufmerksam – und das wollen wir doch alle. Wirklich erfolgreiche Menschen teilen ihr Wissen übrigens in der Regel gerne, denn auch sie haben davon profitiert, dass andere vor ihnen den Weg gebahnt haben. Und sie wissen, dass niemand ihre Rezepte wirklich eins zu eins kopieren kann. Denn es kommt ja gerade in unserer Branche immer auch auf die Persönlichkeit an, Ihren „Nasenfaktor", also auf die ganz unver-

Auf den Nasenfaktor kommt es an

wechselbare Art und Weise, wie Sie sich eines Themas annehmen. Das kann Ihnen niemand nehmen.

Mit diesen Argumenten ist es hoffentlich gelungen, Sie für das Netzwerken zu öffnen. Neben all den positiven Effekten für Ihr Business werden Sie in funktionierenden Netzwerken zusätzlich neue Freunde gewinnen. Das steht vielleicht nicht im Fokus, aber wer sich als Persönlichkeit zeigt, auch mal Schwächen eingesteht und um Unterstützung bittet, wirkt sympathisch und zudem authentischer als die scheinbaren Businesswunder, die alles „mit links" schaffen. Wir solidarisieren uns eher mit ganz normalen Menschen. Schon manche tiefe Freundschaft ist in Businessmetzwerken entstanden und hat den Beteiligten über diverse Klippen, auch privater Art, hinweggeholfen.

Sie gewinnen neue Freunde

Es ist wichtig, gute Sparringspartner zu haben. Für mich ist das mein Mann. Wir besprechen beruflich alles gemeinsam und entscheiden auch gemeinsam. Das stärkt den Rücken und gibt Sicherheit. Ohne Netzwerke und Networking wäre unser Business nicht denkbar. Die Macht und Kraft des Netzwerkens haben wir, frisch von der Uni kommend, weder gekannt noch genutzt. Wir hätten uns viel ersparen können, wenn wir von Beginn an auf tragfähige Netzwerke gesetzt hätten. Seit wir vernetzt sind, ist sehr vieles für uns einfacher. Wir helfen – und uns wird geholfen, wenn wir es brauchen. Das gibt ein ganz anderes Gefühl von Sicherheit und es gibt einem auch das Gefühl von „eingebettet sein" in die Gesellschaft. Dieses Gefühl zu haben, ist für Unternehmer/innen oft sehr schwierig, weil Unternehmertum in Deutschland immer noch keine Selbstverständlichkeit ist. Ich hatte und habe keine Mentoren. Seit zwei Jahren bilde ich mit zwei anderen Frauen ein „Powerteam". Wir unterstützen uns gegenseitig bei allen Fragen rund um die Themen Selbstständigkeit, Positionierung – und allem, was noch dazu gehört. Das hilft ungemein.

Melanie Vogel, Change-Management-Expertin

Business-Netzwerken im Internet

Bestenfalls sind Sie ohnehin schon davon überzeugt, dass Netzwerken eine prima Sache ist, und Sie finden das in der Theorie auch völlig einleuchtend. In der Praxis fehlen Ihnen aber zuweilen die Ideen, wie Sie in Ihren Online-Netzwerken sinnvoll auf sich und Ihre Angebote aufmerksam machen können, ohne ständig nur Werbung in eigener Sache zu publizieren. Daher finden Sie hier einige Tipps und Beispiele, die Sie zu eigenen Aktivitäten inspirieren können.

Online-Netzwerken erfordert Ideen mit Konzept

Vorausschicken sollte man allerdings, dass kreative Ideen zwar hilfreich sind, ein zugrundeliegendes Konzept für die Kommunikation in den sozialen Medien aber unverzichtbar ist, wenn Sie sich nicht verzetteln möchten. Bevor Sie also damit beginnen, Ideen zu entwickeln, wie Sie Ihr Netzwerk im Internet beglücken können, fassen Sie doch zunächst einmal die folgenden Punkte zusammen:

Die Grundlage für Ihr Konzept

- Mein Angebot wendet sich an:

  ____

- Das möchte ich der Welt geben:

  ____

- Das wichtigste Bedürfnis oder Problem meiner Wunschkunden, das ich lösen kann (danach würden sie in Suchmaschinen suchen):

  ____

Wenn Sie dieses Wissen im Hinterkopf behalten und Ihre Kommunikation sowie eventuelle Aktionen darauf ausrichten, ist die Wahrscheinlichkeit recht hoch, dass Sie von Ihren Wunschkunden wahrgenommen werden. Mehr zum Thema Wunschkunden haben Sie ja bereits bei dem Mosaikstein Rahmenbedingungen auf S. 125 ff. erfahren. Wenn Sie also jetzt das Gefühl haben, dass Sie diese Fragen nicht so ohne Weiteres beantworten können, dann kehren Sie noch einmal dorthin zurück.

Das Blog zum Herzensthema

Falls Sie gerne schreiben und Ihre Gedanken in Worte fassen, kann ein Blog eine hervorragende Möglichkeit sein, um eher indirekt darauf aufmerksam zu machen, was Sie zu bieten haben, indem Sie Ihren Lesern wertvolle Informationen und Denkanstöße liefern. Allerdings ist das leichter gesagt als getan. Um ein erfolgreiches Blog aufzusetzen, das sein Publikum findet, reicht es heute nicht mehr, ab und zu mal ein paar Gedankensplitter zu notieren. Sie sollten genau überlegen, für wen Sie schreiben möchten und welche Infos für Ihre Wunschkunden relevant wären. Um ein Blogkonzept kommen Sie nicht herum. Ob Sie das Blog an Ihre bestehende Website hängen oder dafür eine eigene Domain nutzen, ist eine strategische Entscheidung, die davon abhängt, welche Ziele Sie mit Ihrem Blog verfolgen.

Voraussetzungen für ein erfolgreiches Blog

Wichtig ist darüber hinaus, dass Sie Ihr Blog auch bekannt machen. Von alleine finden nämlich nur wenige Leser zu Ihnen. Blogmarketing umfasst eine Reihe von Aktivitäten: Das fängt bei der Optimierung Ihrer Beiträge für die Suchmaschinen an und hört bei der Vernetzung in sozialen Medien noch lange nicht auf. Wenn Sie solche Fragen für sich geklärt haben, kann ein Blog aber für viel Aufmerksamkeit sorgen und Ihnen neue Kontakte bringen. Zudem können Sie Ihre Beiträge auch über Facebook, Xing, Google+ oder Twitter streuen und so noch besser bekannt machen. Ihr Netzwerk freut sich über regelmäßige Beiträge, die interessant, lustig oder informativ sind, also in irgendeiner Weise einen Nutzen bieten.

Bekanntmachen eines Blogs

Ihr Blog kann Ihre Schaltzentrale für all Ihre Online-Aktivitäten sein – und dazu gehört das Business-Netzwerken. Verwenden Sie also einige Sorgfalt auf Konzept und Design, und überlegen Sie sich reiflich, ob Sie tatsächlich das Durchhaltevermögen haben, um regelmäßig mit attraktiven Beiträgen von sich reden zu machen. Wenn Sie unsicher sind, ob Ihnen genügend Ideen kommen, suchen Sie sich Unterstützung für ein ausgereiftes Konzept, damit Ihnen nicht auf halber Strecke die Puste ausgeht.

Gegebenenfalls Unterstützung suchen

Podcasts und Webvideos

Ähnlich wie ein Blog ist ein Podcast, also eine selbst produzierte Internet-Radiosendung, eine großartige Möglichkeit, seine Inhalte auf unterhaltsame und informative Art in die Welt zu bringen. Die technischen Voraussetzungen hierfür sind inzwischen auch

Unterhaltsam, informativ und umsetzbar

für Nichtprofis recht leicht erlernbar und finanziell überschaubar. Podcasts eignen sich für Sie, wenn Sie gerne und gut reden, eine angenehme Stimme haben und lebendig erzählen können. Natürlich können Sie auch Ihr Blog mit einem eigenen Podcast anreichern und ergänzen.

Können Sie gut reden?

Ähnliches gilt für Webvideos, die sich unaufwendig produzieren lassen: Entweder nehmen Sie sich selbst dabei auf, wie Sie in direktem Kontakt mit Ihren Teilnehmern ein Webinar abhalten und live Fragen beantworten. Oder Sie produzieren Präsentationen und zeichnen diese auf, um Sie danach weiteren Interessenten als Aufzeichnung zur Verfügung stellen zu können. Diese beiden Varianten werden in Zukunft sicher noch an Fahrt aufnehmen, wenn man die Entwicklung in den USA betrachtet.

Auch Webvideos werden wahrscheinlich noch populärer

XING

Xing ist in Deutschland das größte Businessnetzwerk: Derzeit sind über 15 Millionen Nutzer weltweit registriert, davon etwa 825.000 Premiummitglieder. In Deutschland sind rund 8 Mio. Mitglieder registriert, sehr viele davon sind Fach- und Führungskräfte sowie zahlreiche Freelancer und Selbstständige. Xing ist daher auch für Coachs, Trainer und Berater eine interessante Kontakt- und Marketingplattform.

Für Xing spricht die hochwertige Mitgliederstruktur in Bezug auf Bildung, Qualifikation etc., die eine verlässliche Recherche zum beruflichen Background möglicher Businesspartner erlaubt. Darüber hinaus erreichen Sie mit Xing unter Umständen Personenkreise, die auf Facebook, Twitter oder Pinterest noch wenig vertreten sind. Xing gilt als seriös, nicht zuletzt, weil der Firmensitz in Deutschland liegt, und es ist in gewisser Weise „Social Media für Social Media Skeptiker". Fürs reine Business-Netzwerken ist Xing die erste Wahl, zumal hier werbliches Auftreten eher toleriert wird als auf anderen Plattformen. Hier will schließlich jeder Geschäfte machen.

Der berufliche Background steht im Vordergrund

Werbliches Auftreten wird eher toleriert

Allerdings wissen viele nicht wirklich, wie man dieses Tool sinnvoll bedient. Im Wesentlichen kommt es dabei auf drei Punkte an: das eigene Profil und seine Aussagekraft, die geeignete (Selbst-)Marketingstrategie und nicht zuletzt die Kenntnis der besten und erfolgversprechendsten Kommunikationsstrategien.

Worauf es bei Xing ankommt

Um eine sinnvolle Marketingstrategie entwickeln zu können, ist es hilfreich, zu wissen, welche Nutzungsmöglichkeiten das Netzwerk überhaupt bietet. Für Trainer, Berater und Coachs sind das vor allem die folgenden Punkte:

Wofür Xing nützlich ist

- Kontakte finden und pflegen: Nirgendwo ist es so leicht, auf einem professionellen Niveau Kontakt zu interessanten Menschen aufzunehmen bzw. vorhandene Kontakte zu verwalten. Xing kann eine mobile Kontaktdatenbank sein, die Sie nicht einmal selbst pflegen müssen, da Ihre Kontakte ihre Daten selbst aktuell halten.
- Selbstmarketing und Akquise: Zwar gilt für Xing wie für alle Netzwerke das Prinzip „First give, then take". Wer dies jedoch klug angeht, wird fast automatisch Anfragen und letztlich Aufträge generieren. Unbeliebt macht man sich allerdings, wenn man seine Kontakte „zuspammt" mit Eventeinladungen und Eigenlob.
- Suche nach Kooperationspartnern: Das Netzwerk bietet vielfältige Möglichkeiten, mögliche Projektpartner zu finden, zum einen über die Projektdatenbank, aber auch über die diversen Fachgruppen.
- Wissenstransfer und fachlicher Austausch: Zu beinahe jedem fachlichen Thema gibt es in den mehr als 50.000 Fach- und Regionalgruppen Know-how und Unterstützung.

Zentral: Ein aussagekräftiges Profil

Um Xing sinnvoll zu nutzen, ist ein aussagekräftiges Profil ein Muss. Das heißt, Sie sollten hier nicht nur Ihre fachliche Kompetenz präsentieren, sondern sich darüber hinaus auch als Persönlichkeit sichtbar machen – gerade wenn Sie (noch) Einzelunternehmerin oder -unternehmer sind. Denn wir machen immer Business mit Menschen, nicht mit Unternehmen. Das heißt, wir wollen wissen, mit wem wir es zu tun haben, wir interessieren uns für den Menschen hinter dem Angebot, und wir vergeben Aufträge eher an Personen, die uns sympathisch sind und die wir interessant finden. Das wird leider viel zu wenig verstanden, sodass viele Profile auf Xing überwiegend austauschbar und langweilig sind. Der Versuch,

Zu viele Profile sind austauschbar

möglichst seriös zu erscheinen, resultiert nur allzu oft darin, dass sich nach einem Besuch auf Ihrem Profil niemand mehr an Sie erinnert.

Übung: 50 Begriffe finden

Bereits mit folgender Übung können Sie Ihr Profil interessanter gestalten:

Stellen Sie sich vor, Sie sollten auf der Rückseite Ihrer Visitenkarte 50 Begriffe unterbringen, die einem Gesprächspartner, dem Sie Ihre Karte übergeben, mögliche Anknüpfungspunkte liefern. Denken Sie dabei eben auch an persönliche Stärken, Werte oder Interessen, nicht nur an Ihre fachlichen Kompetenzen. Finden Sie also 50 Wörter oder Wortkombinationen, die in Ihrer Gesamtheit ein Schlaglicht auf Sie als unternehmerische Persönlichkeit werfen. Wer diese 50 Begriffe überfliegt, sollte einen interessanten Einblick bekommen, was Sie ausmacht, was Ihnen wichtig ist und was Sie können. Nach den Übungen aus den bisherigen Kapiteln fällt Ihnen das sicher leicht.

Netzwerkerin
Konzepte & Ideen
Evaluation
BeeBob hilft e.V.
Multiplikatorin
Achtsamkeit
Optimismus
Tango Argentino
...
Indien
Teamcoaching
Genuss
...
Vertrieb
...

Abb.: Begriffe sammeln, die Anknüpfungspunkte bieten

Unter diesen 50 Begriffen können Sie sodann eine Auswahl treffen und sie auf Ihrem Xing-Profil unter „Ich suche" bzw. „Ich biete" unterbringen. Achten Sie darauf, keine vollständigen Sätze zu bilden, da diese von der internen Xing-Suchmaschine weniger gut erfasst werden. Kommata werden vom System zudem so interpretiert, dass direkt ein neues Textfeld geöffnet wird. Das „zerreißt" Ihre Sätze und wirkt wenig ansprechend.

Nutzen Sie außerdem das Portfolio, um Besuchern Ihres Profils einen ersten Eindruck Ihres Angebots zu verschaffen. Hier können Sie Bild- und Videodateien sowie Dokumente hochladen und damit sehr komprimiert und auf den Punkt zeigen, was Sie für Ihre Kunden tun können.

Nutzen Sie das Portfolio für einen Eindruck Ihres Angebots

Wenn Sie diese „Hausaufgaben" erledigt haben, können Sie mit gutem Gewissen aktiv auf interessante Kontakte zugehen. Zum Beispiel, indem Sie die Freundeslisten Ihrer bestehenden Kontakte durchsuchen, in Gruppen recherchieren, die zu Ihren Themen und Ihren Wunschkunden passen oder die Detailsuche nutzen. Treffen Sie außerdem eine Auswahl unter Gruppen, die Sie grundsätzlich interessieren und werden Sie dort ein- bis zweimal pro Woche aktiv, indem Sie Fragen beantworten oder hilfreiche Links posten. Auch Ihre Statusmeldung können Sie regelmäßig dafür nutzen, Ihr Netzwerk mit relevanten Informationen oder Hinweisen zu versorgen.

Aktiv auf andere zugehen

Auf diese Weise kann Xing dazu beitragen, dass Ihr Netzwerk Sie als Quelle spannender Tipps und Hinweise kennen und schätzen lernt. Sie bringen sich damit immer wieder neu ins Gedächtnis der Menschen, mit denen Sie gerne Geschäfte machen möchten, und das zahlt sich mittelfristig aus.

Facebook

Auch Facebook ist inzwischen für Coachs und Trainer eine wunderbare Plattform, um dem Business Schwung zu geben. In Deutschland sind mehr als 25 Millionen Menschen registriert – ein unglaubliches Potenzial für alle, die etwas zu verkaufen haben.

Sie können auf Facebook ganz leicht eine eigene Unternehmensseite anlegen, oder sogar mehrere Seiten für unterschiedliche Produkte und Leistungen. Immer mehr Trainer und Coachs gehen auch dazu über, Facebook-Gruppen, die ganz unbürokratisch eingerichtet werden können, als Ergänzung ihres Angebots zu nutzen.

Eine oder auch mehrere Seiten anlegen

Auch hier sollten Sie allerdings beachten, dass eine verwaiste Facebook-Seite, auf der wenig passiert, zum einen für Ihr Netzwerk unattraktiv ist und daher kaum besucht wird. Zum anderen ist der Facebook-Algorithmus so ausgelegt, dass nur Seiten, auf denen regelmäßig Neuigkeiten gepostet werden, überhaupt im Stream der Abonnenten erscheinen. Als rein passives Werbemittel, um Präsenz

Eine verwaiste Seite ist unattraktiv

zu zeigen, taugt eine Facebook-Seite also nicht. Überlegen Sie demnach – ähnlich wie beim Blog – welche Aktionen, Informationen oder regelmäßig wiederkehrende Postings für Ihre Zielgruppe einen Mehrwert bieten. Da Facebook ein extrem visuell orientiertes Medium ist, sollten Sie außerdem darüber nachdenken, wie Sie Ihre Postings wiedererkennbar optisch aufwerten können. Das lässt sich heutzutage auch ohne Designkenntnisse mit kostenfrei verfügbaren Online-Tools gut selbst erledigen, wenn das Budget zu niedrig ist für professionelle Unterstützung.

Facebook ist sehr visuell orientiert

Paradebeispiel: Die „Schlafanzug-Challenge"

Ein Paradebeispiel für eine sehr gelungene Facebook-Aktion ist die „Schlafanzug-Challenge", die Leonie und Markus Walter von der PR-Agentur Walter Visuelle PR GmbH Anfang 2015 durchführten: Zwei Wochen lang boten sie jeden Morgen um 6:45 Uhr ein viertelstündiges kostenfreies Live-Webinar an, bei dem sie im Schlafanzug vor dem Rechner saßen. Die Themen waren relevant für die Zielgruppe Selbstständige und Unternehmer, sodass sich die Aktion sehr schnell herumsprach. Durch die charmante und zugleich professionelle Form der Darstellung waren die Teilnehmer begeistert, die Beiträge wurden häufig geteilt. Dem Paar ist es dadurch gelungen, ein hohes Maß an Aufmerksamkeit für die eigenen Angebote zu generieren. Nach dem Ende der Aktion gab man der entstandenen Community ein Forum in Form einer Facebook-Gruppe, den „Morning Stars". Die nun kostenpflichtige Mitgliedschaft in diesem Club beinhaltet eine weitere ständige Begleitung der Teilnehmenden in Form von Webinaren und gegenseitiger Unterstützung. So geht Netzwerken auf Facebook.

Twitter

Die Zahlen für die Twitter-Nutzung in Deutschland schwanken erheblich: Circa eine Million regelmäßige Nutzer soll der Dienst hierzulande haben, doch in manchen Studien ist auch von zehn Millionen die Rede. Über die Gründe für diese weit auseinanderklaffenden Zahlen lässt sich nur spekulieren. Fakt ist: Unter den großen Online-Netzwerken ist Twitter wahrscheinlich dasjenige, bei dem Werbung am wenigsten toleriert wird. Trainer und Coachs, die hier aktiv sind, müssen also ein wenig Fantasie und Kreativität entfalten, wenn ihr Netzwerk auch hier von ihren beruflichen Aktivitäten erfahren soll.

Hier wird Werbung am wenigsten toleriert

Grundsätzlich ist es eine schlechte Idee, ausschließlich dann bei Twitter zu posten, wenn man ein Produkt bewirbt. Das nimmt die Community meist nicht so gut auf. Ganz anders sieht es aus, wenn Sie sich dort regelmäßig einbringen und mit anderen austauschen. Die Themen sind eigentlich egal. Auf Twitter wird viel live geplaudert, das Tool ähnelt eher einem Chat, es wird in Echtzeit kommuniziert und nicht asynchron, wie fast immer auf Facebook oder Xing.

Regelmäßig einbringen und austauschen

Auf Twitter besteht vielleicht am ehesten die Möglichkeit, eine Community aus Gleichgesinnten aufzubauen, bei denen Informations- und Wissenaustausch im Vordergrund steht. Dennoch gibt es auch hier die Gelegenheit, seine Leistungen unters Volk zu bringen, indem man beispielsweise die ausgeprägte Lust der „Twitterati" an Wortspielen nutzt. Beispielhaft sei hier die Aktion *#groovywords* genannt, die Eva Brandecker von „dem Popstar unter den Sprachkursen", „The Grooves", 2013 ins Leben rief. Dabei sammelte sie fremdsprachige Lieblingswörter und forderte ihre Follower dazu auf, diese auf Twitter, im Blog oder auch auf Facebook zu nennen und die eigenen Erinnerungen oder Assoziationen dazu zu posten. Die Aktion erfuhr eine lebhafte Resonanz und führte dazu, dass noch mehr Menschen auf den Anbieter aufmerksam wurden.

Paradebeispiel: #groovywords

Sie sehen, das Netzwerken im Internet bietet eine große Vielfalt an Möglichkeiten, und es sind hier noch längst nicht alle Möglichkeiten aufgeführt. Der Trend geht dahin, verschiedene Anwendungen miteinander zu kombinieren, damit man von Synergieeffekten profitieren kann. Wer seinen Einzugsbereich erweitern möchte, um noch mehr Menschen zu erreichen, kann über Marketingkooperationen nachdenken. Um diese und andere Formen der gegenseitigen Unterstützung geht es im nächsten Abschnitt.

Synergieeffekte durch Kombination

Solo, aber nicht allein

Solo-Entrepreneur zu sein, wie viele Coachs und Trainer das sind, hat viele Vorteile: Sie fällen Ihre Entscheidungen allein und müssen sich vor niemand verantworten oder rechtfertigen. Sie haben jederzeit die volle Kontrolle über all Ihre Aktivitäten und sind weitgehend unabhängig.

Wann Zusammenarbeit Sinn macht

Dennoch stimmen Sie der Behauptung wahrscheinlich zu, dass es manchmal ja doch ganz schön wäre, Verantwortung und auch Erfolg mit jemandem teilen zu können. Sich einfach mal mit jemandem auszutauschen, der ähnliche Themen und vielleicht auch Probleme hat wie man selbst, kann ebenfalls sehr entlastend sein. Bestimmte Jobs lassen sich zudem eher akquirieren, wenn man kein Ein-Mann- oder Eine-Frau-Betrieb ist. Also macht es schon aus strategischen Gründen Sinn, zumindest punktuell mit anderen zusammenzuarbeiten. Als Coach brauchen wir auch immer wieder Supervision. Jemanden zu haben, mit dem man schwierige Fälle diskutieren und seine eigene Rolle reflektieren kann, ist eine wichtige Voraussetzung, um erfolgreich zu arbeiten.

Darüber hinaus können Kooperationspartner unser eigenes Angebot in vielen Bereichen sinnvoll ergänzen, und wir können so vielleicht Angebote entwickeln, die es in dieser Form am Markt bisher noch nicht gibt. Wir erweitern damit unser Angebotsspektrum und werden so vielleicht auch für neue Kundenkreise interessant.

Möglichkeiten, fallweise zu kooperieren

Grundsätzlich gibt es verschiedene Möglichkeiten, einerseits seine unternehmerische Unabhängigkeit zu bewahren und andererseits zumindest fallweise mit anderen zu kooperieren. Im folgenden Abschnitt werden Ihnen einige Modelle erläutert, und Sie können dann mithilfe einer Checkliste überprüfen, welche davon für Sie möglicherweise in Frage kämen.

Coworking-Space oder Bürogemeinschaft

Vorteile des Coworking-Space

In vielen Städten hat sich die Idee des Coworking-Space etabliert. Fast allen ist gemeinsam, dass es eine Art „Großraumbüro" gibt, in das man sich stunden-, tage- oder gleich monatsweise einmieten kann. Das heißt, man hat einen Arbeitsplatz und, falls gewünscht, auch eine Geschäftsadresse, und kann die Ressourcen des Coworking-Space nutzen, zum Beispiel WLAN, Drucker, Kopierer etc. Oft gibt es auch die Möglichkeit, kleinere Büros dauerhaft zu mieten sowie Konferenzräume günstig zu nutzen. Darüber hinaus bieten die meisten dieser Projekte vielfältige Möglichkeiten fürs Netzwerken. Wenn Sie auf der Suche nach Kooperationspartnern sind, werden Sie hier mit hoher Wahrscheinlichkeit fündig.

Vorteile der Bürogemeinschaft

Eine Bürogemeinschaft hat gegenüber einem Coworking-Space eine höhere Verbindlichkeit, weil Sie hier einen Büroarbeitsplatz oder ein eigenes Büro zu einem monatlichen Festpreis anmieten. Die meisten Bürogemeinschaften verfügen ebenfalls über gemeinschaftlich genutzte Ressourcen, angefangen von der Küche bis hin zu Büroarbeitsmitteln wie Drucker und Kopierer.

Beiden Formen der Zusammenarbeit ist gemeinsam, dass Sie Kollegen haben, mit denen Sie sich austauschen können. Oft entstehen darüber auch gemeinsame Projekte, oder Ihre Bürogenossen empfehlen Sie an ihre Kunden weiter, wenn es fachlich passt. Wem an einem eher ungestörten und ruhigen Arbeitsplatz liegt, ist in einer klassischen Bürogemeinschaft meist besser aufgehoben als in einem Coworking-Space, in dem im Allgemeinen doch etwas mehr Unruhe herrscht. Dafür lernen Sie dort wahrscheinlich insgesamt mehr interessante Menschen kennen und profitieren von der lebendigen Netzwerkkultur, der sich alle Coworking-Space-Betreiber verpflichtet fühlen.

Co-Coaching und Erfolgsteams

Die meisten Coachs, Trainer und Berater wissen natürlich um die positiven Effekte von Supervision und kollegialem Feedback, und viele nutzen auch bereits die ein oder andere Form der professionellen Unterstützung in diesem Bereich. Co-Coaching ist eine kreative Abwandlung, und es kann für mehr als die rein fachlich bezogene Diskussion aktueller Fälle eingesetzt werden. Wenn Sie beispielsweise daran arbeiten möchten, sich unternehmerisch weiterzuentwickeln, werden ähnlich engagierte Mitstreiter Sie dabei sehr gut unterstützen können. Es gibt zahlreiche, teilweise sogar kostenfreie Angebote im Netz, die Sie dafür nutzen können, sich motiviert zu halten und Ihre Fortschritte gegenüber anderen zu dokumentieren, was erwiesenermaßen positive Effekte auf das Erreichen eigener Ziele hat.

Co-Coaching ist mehr als rein fachliche Diskussion

Fortschritte gegenüber anderen dokumentieren

Oder Sie suchen gezielt in Ihren Netzwerken nach jemandem, der ähnliche Ziele verfolgt wie Sie selbst und starten ein regelmäßiges Co-Coaching. Das heißt, bei jedem Ihrer Termine legen Sie gegenüber dem anderen Rechenschaft über den Status Ihres Projekts ab und holen sich Feedback zu Ihren Aktivitäten. Umgekehrt sind Sie Ihrem Co-Coaching-Partner dabei behilflich, mit seinem Projekt voranzukommen. Der Vorteil von Co-Coaching oder Erfolgsteams liegt darin, dass sich das Gefühl der Verpflichtung erhöht, wenn es jemanden gibt, der sich auf Sie verlässt und dem gegenüber Sie Ihre

Fortschritte dokumentieren müssen. Hinzu kommt, dass man sich auch gemeinsam über erreichte Teilziele freuen kann. Das kann als regelrechter Entwicklungs-Turbo wirken und Sie wirklich schneller voranbringen als wenn Sie immer nur im eigenen Saft schmoren.

Fachliche Kooperationen

Nutzen fachlicher Kooperationen

Fachliche Kooperationen erfüllen gleich mehrere Zwecke: Sie profitieren vom fachlichen Austausch und lernen dazu, Sie teilen die Verantwortung und natürlich auch den Umsatz, und Sie erreichen dadurch mehr Menschen mit Ihrem Angebot. Als Trainerin oder als Coach kann es daher durchaus eine gute Idee sein, sich Kollegen zu suchen, die das eigene Portfolio sinnvoll ergänzen. Denn das erlaubt es Ihnen einerseits, andere Kundenkreise anzusprechen oder andererseits größere Projekte zu akquirieren, die Sie als Einzelkämpfer wahrscheinlich nicht übernehmen könnten. Wenn Sie mit dem Gedanken spielen, Ihr Business auf diese Weise zu vergrößern, sollten Sie allerdings sehr klare Regeln mit allen Beteiligten Ihrer Kooperation vereinbaren. Nicht immer läuft alles nach Plan, und es ist gut, wenn dann alle wissen, wie man die Zusammenarbeit fair und sauber lösen kann.

Klare Regeln vereinbaren

Solch eine fachliche Kooperation kann auch rechtliche Konsequenzen haben in Bezug auf die zu wählende Gesellschaftsform. Informieren Sie sich in jedem Fall, welche Rechte und Verpflichtungen aus einer solchen Zusammenarbeit entstehen – gegenüber Ihren Kunden, aber auch dann, wenn einer der Vertragspartner die übernommenen Aufgaben nicht im zugesagten Umfang übernimmt.

Kennen Sie Ihre Rechte und Verpflichtungen?

Neben einer langfristigen Kooperation sind auch punktuelle Formen der Zusammenarbeit eine gute Möglichkeit, sich und seine Leistungen einem größeren Kreis von Interessenten zu präsentieren. So sind beispielsweise (Online-)Kongresse denkbar, die von mehreren Partnern getragen werden. Auch projektweise kann man Kooperationen eingehen, die nach Abschluss des Auftrags wieder aufgelöst werden. Das kann im Übrigen eine gute Möglichkeit sein, um erst einmal zu prüfen, ob die Zusammenarbeit mit anvisierten Kooperationspartner eventuell auch langfristig in Frage käme.

Projektweise Kooperationen eingehen

Marketing-Kooperationspartner

Eine Sonderform der Zusammenarbeit sind Joint Ventures, bei denen es rein um die gegenseitige Bewerbung des jeweiligen Angebots geht. Diese kommen dann in Frage, wenn Sie gerne Ihren Einzugsbereich vergrößern und mehr Interessenten ansprechen möchten. Finden Sie hierfür Kollegen, die eine ähnliche Zielgruppe ansprechen wie Sie selbst, aber mit anderen Angeboten. Die meisten werden sicher aufgeschlossen dafür sein, auch Ihre Angebote zu bewerben, denn Sie bieten ja eine klassische Win-win-Situation: Wie du mir, so ich dir. Auch hier gilt, dass Sie die Regeln der Kooperation besprechen und fest vereinbaren sollten, damit alle Beteiligten sich fair behandelt fühlen. Je mehr solcher Kooperationspartner Sie gewinnen, umso wichtiger ist dieser Punkt.

Joint Ventures für einen größeren Einzugsbereich

Mit derartigen Marketing-Kooperationspartnern können Sie relativ unaufwendig und schnell einen größeren Verteiler aufbauen und Interessenten für Ihr Angebot gewinnen. Deshalb lohnt es sich zu überlegen, wie Sie Ihre Partner sinnvoll dabei unterstützen können, Ihre Produkte zu bewerben. So könnten Sie beispielsweise Werbetexte vorproduzieren, die Ihre Partner nutzen können, Banner für die Einbindung auf der Website oder dem Blog zur Verfügung stellen und natürlich einen Launchplan bei der Einführung eines neuen Produkts versenden, damit Ihre Partner wissen, was wann kommuniziert werden soll.

Werbung optimal unterstützen

Affiliates

Eine Sonderform der Marketing-Kooperationspartnerschaft sind Affiliates, die dafür bezahlt werden – meist in Form von Prozenten an Ihrem Umsatz –, dass sie Ihre Angebote bewerben. Das heißt, in diesem Fall verpflichten Sie sich nicht, umgekehrt auch die Produkte des Affiliate-Partners zu bewerben, sondern Sie beteiligen ihn stattdessen an Ihrem Umsatz. Das kann sich lohnen, wenn Sie bereits einen relativ großen Verteiler haben und Ihre Kunden dafür gewinnen möchten, Ihr Angebot unters Volk zu bringen. Online gibt es unterschiedliche Systeme, die es Ihnen durch die Vergabe von Affiliate- oder Partnerlinks erleichtern, Ihre Produkte durch andere bewerben zu lassen.

Werbung gegen Umsatzbeteiligung

In der folgenden Übersicht finden Sie Anhaltspunkte, zu welchen Bedürfnissen in Ihrer jetzigen Tätigkeit Sie sich Unterstützung organisieren könnten, um so Reserven für Ihr Business freizumachen.

Welche der Möglichkeiten kommt in Betracht?

Ihr Anliegen	Coworking-Space/Bürogemeinschaft	Co-Coaching	Fachlicher Kooperationspartner	Marketing-Kooperationspartner	Affiliate
Sie wünschen sich Austausch und Feedback.	✓	✓			
Sie wollen neue Kundenkreise erschließen.	✓		✓	✓	✓
Sie wollen regelmäßiges Feedback zu Ihrer unternehmerischen Tätigkeit.	✓	✓	✓		
Sie haben eine Erfolg versprechende Idee, die Sie allein nicht verwirklichen könnten.	(✓)	✓	✓	✓	
Sie wollen mehr Menschen für Ihr Angebot interessieren.			✓	✓	✓

Tab.: Kooperationsmöglichkeiten

Haben Sie identifiziert, wo Sie sich Unterstützung am dringendsten wünschen? Idealerweise leiten Sie dann noch heute die ersten Schritte ein, damit Sie schon bald nicht mehr alleine vor sich hin wurschteln und Ihrem Business so einen neuen Schub geben:

Erste Schritte einleiten

- Sie denken, Coworking klingt interessant? Recherchieren Sie, wo es solche Angebote in Ihrer Stadt gibt.
- Sie wünschen sich ein externes Büro? Beginnen Sie gleich jetzt mit der Suche nach einem Platz in einer Bürogemeinschaft.
- Sie sind davon überzeugt, dass Sie von Co-Coaching profitieren würden? Dann erstellen Sie eine Liste mit möglichen Partnern und sprechen Sie Ihren Favoriten noch heute an.
- Kooperationen könnten ein Weg für Sie sein, mehr zu erreichen? Dann definieren Sie die dafür notwendigen Parameter und sprechen Sie dann mögliche Partner mit realistischen Angeboten an.

- Sie wollen Affiliate-Partner gewinnen? Dann informieren Sie sich über mögliche Wege, ein eigenes Partnerprogramm aufzusetzen.

Falls Sie zum ersten Mal in Erwägung ziehen, mit anderen zusammenzuarbeiten, ist das wahrscheinlich ein relativ großer Schritt für Sie, und Sie werden schnell bemerken, welche Entlastung das bedeuten kann. Es tut gut, Verantwortung zumindest zum Teil abzugeben, denn so bleibt mehr Energie für Ihre eigentlichen Kompetenzen und Herzensprojekte. Bei all diesen Maßnahmen können Sie nur gewinnen: mehr Zeit und Energie, mehr Austausch und Feedback, höhere Bekanntheit und letztlich höheren Umsatz. Trauen Sie sich und kommen Sie heraus aus Ihrer Einzelkämpfer-Mentalität! Zum Unternehmertum gehört es dazu, delegieren zu lernen und sich auf die Expertise anderer zu verlassen.

> Für mich war das Wichtigste, Menschen zu finden, die auf demselben Trip sind, also Leute, die sich ortsunabhängig selbstständig machen, andere angehende digitale Nomaden, und auch Leute, die es schon geschafft haben, die erfolgreich sind. Sich mit Leuten zu umgeben, die auf demselben Weg sind oder es schon geschafft haben, weil man sich dann austauschen kann. Als Alleinkämpfer wirst du von deinen Ängsten und Zweifeln aufgefressen. Wenn man nur 9-to-5-Leute um sich herum hat, braucht man wirklich einen ganz krassen Willen und muss schon auch sehr mutig sein, das ist schwierig. Deshalb ist mein bester Tipp, was ich den Leuten auch immer sage, sucht euch eine Community.
>
> *Conni Biesalski, Beraterin und Bloggerin*

Arbeiten im Team

Vielleicht haben Sie ja bereits Erfahrung mit den oben genannten Maßnahmen und tragen sich mit dem Gedanken, den nächsten Schritt zu gehen. Tatsächlich ist es so, dass erfolgreiche Unternehmerinnen und Unternehmer sich irgendwann immer mit Menschen umgeben, die bestimmte Aufgaben für sie übernehmen. Es ist natürlich eine relativ große Entscheidung, jemanden fest anzustellen – viele scheuen vor der Verantwortung zunächst zurück. Doch auch in diesem Fall gibt es viele Möglichkeiten, mit der Delegation von Aufgaben zu experimentieren: So beschäftigen manche Trainer und Berater Werkstudenten oder Praktikanten, die administrative Aufgaben erledigen, wie Reiseplanung und Terminvereinbarungen, Recherchen tätigen, oder vielleicht sogar die Website oder das Blog betreuen und den Newsletterversand erledigen. Andere bedienen sich fallweise eines virtuellen Assistenten. Es gibt Dienstleister, die sich darauf spezialisiert haben, exakt die Bedürfnisse von Trainern und Coachs zu erfüllen. Diese Anbieter können bei Bedarf gebucht werden, und das heißt, Sie müssen nicht gleich die volle Personalverantwortung für eine ganze Stelle tragen.

Experimentieren Sie mit der Delegation von Aufgaben

Langfristig kommen Sie jedenfalls kaum darum herum, sich ein funktionierendes Team zusammenzustellen, das administrative und organisatorische Aufgaben für Sie übernimmt. Im besten Fall sind diese Dienstleister auch untereinander vernetzt, kennen sich und arbeiten gut zusammen. Es dauert, sich ein derartiges Team aufzubauen, und je früher Sie damit anfangen, umso besser. Bedenken Sie: Ein Team stärkt Ihnen immer den Rücken, nicht nur, weil es Aufgaben übernimmt, die Sie selbst weniger gern mögen und Sie dadurch entlastet. Menschen, die Sie auf Ihrem Weg unterstützen und mit dem, was Sie tun, identifiziert sind, vermitteln Ihnen auch ein besonderes Gefühl von Zugehörigkeit. Es erfüllt mit Stolz, wenn Sie beobachten können, wie andere sich anstrengen, um für Sie zu arbeiten. Das kann eine ganz besondere Form der Motivation sein.

Je früher der Teamaufbau, umso besser

Beginnen Sie also damit, sich zu fragen, an welchen Punkten Sie sich besonders Entlastung wünschen. Brauchen Sie Support für Ihre Website und die Frage, wie Sie Ihre Ideen auch technisch umsetzen können? Wollen Sie jemanden damit beauftragen können, Ihre Administration zu übernehmen, wie Rechnungen schreiben und nachhalten, Steuerbelege zu sammeln und zu sortieren sowie Ihre Buchhaltung zu übernehmen? Egal, was Ihr dringendstes Bedürfnis

Wo wünschen Sie Entlastung?

an dieser Stelle ist: Überlegen Sie, wie Sie sich Unterstützung organisieren könnten. Vielleicht finden Sie an der örtlichen Hochschule eine Werkstudentin, die Sie technisch beraten und unterstützen kann, oder Sie fragen im Kollegenkreis herum, wer vielleicht einen guten virtuellen Assistenten kennt, der einen Teil Ihrer Büroorganisation für Sie übernimmt.

> Wenn man ein Team hat, dann kann ich nur empfehlen, einen wöchentlichen Jour fixe durchzuführen. Bei uns ist das ein Erfolgstreiber. Wir gehen unsere To-do-Liste durch und gucken natürlich, wer was erledigt hat, aber wir quatschen und konzipieren auch ganz viel. Seit wir das eingeführt haben, hat sich ganz viel verändert, das hat uns einen richtigen Schub in puncto Schaffenskraft gegeben.
>
> *Ralf Senftleben, Herausgeber von „Zeit zu leben"*

Wie fühlen sich diese Überlegungen für Sie an? Schrecken Sie vor dem Gedanken zurück, sich bzw. Ihr Unternehmen auf diese Weise zu vergrößern?

Dann wird es Zeit, mit Ihrem Fanclub in Kontakt zu gehen und sich dort die nötige moralische Unterstützung zu holen, um diesen notwendigen Schritt auf Ihrem Weg zur unternehmerischen Persönlichkeit anzugehen. Denken Sie zurück an Ihre Vision und stellen Sie sich vor, wie Sie mithilfe Ihres Netzwerks und Ihres Teams schneller und effektiver an der Verwirklichung Ihrer Vorhaben arbeiten können. Verbinden Sie sich erneut mit dem Gedanken daran, was Sie der Welt geben können und treffen Sie jetzt die Entscheidung, groß zu denken und entsprechend zu agieren. Lieber unperfekt gehandelt als perfekt gezögert und gezaudert – diese Devise kann Ihnen möglicherweise helfen, die richtige Perspektive auf Ihr Unternehmen zu gewinnen.

Rolle und System

Inzwischen haben Sie sich schon recht umfassend mit dem Thema Zugehörigkeit befasst: Sie haben geklärt, welche Bindungen Sie möglicherweise lösen müssen, weil Sie Ihnen nicht mehr gut tun, und Sie haben in Dankbarkeit Abschied genommen. Zudem haben Sie Ihren inneren Fanclub installiert, der Sie ab sofort bei allem unterstützt, was Sie anpacken. Wie im Innen, so im Außen: Sodann haben Sie sich mit Ihren Netzwerken befasst und entschieden, in welcher Form Sie von nun an wertvolle und wertschätzende Kontakte gewinnen möchten. Darüber hinaus haben Sie eine klare Vorstellung davon, in welcher Weise Sie sich Ressourcen aus Ihrem Netzwerk auch für Ihre ganz konkrete tägliche Arbeit verfügbar machen können. Und möglicherweise überlegen Sie jetzt bereits, welche Schritte Sie unternehmen können, um ein funktionales Team aufzubauen, damit Sie in Zukunft Ihre Ziele noch effektiver verfolgen können.

Die eigenen Aktivitäten im größeren Zusammenhang

Als letzten Schritt in diesem Kapitel sind Sie nun dazu eingeladen, Ihre Zugehörigkeit in einen noch größeren Rahmen zu setzen und zu untersuchen, welche Rolle Sie einnehmen können und wollen im Hinblick auf das „große Ganze". Die Beschäftigung mit dieser Frage kann Ihnen noch mal eine erweiterte Perspektive auf Ihr Tun gewähren und Ihnen helfen, Ihre Aktivitäten in einem größeren Zusammenhang einzuordnen. Verbundenheit mit Ideen und Zielen, die über den eigenen Erfolg hinausgehen, ist eins der Kennzeichen integrierter Persönlichkeiten. Wir brauchen heute mehr denn je solche Menschen, um das Schicksal des Planeten, auf und von dem wir alle leben, noch ins Positive wenden zu können. Gerade als unternehmerische Persönlichkeit sollte es uns eine innere Verpflichtung und täglich gefühlte Verantwortung sein, nicht nur das eigene Wohl und das unserer Nächsten im Blick zu haben, sondern unser Handeln auch danach auszurichten, wie wir mit unserem Wirken und unserem Einfluss ein gutes Leben für alle gestalten können.

Die Evolution des Bewusstseins

Diesem Abschnitt werden einige philosophische Grundideen vorangestellt, damit klarer wird, auf welchen Annahmen mein Weltbild fußt und wieso ich denke, dass dies Bedeutung für unser unternehmerisches Denken und Handeln haben sollte. Ich lade Sie ein, mir dabei zu folgen und natürlich Ihre eigenen Vorstellungen damit abzugleichen.

Das Modell der Spiral Dynamics

In den 1990er-Jahren wurde das Modell der *Spiral Dynamics* entwickelt. Es basiert auf der Arbeit von Clare W. Graves und Ken Wilber und versucht, sowohl individuelle als auch gesellschaftliche Bewusstseinsstufen systematisch darzustellen und so erklärbar zu machen. Das Modell geht davon aus, dass es vier Stufen der Entwicklung gibt. Diese betreffen Individuen genauso wie Organisationen oder auch ganze Nationen, das Überspringen von Entwicklungsstufen ist ihnen dabei nicht möglich.

Vier Stufen der Entwicklung

- Zuunterst steht die egozentrische Entwicklungsstufe. Hier kümmere ich mich ausschließlich um mich selbst.
- Auf der ethnozentrischen Stufe beziehe ich „meine Leute" (meine Nation, meine Kultur etc.) in meine Fürsorge mit ein. Viele Individuen, aber leider auch ganze Nationen, stecken derzeit auf dieser Entwicklungsstufe fest, die der Nährboden für totalitäre Ideologien jeder Façon ist.
- Die darüber liegende Entwicklungsstufe wird als „weltzentrisch" bezeichnet und schließt alle Menschen, unabhängig von Ethnie, Religion, Geschlecht etc. mit ein.
- Die vorerst letzte Entwicklungsstufe heißt „kosmozentrisch" und orientiert sich über das materielle Umfeld hinaus auf das große Ganze.

Das heißt, in dem Maße, wie das Bewusstsein sich entwickelt, nehmen Mitgefühl und Fürsorge für andere ebenfalls zu. Werden diese Entwicklungsstufen jeweils von einer kritischen Masse an Menschen durchlaufen, folgen auch gesellschaftliche Entwicklungssprünge.

Für unsere Aufgabe als integral agierende unternehmerische Persönlichkeiten bedeutet dies, dass wir daran mitwirken, das gesamtgesellschaftliche Bewusstsein insgesamt zu verändern. Gleichzeitig ermöglicht uns diese Sicht auf die Welt, klar zu erkennen, auf welcher Bewusstseinsstufe Individuen oder eben auch Organisationen derzeit agieren. Wir können dann unsere jeweiligen Strategien danach ausrichten, die Entwicklung zur nächsten Stufe zu ermöglichen. Ohne weiter in die Tiefen des Modells einsteigen zu wollen, lässt sich für unsere Zwecke festhalten, dass ein unternehmerisches Selbstverständnis „integral" sein sollte, also über das individuell begrenzte Leben hinausweist und Verantwortung für das große Ganze mit einschließt.

Das unternehmerische Selbstverständnis sollte „integral" sein

Das Modell der Logischen Ebenen

Hilfreich bei dem notwendigen Blick auf das Selbstverständnis ist dabei ein weiteres Modell: Das Modell der *Logischen Ebenen* nach Robert Dilts, einem der profiliertesten Entwickler des Neurolinguistischen Programmierens. Demnach agieren wir auf verschiedenen Ebenen, die in gewisser Weise ebenfalls verschiedenen Entwicklungsstufen entsprechen.

Jede Ebene fokussiert eine andere Frageperspektive

Auf der Ebene der Umwelt stellt sich zunächst die Frage nach dem „Wann und Wo", auf der Ebene des Verhaltens die nach dem „Was", auf der Ebene der Fähigkeiten wird nach dem „Wie" gefragt, auf der Ebene der Glaubenssätze nach dem „Warum" und die Ebene der Identität rückt schließlich das „Wer" in den Mittelpunkt. Darüber stellt sich zuletzt mit der Fokussierung auf eine Vision die Frage „und darüber hinaus?".

Vergegenwärtigen wir uns anhand dieser Modelle also, dass es verschiedene Ebenen der Identifikation gibt, unterschiedliche Rollen, die auch für unser unternehmerisches Wirken Bedeutung haben.

Rollenwechsel: Mehr als „nur" Coach

Betrachten Sie Ihr Rollenverständnis

Die Überlegungen des vorherigen Abschnitts werfen auf unser Rollenverständnis ein neues Licht. Wenn Sie nun die ab der nächsten Seite folgenden Betrachtungen lesen, fragen Sie sich bei jedem Punkt, was das konkret für Ihr Selbstverständnis und Ihre Rolle bedeuten kann:

Guide/Caretaker

In dieser Rolle führen Coachs ihre Klienten vom Ist- zum Soll-Zustand, was voraussetzt, dass sie den Weg zum Ziel kennen, weil sie bereits selbst dort waren. Das heißt, der Coach agiert als eine Art „Führer" durch eine sich verändernde Umwelt, nimmt den Coachee quasi an die Hand und hilft ihm, seinen Platz zu finden. Auch als Unternehmerinnen und Unternehmer können wir solch eine Führungsposition besetzen und mit unserem Tun für unsere Mitarbeiter und Kunden neue Wege bahnen. Indem wir unternehmerische Kreativität und Zielstrebigkeit vorleben, ermöglichen wir anderen, ihren eigenen Weg zu gehen und sich dabei an unserem Vorbild zu orientieren.

▶ Denkfragen
- In welcher Weise übernehmen Sie Führung?
- Wo geben Sie Ihren Klienten, Mitarbeitern und Kunden Orientierung?

Performance-Coach

In diesem traditionellen Verständnis von Coaching unterstützt der Coach mit seinen Interventionen Verhaltensänderungen seiner Klienten, indem er deren Ressourcen und Kompetenzen bewusst macht und so dazu beiträgt, dass sie ihr Verhalten aktiv steuern können. Für unser Selbstbild als unternehmerische Persönlichkeit kann das bedeuten, dass wir unsere Kunden, aber auch unsere Partner, Mitarbeiter und Unterstützer fördern und fordern. Wir vermitteln ihnen Vertrauen in ihr Wissen und Können und geben wertschätzendes Feedback, sodass alle Menschen in unserem professionellen Umfeld gestärkt aus der Beziehung mit uns herausgehen.

▶ Denkfragen
- Wodurch unterstützen Sie Ihre Kunden, Mitarbeiter und Partner ganz konkret?
- Wie können Sie gezielt Feedback geben, um ihnen ihre Fähigkeiten (noch) bewusster zu machen?

Lehrer

Über das reine Bewusstmachen von Fähigkeiten und Ressourcen hinaus kann der Coach seinen Klienten auch dabei unterstützen, sich neue Strategien und Kompetenzen anzueignen oder zu entwickeln.

Das gehört im Besonderen zu unserer unternehmerischen Verantwortung: nicht nur sich selbst fortwährend zu entwickeln, sondern auch darauf zu achten, diejenigen Menschen „mitzunehmen" und an unserem Erfolg partizipieren zu lassen, die ebenso wie wir ihren Weg gehen. Wenn wir unsere Erfolge teilen und auch vermitteln, welche Strategien wir genutzt haben, um dorthin zu kommen, tragen wir dazu bei, unternehmerisches Wissen insgesamt zu mehren.

▶ Denkfragen

- In welcher Weise teilen Sie Ihr Know-how außerhalb Ihres bezahlten Portfolios?
- Welche Strategien und Kompetenzen können Sie an andere vermitteln, die Ihnen auf Ihrem Weg geholfen haben?

Mentor

In dieser Rolle kann der Coach seinen Klienten ermöglichen, mögliche Widersprüche und Ambivalenzen aufzulösen. Oft geht es hier darum, Blockaden und einschränkende Glaubenssätze abzulegen und seine Überzeugungen und Werte neu zu justieren. Ängste und Schwächen einzugestehen, wird noch nicht oft genug als unternehmerische Tugend praktiziert. Wer scheitert, erfährt hierzulande häufig eher Häme als Anerkennung für den Versuch. Doch wenn wir souverän mit unseren Fehlern umgehen und eingestehen können, dass es noch immer Themen gibt, die auch für uns problematisch sind, können wir uns verabschieden von der Hybris des allwissenden Coachs oder Beraters. Das bedeutet, wir können so viel authentischer und kraftvoller zu unseren Werten stehen und damit auch andere ermutigen, ihre Ängste als Wegweiser zu begreifen und Fehler als Quell des Lernens. Liegt darin nicht der tatsächlich Sinn des Mentorings?

▶ Denkfragen

- Zu welchen Ängsten haben Sie sich bisher noch nicht bekannt?
- Wie könnten Sie durch das Eingestehen von Schwächen andere ermutigen?

Sponsor

Diese Rolle verlangt vom Coach die Fähigkeit, die Potenziale seiner Klienten aufzuspüren und zu fördern, damit sie ihre wahre Größe zum Vorschein bringen können. Damit wirkt der Coach auf der Ebene der Identität und ermöglicht seinen Klienten zu wachsen und die Möglichkeiten wahrzunehmen, die ihnen offenstehen. Wenn wir über unsere Rolle als Coach hinausdenken, können wir uns fragen, in welcher Art und Weise wir noch mehr Menschen helfen können, ihr Potenzial zu erforschen und Wege zu finden, zu der Person zu werden, die sie sein könnten. Viele Unternehmerinnen und Unternehmer engagieren sich für soziale Belange, getrieben von dem Wunsch, die Welt zu einem besseren Ort zu machen. Fragen Sie sich, wo Ihr Betätigungsfeld liegen könnte, wenn Sie nicht ohnehin schon das Thema gefunden haben, das Ihnen besonders am Herzen liegt.

▶ Denkfragen
- In welcher Weise können Sie auf gesellschaftlicher Ebene dazu beitragen, dass Menschen in ihre wahre Größe wachsen?
- Welches soziale Anliegen berührt Sie besonders?

Awakener

Der Coach hat hier die Aufgabe, seine Klienten für ihre Vision zu öffnen und ihnen zu helfen, sich darüber klar zu werden, was ihre Rolle auf dieser Welt sein kann. Besonders herausfordernd ist dabei, den Klienten auf eine Weise zu begleiten, die dessen Integrität und Kongruenz berücksichtigt. In dieser Rolle können wir als unternehmerische Persönlichkeit noch mehr bewirken als „nur" die persönliche Entwicklung zu fördern. Wenn wir unsere spirituelle Orientierung ernst nehmen, können wir durch unsere tägliche Praxis der Achtsamkeit und des integren Handelns der Vision folgen, dass Bewusstseinsentwicklung ein evolutionärer Prozess ist, der nicht nur individuell, sondern auch kollektiv voranschreitet.

▶ Denkfragen
- Inwieweit ist Ihre spirituelle Orientierung auch nach außen nachvollziehbar?
- Wo verbinden Sie sich auf dieser Ebene mit anderen?

Sie sehen: In unserer Rolle als unternehmerische Persönlichkeit können wir weit über die persönliche Selbstverwirklichung hinaus Einfluss nehmen. Weil wir immer mit Menschen arbeiten, haben wir die Möglichkeit, unsere Fähigkeiten auch daraufhin auszurichten, was wir mit unserem Tun in der Welt bewirken können.

Im Zusammenhang mit dem Mosaikstein Persönlichkeit haben Sie sich bereits mit Ihrem „Ruf" auseinandergesetzt (s. S. 46 ff.). Wenn Sie sich Ihre Notizen jetzt noch einmal betrachten: Hat sich hier inzwischen etwas verändert? Wie würden Sie nun die Rolle beschreiben, die Sie einnehmen möchten? Wo verorten Sie sich im gesamtgesellschaftlichen System? Wer sind die möglichen Wegbegleiter, denen Sie sich zugehörig fühlen?

Zusammenfassung des Mosaiksteins Zugehörigkeit

- Zunächst haben Sie Ihre persönlichen und geschäftlichen Beziehungen einmal genauer daraufhin untersucht, welche Ihnen zuträglich sind und welche Ihnen vielleicht eher Energie rauben. Sie haben dann überlegt, von welchen Personen Sie sich vielleicht in Dankbarkeit trennen möchten, um damit wieder mehr Kraft freizusetzen.

- Im nächsten Schritt haben wir den Gedanken des Inneren Teams aufgegriffen und erweitert: Sie haben sich Ihren eigenen inneren Fanclub neu besetzt, um sich so von innen heraus immer wieder neue Unterstützung zu holen. Diese „verinnerlichten" Fans sorgen dafür, dass Sie ab sofort größer denken und sich mehr erlauben und zugestehen als bisher.

- Nachdem Sie sich auf diese Weise geöffnet haben für positive und bestärkende Einflüsse aus Ihrer Umgebung, haben Sie sich damit beschäftigt, wie Sie auch im Außen wertvolle und wertschätzende Kontakte finden können. Darüber hinaus haben Sie praktische Tipps erhalten, wie Sie sich in Netzwerken einbringen können, sowohl online als auch offline.

- Ein weiterer Aspekt der Zugehörigkeit ist die Frage, ob für Sie auch andere oder neue Formen der Zusammenarbeit denkbar sind, wie beispielsweise Coworking oder Kooperationen. Wir haben auch beleuchtet, worauf Sie achten sollten, wenn Sie sich dazu entscheiden, ein unterstützendes Team aufzubauen, unabhängig davon, ob Sie Werkstudierende oder Freelancer beschäftigen oder Mitarbeiter anstellen.

- Zuletzt ging es um Ihr Rollenverständnis als Coach und die Frage, wie Sie über Ihre eigene Selbstverwirklichung hinaus zum Wohle des großen Ganzen beitragen können.

Kapitel 5

Mosaikstein Außenwirkung

Wodurch wirken Sie?

In diesem Kapitel

Mit dem letzten Teil des Mosaiks wenden wir uns nun unserer Außenwirkung zu. Natürlich haben wir mit den bisherigen Themen viele Aspekte bereits gestreift. Jetzt geht es darum, zu untersuchen, welche dieser Facetten Ihres unternehmerischen Seins wie von außen wahrnehmbar und in gewisser Weise objektivier- und damit messbar sind. Der Fokus entfernt sich also etwas von Ihnen als Person und richtet sich stärker auf Ihr Angebot. In dem Maße, wie Sie durch die Arbeit in den vorangegangenen Kapiteln mehr Klarheit über sich, Ihre Ziele und Ihre Wunschkunden gewonnen haben, können Sie nun das Thema abrunden und souverän gestalten, in welcher Weise Sie auf andere wirken wollen. Mit diesem letzten Steinchen des Mosaiks kann sich die wahre Magie der unternehmerischen Persönlichkeit entfalten.

Wer von außen auf Sie schaut, der sucht nach objektiven Faktoren für eine Bewertung Ihres Unternehmens und auch Ihrer Person. In erster Linie reden wir hier von den Leistungen und Produkten, die Ihr Angebot repräsentieren und von möglichen Interessenten wahrgenommen und bewertet werden. Sie können – und sollten – darauf Einfluss nehmen und steuern, welche Aspekte Ihrer Tätigkeit in welcher Weise dem kritischen Blick von außen präsentiert werden. Daher werden wir in diesem Kapitel zunächst Ihre derzeitigen Angebote untersuchen und prüfen: im Hinblick auf Umsatz, Freude und Passgenauigkeit für die Bedürfnisse Ihrer Wunschkunden.

Daraufhin behandeln wir die Frage, wie Sie Ihre Kunden am besten an Ihre Produkte heranführen – was uns direkt in das oft ungeliebten Thema Planung und Struktur überleitet. Sie erfahren, wie Sie diese besser handhaben können, indem Sie Ihre ganz eigene Kombination von Planungstools finden, und wie Sie so planen können, dass Sie Ihre Projekte auch tatsächlich umgesetzt bekommen.

Lernen Sie nun verschiedene mögliche Kommunikationsmaßnahmen kennen, die natürlich auch beeinflussen, wie Sie von Ihrem Zielpublikum wahrgenommen werden. Veröffentlichungen wie Fachartikel oder auch Videos und Podcasts können Ihren Kunden zum Beispiel interessante Rückschlüsse auf die Qualität Ihrer Arbeit geben. Gleiches gilt natürlich für alle Ihre Äußerungen in sozialen Netzwerken. Das gilt nicht nur für die Inhalte, die bis zu einem gewissen Punkt austauschbar sind, sondern vor allem für Ihre ganz individuelle Form der Selbstdarstellung.

Damit kommen wir zu einem weiteren Thema im Bereich Außenwirkung: Ihr Image bzw. Ihre Reputation. Reputation hat etwas damit zu tun, welche Erfolge Ihnen zugeschrieben werden. Daher prüfen wir auch, wie Sie Ihre Erfolgsbilanz durch Ihre Außendarstellung zum Beispiel mit Testimonials, Projektbeispielen oder Success Stories noch weiter unterstreichen können – natürlich in einer Art und Weise, die zu Ihnen passt. Dadurch werden Ihre Qualifikationen und Erfahrungen nach außen auf jeden Fall noch besser sichtbar und gelten als weitere Indikatoren für Ihre Expertise.

Der letzte Abschnitt dieses Kapitels widmet sich der Frage, wie die Bilanz von Geben und Nehmen bei Ihnen ausschaut. Das zeigt sich zum einen in dem Punkt, wie Sie bei Verhandlungen auftreten, insbesondere, wenn es ums liebe Geld geht. Viel grundsätzlicher geht es hier jedoch darum, dass Unternehmerin oder Unternehmer zu sein auch bedeutet, in irgendeiner Form gesellschaftliche Verantwortung zu übernehmen. Und das ist nicht nur eine Frage des Images, sondern der inneren Haltung, die Sie hier noch einmal überprüfen können.

Produkte und Leistungen

Je intensiver Sie sich im Rahmen der vorangegangenen Mosaiksteine mit den verschiedenen Aspekten Ihrer unternehmerischen Persönlichkeit beschäftigt haben, umso mehr Ideen haben sich wahrscheinlich bereits gezeigt, wie Sie Ihre Erkenntnisse noch besser als bisher in Leistungen für Ihre Wunschkunden ummünzen können. An diesem Punkt wollen wir uns etwas systematischer damit auseinandersetzen und gezielt daran arbeiten, Ihr Angebot regelrecht unwiderstehlich zu machen.

Welche Ihrer Angebote passen wirklich zu Ihnen?

Das setzt voraus, dass Sie zunächst einmal ehrlich prüfen, welche Ihrer bisherigen Angebote überhaupt wirklich zu Ihnen, Ihrer Vision und Ihren Werten und damit zu Ihren Wunschkunden passen. Erfassen Sie daher in der folgenden Tabelle Ihre bisherigen Angebote möglichst differenziert. Wenn Sie also als Coach tätig sind, unterscheiden Sie beispielsweise in „Coaching von Führungskräften" und „Coaching von Privatpersonen". Oder Sie unterscheiden zwischen „Face-to-Face-Coaching" und „Online-" oder „Gruppen-Coaching". Als Trainerin könnten Sie „Inhouse-Trainings" Ihren offenen Seminaren gegenüberstellen und/oder die einzelnen Themen erfassen, die Sie bisher abdecken.

In der ersten Spalte gleichen Sie das Angebot ab mit Ihrer Vision. Diese beinhaltet Ihre Werte und Sie hatten sie im Rahmen des Mosaiksteins Persönlichkeit erarbeitet (s. S. 60 ff.). Beantworten Sie zunächst also einfach nur die Frage, ob Sie damit Ihrem Weg folgen. Überlegen Sie in der dritten Spalte, ob das jeweilige Angebot sich tatsächlich an die im Kontext des Mosaiksteins Rahmenbedingungen erfassten Wunschkunden richtet (s. S. 125 ff.). Notieren Sie in der vierten Spalte, wie viel Umsatz pro Jahr in Euro Sie bisher mit diesem Angebot erwirtschaftet haben, und in der letzten Spalte qualifizieren Sie noch den Grad an Freude, den dieser Aspekt Ihrer Tätigkeit für Sie bedeutet, auf einer Skala von 0 (= anstrengend bis nervig) bis 5 (= total im Flow).

Angebot	Vision?	Wunsch-kunden?	Umsatz in EUR/Jahr	Freude (0–5)
Angebot 1				
Angebot 2				
Angebot 3				
Etc.				

Tab.: Erfassen der bisherigen Angebote

Diese Tabelle können Sie auch als Downloadressource zum Ausdrucken und Ausfüllen herunterladen. Es lohnt sich, sich dieser Liste mit einiger Sorgfalt zu widmen, weil Sie daraus interessante Ansatzpunkte ableiten können, um Leistungen zu kreieren, die allen Aspekten genügen. Folgende Leitfragen können Sie dabei unterstützen, diese Analyse abzuschließen:

Leitfragen bei der Angebotsanalyse

- Welches Angebot entspricht in allen Belangen Ihren unternehmerischen Zielen? Das heißt, es entspricht Ihrer Vision, adressiert die idealen Kunden, erwirtschaftet den gewünschten Umsatz und macht Ihnen viel Freude? Falls Sie bereits ein solches Angebot entwickelt haben: herzlichen Glückwunsch! Dann können Sie in den nächsten Schritten überlegen, wie Sie daraus noch mehr machen können.

- Welches Angebot entspricht zwar Ihrer Vision, bringt Sie in den Flow und wendet sich an die richtigen Kunden, trägt aber zu wenig zu Ihrem Umsatz bei? Dann können Sie in den nächsten Schritten prüfen, wie sich Ihre Kommunikation verbessern lässt, um noch mehr Wunschkunden zu erreichen. Außerdem könnten Sie Ihre eigene Preispolitik überprüfen. (Vgl. in diesem Buch S. 160 ff. und S. 261 ff.).

- Welches Angebot bringt Ihnen zwar viel Umsatz, entspricht aber nicht (mehr) Ihrer Vision und/oder macht Ihnen wenig Freude? Das ist ein Punkt, der häufig Angst auslöst, weil die finanzielle Sicherheit natürlich ein Aspekt ist, den man nicht leichtfertig aufs Spiel setzen will. Dennoch liegen gerade hier auch Chancen, und Sie können in den nächsten Schritten herausarbeiten, welche Aspekte des umsatzmäßig erfolgreichen Angebots Sie für neue Angebote nutzen können, um mittelfristig mit Leistungen an den Markt zu gehen, die besser zu Ihnen passen.

- Vielleicht stellen Sie auch fest, dass das ein oder andere Angebot zwar schon ungefähr auf Linie liegt, aber die rechte Freude daran will sich trotzdem nicht einstellen und auch die Umsätze stimmen noch nicht. Das kann ein guter Hinweis darauf sein, dass Sie hier noch nacharbeiten können, damit Ihr Angebot einerseits so richtig „sexy" wird und Sie andererseits darauf brennen, damit an den Markt zu gehen.

Leitfragen: Lassen sich die Angebote besser anpassen?

Nehmen Sie sich nun jedes Ihrer Angebote noch einmal vor. Wenn Sie festgestellt haben, dass es nicht oder nicht mehr zu Ihrer Vision passt, dann beantworten Sie folgende Fragen:

- Welche Aspekte fehlen oder könnten ergänzt werden, damit Sie das Gefühl haben, damit „auf Kurs" zu sein?
- Welche konkreten Maßnahmen könnten Sie angehen, um Ihr Angebot so zu gestalten, dass es zu Ihrer Vision passt?
- Falls das gar nicht möglich sein sollte: Welche Teilaspekte Ihres Angebots sind wertvoll und lassen sich gegebenenfalls in ein neues Produkt übertragen, das Ihrer Vision eher entspricht?

Wenn Sie festgestellt haben, dass Sie mit Ihrem Angebot nicht Ihre idealen Kunden adressieren, könnten die Antworten auf folgende Fragen aufschlussreich sein:

- Was könnten Sie konkret verändern, damit das Angebot tatsächlich Ihre Wunschkunden anspricht?
- Was brauchen Ihre Wunschkunden, das dieses Angebot erfüllen könnte?
- Falls das nicht möglich sein sollte: Welche Teilaspekte Ihres Angebots sind auch für Ihre Wunschkunden wertvoll und lassen sich in ein neues Produkt integrieren?

Wenn Sie festgestellt haben, dass Sie mit Ihrem Angebot nicht genügend Umsatz machen, beschäftigen Sie sich mit folgenden Überlegungen:

- Wie können Sie das Angebot größer oder bekannter machen? Wer könnte Sie dabei unterstützen?
- Können Sie dem Angebot eine andere Form geben, damit es mehr Wunschkunden anspricht und somit mehr Umsatz generiert?
- Ist der Preis angemessen oder können Sie ihn erhöhen?
- Können Sie mehr von diesem Angebot anbieten oder es in irgendeiner Weise skalieren, also für mehr Menschen verfügbar machen?

Wenn Sie festgestellt haben, dass Sie Ihr Angebot ungern ausüben oder jedenfalls die Freude daran vermissen, könnten folgende Fragen hilfreich sein, um den „Spaßfaktor" zu erhöhen:

- Angenommen, Sie könnten die nervigen Teile weglassen: Welche wären das? Wie oder wodurch könnten Sie diese eventuell ersetzen?
- Was müsste passieren, damit Ihnen dieses Angebot doch Freude macht? Was könnten Sie selbst dafür tun?
- Was würde schlimmstenfalls passieren, wenn Sie ganz auf dieses Angebot verzichten würden?
- Welche Maßnahmen können Sie jetzt einleiten, um zukünftig insgesamt mehr Freude an Ihren eigenen Leistungen zu haben?

Durch diese Fragen bewegt sich zuweilen einiges im Hinblick auf die Erkenntnis, dass wir es ja selbst in der Hand haben, unser Business zu gestalten. Niemand zwingt uns, Leistungen weiter anzubieten, die uns keine Freude machen oder wenig Umsatz bringen. Es ist immer unsere Entscheidung. Wenn das einmal klar ist, wird auch der Weg frei, nach Alternativen zu suchen.

> Ich halte mich an das Konzept des Lean Start-ups. Die Grundidee ist, dass du nicht mit einem fertigen Businessplan startest, sondern mit verschiedenen Vorannahmen, also womit du zum Beispiel dein Geld verdienst, wer dein Hauptkunde ist, was deine wichtigste Stärke ist, was deine Value Proposition ist. Und dann startest du damit und machst erst mal Experimente und probierst es aus. Wenn du merkst, es klappt nicht, veränderst du eine dieser Variablen, so lange, bis es funktioniert. Wenn du mit dieser Idee früher zur Bank gegangen wärst, hätten die gesagt: Geht's noch, Freunde, wo ist euer Businessplan? Und heute macht man das so, das ist normal. Wir haben das damals unbewusst auch so gemacht, und es hat wohl ungefähr zwei, drei Jahre gedauert, bis wir wirklich begriffen haben, wo es für uns langging.
>
> *Ralf Senftleben, Herausgeber von „Zeit zu leben"*

Never change a running system?

Sie wissen ja schon: Wer immer dasselbe macht, muss sich nicht wundern, wenn sich wenig verändert. Gerade im Hinblick auf unser Portfolio haben wir jedoch unendlich viele Gestaltungsmöglichkeiten – wir müssen sie nur ausschöpfen.

Kreativ das Portfolio auffrischen

Geben Sie also Ihrem kreativen Anteil mal wieder etwas Auslauf und folgen Sie nun einigen Anregungen, die Ihnen einen Perspektivwechsel auf Ihre Angebote erlauben und Ihnen so vielleicht ganz neue Ideen bringen. Sie können alle Varianten durchspielen oder nur die, die Sie spontan am meisten ansprechen – oder gerade jene, mit denen Sie erst einmal wenig anfangen können.

Ein ganz konkretes Ziel formulieren

Am meisten profitieren Sie von dieser Übung, wenn Sie ein klares Ziel formulieren, bevor Sie loslegen. Dieses Ziel sollte ganz konkret sein, also weniger „Ich brauche neue Angebote", sondern vielmehr „Wie kann ich Besuchern meiner Website überzeugend und auf einen Blick vermitteln, dass mein Coaching tatsächlich stressreduzierend wirkt?", „Wie kann ich meinen Elevator Pitch so formulieren, dass jeder in der Runde mich danach kennenlernen will?", „Wie erreiche ich, dass sich 20 Teilnehmer für mein Seminar „Erfolgsblockaden" anmelden?" Dieser Schritt ist deshalb so wichtig, weil Sie Ihrem Gehirn damit helfen, wirklich auf den Punkt zu kommen. Sie müssen erst einmal wissen, welches Ergebnis Sie wirklich brauchen, sonst gleicht Ihre Arbeit dem Stochern im Nebel.

Sie können diese Übung so oft wiederholen, wie Sie wollen, um verschiedene Angebote zu optimieren oder zu entwickeln.

Notieren Sie hier als Erstes Ihr Ziel:

____

____

____

30 Minuten lang alle Impulse sammeln

Wenn Sie selbst bereits Kreativtechniken nutzen, dann wissen Sie wahrscheinlich, dass es äußerst nützlich sein kann, sich eine zeitliche Begrenzung für die Produktion von Ideen zu setzen. Fürs erste ist es empfehlenswert, sich einen Timer auf 30 Minuten zu stellen und in dieser Zeit so viele Ideen wie möglich zu produzieren.

Denken Sie daran: Es geht zunächst wirklich nur darum, Impulse einzufangen und aufzuschreiben. Vermeiden Sie möglichst, jetzt schon über die Umsetzung nachzudenken – der Realitätscheck folgt erst im nächsten Schritt.

Anregungen zur Reflexion

Ihr größter Gegner

Gibt es jemanden in Ihrem Bereich, der ähnliche Angebote auf dem Markt hat, aber auf eine Weise arbeitet, die Sie ablehnen?

Dann schauen Sie mal ganz genau hin: Was stört Sie ganz konkret? Worauf springen Sie an? Wo meldet sich ein Anteil in Ihnen, der vielleicht ein klein wenig neidisch ist, weil Sie nicht so „dreist", so „arrogant", so „marktschreierisch" agieren?

Wenn Sie die Emotion mal rauslassen und ganz nüchtern analysieren: Wo könnten Sie bei Ihrem Angebot „noch ein Schippchen drauflegen"? Wo könnten Sie vielleicht offensiver kommunizieren – eben auf Ihre Weise? Womit könnten Sie provozieren? Oder auch: Womit könnten Sie diese Person umgekehrt ärgern? Was müssten Sie tun, damit Sie von ihr wahrgenommen werden? Wie könnten Sie erreichen, dass diese Person Sie respektiert?

Eine Zirkusnummer

Wenn ein Clown – natürlich der beste und witzigste Clown der Welt – Ihr Angebot als Zirkusnummer darstellen müsste, wie würde das aussehen? Worauf würde er achten?

Denken Sie aus dieser Perspektive einmal darüber nach, wie Sie Ihre Leistungen in eine witzige Geschichte verpacken könnten und damit andere zum Lachen bringen. Sie könnten Ihr Angebot einfach mal parodieren und maßlos übertreiben.

Malen Sie Ihre Angebote in leuchtenden Farben aus und nutzen Sie die ganz großen Gesten, damit auch die Zuschauer in den hinteren Reihen Sie noch gut erkennen können. Worauf würden Sie dann achten?

Unter dem Feigenbaum

Buddha erlangte die Erleuchtung, während er unter einem großen Feigenbaum meditierte. Was würde ihm wohl einfallen, während er in einer Stimmung aus heiterer Gelassenheit auf Ihre Angebote blickte? Wo könnte er Leiden reduzieren und stille Freude hineinbringen?

Manchmal tut es gut, mal ein paar Gänge zurückzuschalten, auch in der Selbstpräsentation, und etwas Dynamik herauszunehmen, nach dem Motto „Wenn du es eilig hast, gehe langsam".

Ohne Worte

Wenn Sie Ihr Angebot nonverbal kommunizieren müssten, welche Möglichkeiten stehen Ihnen da zur Verfügung?

Wie die Kinder

Stellen Sie sich vor, Sie müssten Ihr Angebot Kindern erklären, so dass diese verstehen, worum es geht. Wahrscheinlich stellen Sie dann fest, dass Sie sehr vereinfachen müssen, manches auslassen oder bestimmte Teile überspringen. Vielleicht suchen Sie auch nach Bildern oder Vergleichen aus der Welt der Kinder, damit es für die kleinen Menschen leichter nachvollziehbar wird, worum es geht. Was „macht" das mit Ihrem Thema?

A Work of Art

Ihre Leistungen sind ein Gesamtkunstwerk, das auch noch von folgenden Generationen gewürdigt wird und Einfluss hat auf alle Sphären des Lebens.

Welche Aspekte können Sie künstlerisch ausgestalten, sodass sie im Gedächtnis bleiben? Welche künstlerischen Mittel können Sie dafür nutzen? Denken Sie neben Farben auch an Literatur, Musik oder Tanz und andere Ausdrucksformen der Kunst.

Murphy's Law

Bestimmt kennen auch Sie dieses Gesetz, nach dem grundsätzlich alles schiefgeht, was schiefgehen kann. Wenn also bei Ihren Leistungen genau gar nichts so funktionieren würde wie eigentlich gedacht, was könnte alles passieren? Sicherlich gibt es da viele Gelegenheiten, wo Dinge aus dem Ruder laufen könnten.

Welche Auswirkungen hätte das? Wer würde sich darüber freuen, wer am meisten ärgern? Wem würde das nützen? Und die Frage der Fragen: Aus welchen Fehlern könnten Sie am meisten lernen?

Wortwörtlich sexy

Beratungs-, Trainings- oder Coachingprodukte sind meist eher nicht erotischer Natur. Aber gesetzt den Fall, sie wären es? Welche Worte würden Sie nutzen, um Ihr Angebot dann zu beschreiben? Welche Fantasien könnten Sie entzünden? Worauf würden Sie achten, um Ihre Leistungen attraktiv zu machen?

Geben Sie ganz wolllüstig Ihren Impulsen nach und trauen Sie sich, schlüpfrig zu sein und Anspielungen zu machen!

Das ganze Leben ist ein Spiel

Erklären Sie Ihre Leistungen einmal so, als wären sie ein Spiel oder ein Wettbewerb, bei dem es etwas zu gewinnen gibt. Legen Sie die Spielregeln fest und bestimmen Sie, wie das Spielfeld aussieht.

Eine neue Haut

Wenn Sie Ihr Angebot mit einer Textur überziehen, ihm also quasi eine neue Haut verpassen würden, die den Kundennutzen visualisiert: Wie könnte diese beschaffen sein?

Fakten, Fakten, Fakten!

Wiederholungen sind eine gute Möglichkeit, um ein Angebot einprägsam zu präsentieren. Welche Wortfolgen oder auch Aufzählungen könnten Sie für Ihre Leistungen nutzen?

Wie Sie mit den gesammelten Impulsen verfahren

Ob Sie nun alle oder nur einen Teil dieser Anregungen genutzt haben: Sie sollten jetzt über eine bunte Ideensammlung verfügen, aus der Sie schöpfen können. Je nach Ihrem zuvor definierten Ziel haben Sie also entweder ganz neue Produktideen, oder Ihr Fokus liegt mehr darauf, wie Sie Ihre bisherigen Leistungen besser kommunizieren könnten. Wichtig ist jetzt das Feintuning, denn natürlich können Sie nicht alle Ihre Ideen aus der Kreativsession eins zu eins umsetzen.

Den inneren Kritiker aushebeln

Den inneren Kritiker, der sich garantiert schon in der kreativen Phase mit wenig konstruktiven Beiträgen à la „Gibt es doch schon längst!“, „Ist leider illegal!“ oder „Viel zu teuer!“ meldet, können Sie übrigens ganz elegant aushebeln. Wenn sich solche Stimmen melden, verwerfen Sie Ihre Idee nicht gleich, sondern fragen Sie sich stattdessen, wie Sie die ursprüngliche Idee noch etwas verfeinern könnten. Wenn es etwas schon gibt, wie könnte man die Idee auf eine Weise abwandeln, dass doch etwas Neues dabei ist? Falls eine Idee wirklich nicht legal wäre, welche Variante könnte doch den Gesetzen entsprechen? Und wenn die Umsetzung tatsächlich zu viel kosten würde: Wodurch könnten Sie Ihre Idee günstiger machen?

Gleichzeitig sollten Sie auch nicht jede Idee, die erst einmal zu absurd oder verrückt klingt, sofort aussortieren. Viel spannender wird es auch hier, wenn Sie Ihre Ideen auf einen echten Prüfstand stellen und sich Folgendes fragen:

- Wie kann ich diese Idee so verändern, dass sie trotzdem funktioniert?

Sie nehmen also Ihre ursprüngliche Idee quasi als Sprungbrett für weitere Ideen. Finden Sie Korrekturen oder Modifikationen, die Ihre Ausgangsidee bereichern oder optimieren. Und erst, wenn Sie wirklich das Gefühl haben, dass Sie alle Optionen ausgeschöpft haben und es trotzdem für Sie nicht funktioniert, wenden Sie sich der nächsten Idee zu – mit der Sie natürlich ebenso verfahren.

Vermeiden Sie die Beliebigkeitsfalle

Vermeiden Sie bei aller Kreativität jedoch die Beliebigkeitsfalle: Ihre Angebote sollten ein Dach haben oder einem roten Faden folgen. Wenn Sie sich immer wieder vergegenwärtigen, was Ihr Ruf ist und welchen Werten Sie folgen wollen, gibt Ihnen das auch an dieser Stelle noch mal eine gute Orientierung.

> Wenn das Konzept grob steht, verzichte ich auf konsequente Verfeinerung und starte einen Test (eine Probeseite, eine Landingpage, einen Flyer an wenige ausgewählte Kunden, eine kleine Kundenveranstaltung statt einer großen allgemeinen und so weiter) und setze die gewonnenen Erkenntnisse nur dann um, wenn der Test gezeigt hat, dass sich eine „große" Version lohnt. So vermeide ich es, zu viel Zeit und Kosten zu investieren, bevor klar ist, ob die Zielgruppe überhaupt wie gewünscht reagiert.
>
> *Carola Heine, Online-Marketing Professional*

Eine Verkaufstreppe etablieren

Wenn Sie bisher mit Ihren Angeboten noch zu wenig Umsatz generiert haben, dann könnte das auch daran liegen, dass Sie Ihren Wunschkunden den Einstieg zu schwer machen. Manchmal ist die Hürde, Ihre Leistungen zu buchen, einfach zu hoch: Wer Sie noch nicht kennt und noch nicht erleben konnte, wie Ihr Coaching oder Ihre Beratung wirkt oder welche Veränderungen durch Ihre Trainings initiiert werden, überlegt es sich dreimal, ob er Sie wirklich bucht.

Am besten stoßen Kunden öfter auf den Anbieter

Eine alte Marketingweisheit, die wohl noch nicht widerlegt ist, behauptet, dass Ihr potenzieller Kunde Ihnen mindesten sieben Mal begegnet sein muss, bevor er sich möglicherweise entscheidet, eins Ihrer Angebote zu nutzen. Das heißt, es muss Ihnen gelingen, auf dem Radar Ihrer Wunschkunden immer wieder mit einem interessanten Angebot sichtbar zu werden. Und Sie sollten damit eine Treppe bauen, die Ihre Kunden langsam, aber sicher auch an Ihre hochpreisigen Angebote heranführt.

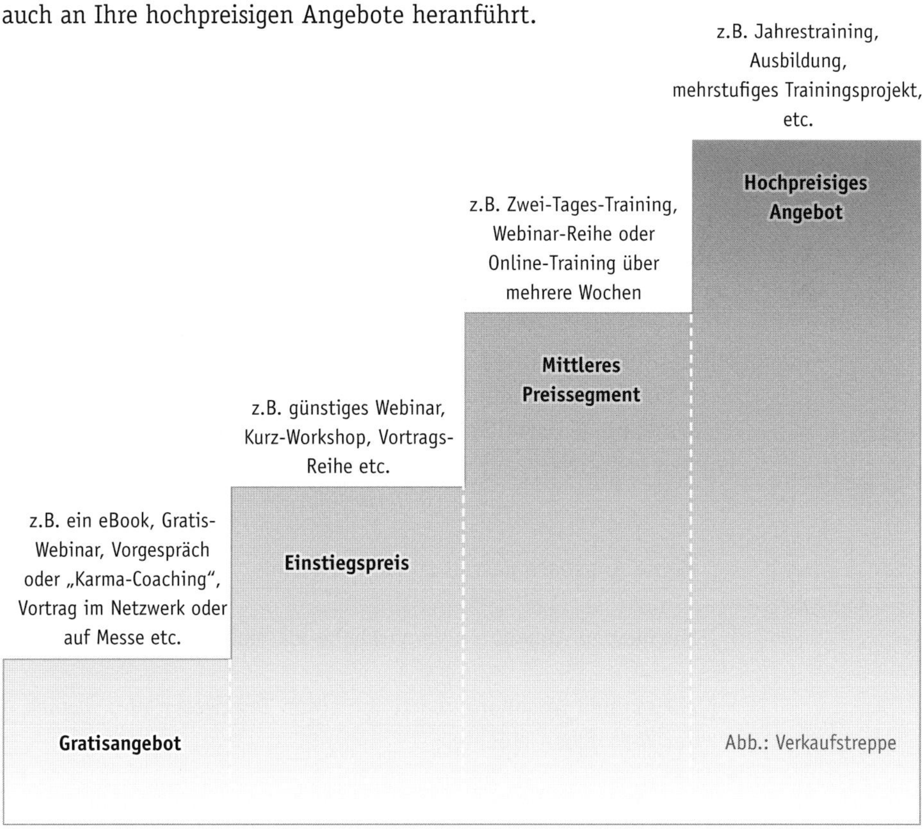

Abb.: Verkaufstreppe

Eine Treppe zu den hochpreisigen Angeboten bauen

Sortieren Sie also jetzt Ihre Angebote auf der Verkaufstreppe beziehungsweise überlegen Sie, welche Ihrer Angebote Sie entsprechend modifizieren könnten, damit auf jeder Stufe mindestens eins Ihrer Angebote zu finden ist, das dann logisch auf das Hochpreisangebot hinführt.

Auf diese Weise können Sie für jedes Ihrer hochpreisigen Angebote eine Verkaufstreppe bauen und so Ihren Wunschkunden die Gelegenheit geben, Ihre Themen und Ihre Arbeitsweise aus erster Hand zu erleben.

Geringes Risiko für Kunden

Vertrauensaufbau ist das A und O

Denken Sie stets daran: Wir verkaufen nie an Unternehmen, sondern immer an Menschen – und alle buchen ein hochpreisiges Produkt eher bei einem Dienstleister, von dessen Leistung sie sich bei geringem Risiko bereits überzeugen konnten als von jemand völlig Unbekanntem. Wenn Sie erst einmal einen bekannten Namen an Ihrem Markt haben, werden Sie wahrscheinlich auch ohne diese Strategie angefragt – aber auch die Trainerprominenz von heute hat einmal klein angefangen und musste sich ihre heutigen Tagessätze erst verdienen. So ein Erfolg fällt niemanden in den Schoß, und Vertrauensaufbau ist einfach das A und O in unserem Business. Die Verkaufstreppe gibt Ihnen eine Struktur an die Hand, mit deren Hilfe Sie Ihre Wunschkunden ganz einfach durch einen logischen Prozess führen können, an dessen Ende dann ein gewisser Prozentsatz tatsächlich auch Ihre Hochpreisangebote wahrnimmt. Und währenddessen verdienen Sie auch bereits an den niedrigschwelligen Leistungen.

Mit der folgenden Checkliste können Sie Ihre Angebote abschließend noch einmal dahingehend überprüfen, ob sie die nötigen Voraussetzungen erfüllen, damit Sie als unternehmerische Persönlichkeit weiterwachsen:

Checkliste zu Ihren Angeboten

- ☐ Meine Angebote passen zu meiner Vision.
- ☐ Mit meinen Angeboten verwirkliche ich meine wichtigsten Werte.
- ☐ Mit meinen Angeboten setze ich einen Teil dessen um, was ich der Welt geben möchte.

- [ ] Meine Angebote bauen sinnvoll aufeinander auf.
- [ ] Ich habe Angebote auf verschiedenen Preisleveln, um meinen Kunden den Einstieg zu erleichtern.
- [ ] Ich biete bestimmte Angebote zu feststehenden Terminen immer wieder an, sodass sich meine Wunschkunden darauf einstellen können.

Das Planen von Kommunikation und Marketing

Nachdem Sie Ihre Angebote im letzten Abschnitt präzise ausformuliert und Ihre Verkaufstreppe(n) festgelegt haben, sind nun die nötigen Voraussetzungen geschaffen, Ihre Kommunikationsmaßnahmen aufeinander abzustimmen und eine Roadmap für die nächsten zwölf Monate zu entwickeln.

Roadmap für 12 Monate

Immer wieder lässt sich feststellen, dass die langfristige Planung bei vielen Trainern, Coachs und Beratern vernachlässigt wird, und ich gestehe, dass ich anfangs auch Schwierigkeiten hatte, mich derartig festzulegen. Doch mit der Zeit ist es klar zu erkennen, welche Vorteile es hat, eine Roadmap zu haben, an der man sich entlanghangeln kann:

Vorteile einer Vorausplanung

- Ich kann genau sehen, welche Maßnahme ich wann ankurbeln muss.
- Gleichzeitig habe ich eine eindeutige Erfolgskontrolle, weil ich merke, welche Prozesse noch nicht so glatt laufen wie gedacht. Ich kann also fürs nächste Mal nachbessern und meinen Workflow ständig optimieren.
- Die klare Abfolge gibt mir Sicherheit. In meinem Kalender stehen Termine für die nächsten zwölf Monate, an denen ich mich orientieren kann. Das heißt, ich muss weniger Zeit darauf verwenden, meine Aktivitäten in puncto Marketing jeden Monat neu zu planen.
- Statt in hektischen Aktionismus zu verfallen, ziehe ich einfach meinen Plan durch.

Richtig planen ist allerdings eine Kunst, die wie viele andere unternehmerische Fähigkeiten erlernt werden muss. Wenn Sie zu denen gehören, die allein beim Wort Planung und Struktur schon Pickel kriegen, könnten die Hinweise im folgenden Abschnitt hilfreich sein.

Ziele und Pläne dem eigenen Mindset anpassen

Wer sich und seine Zeit sinnvoll organisiert, behält jederzeit den Überblick über seine Pläne und Ziele, hat daher auch Kapazitäten frei, um an seiner eigenen unternehmerischen Entwicklung zu arbeiten und wirkt darüber hinaus gegenüber Kunden und Klienten souverän und authentisch. Soweit die Theorie. Doch wie stellt sich der Umgang mit dem kostbaren Gut „Zeit" bei Trainern, Coachs und Beratern in der Praxis dar?

> Am Anfang wollte ich zig verschiedene Projekte an den Start bringen. Das machen, glaube ich viele Leute in der Situation so: Ich wollte ein Trainer-Netzwerk gründen, ich habe mit einem Verlag eine E-Book-Plattform an den Start gebracht, mehrere Websites online gestellt, alles Mögliche und eigentlich nichts davon richtig. Und dadurch, dass ich so viele Projekte gleichzeitig an den Start gebracht hatte, habe ich mich total verzettelt. Ich glaube, viele Leute, die selbstständig sind, haben eben Schiss davor, alles auf eine Karte zu setzen, und deswegen verteilt man das Risiko, aber dadurch verzettelt man sich eben auch leichter.
>
> *Martin Weiss, Trainer, Coach und Autor*

Auch wenn viele längst begriffen haben, dass Zeit sich nicht managen lässt, sondern lediglich unser Umgang damit, wirkt sich das nicht immer auf das tatsächliche Handeln aus. „Ich habe keine Zeit für ... (setzen Sie hier ein beliebiges Thema ein)" liegt auf der Rangliste der beliebtesten Ausreden wahrscheinlich noch immer sehr weit vorn. Und auch in unserer Zunft gibt es diesbezüglich noch einigen Handlungsbedarf!

Zeiteinteilung bei Coachs, Trainern und Beratern

Dabei stehen selbstständige Coachs, Trainer und Berater vor der besonderen Herausforderung, dass Sie Ihre Zeit auf sehr verschiedene Tätigkeitsfelder aufteilen müssen. In den ersten vier Jahren der Selbstständigkeit ist gerade der Anteil, den Akquisition, Marketing und Konzeption einnehmen, dabei noch deutlich größer als im hier gezeigten Gesamtdurchschnitt. Die Grafik macht deutlich: Das Thema Zeiteinteilung steht für diese Unternehmerinnen und Unternehmer zwangsläufig auf der Agenda.

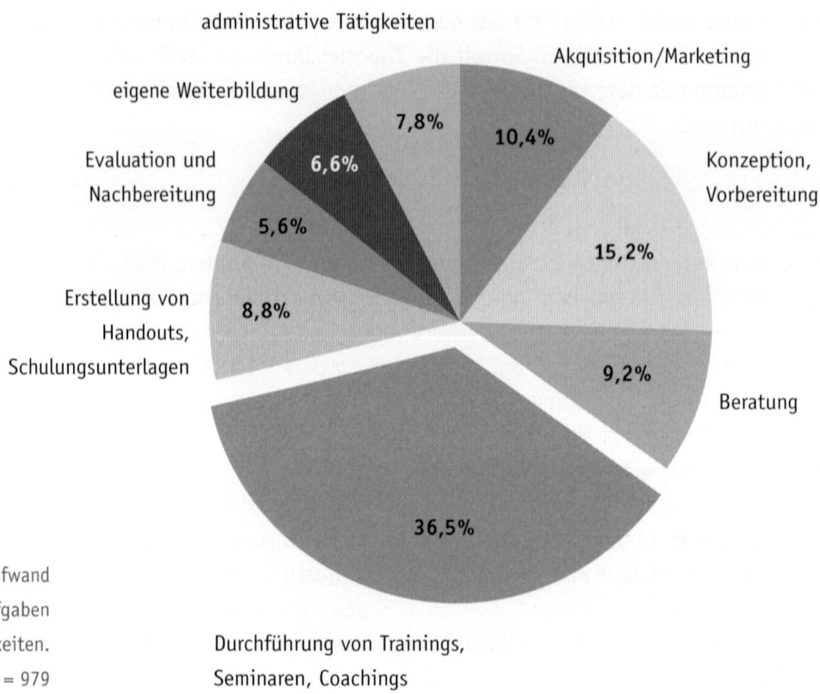

Abb.: Arbeitsaufwand für typische Aufgaben und Tätigkeiten. n = 979

Quelle: Jürgen Graf: Weiterbildungsszene Deutschland 2015. Themen und Trends in Training, Beratung, Coaching. Bonn: managerSeminare 2015.

Eine kleine und daher sicher eher unrepräsentative Umfrage in meinem Netzwerk aus Trainern, Coachs und Beratern im März und April 2015 mit 35 Beteiligten spiegelt gewisse Tendenzen wider:

Denn von ihnen hatte etwa die Hälfte entweder Probleme mit dem eigenen Selbstmanagement oder kam zwar einigermaßen zurecht, wünschte sich aber mehr Überblick. Probleme äußern sich beispielsweise darin, wenn manche sich ständig unter Druck fühlen und nicht wissen, wie sie alles erledigt bekommen sollen, oder andere schwer ins Schleudern kommen, sobald etwas Unvorhergesehenes passiert. Es gibt auch bekennende Deadline Junkies, die erst dann ins Handeln kommen, wenn die Torschlusspanik einsetzt.

In dieser kleinen Umfrage bekannten sich nur 12,5 Prozent dazu, klare Pläne und Ziele zu haben, die sie konsequent abarbeiten. Und dass diese Aussage eher selten getroffen wird, gibt zu denken: Begreift man ein professionelles Selbstmanagement als unternehmerische Qualität, welche die Arbeit am eigenen Unternehmen erst ermöglicht, dann lässt sich an dieser Stelle erkennen, dass da bei vielen noch Luft nach oben ist.

Hilfsmittel zur Terminplanung

Eine Seite der erfolgreichen Terminplanung sind Hilfsmittel, derer man sich bedient, um nichts zu vergessen und an den zu erledigenden Aufgaben dranzubleiben. Etwa die Hälfte der selbstständigen Coachs, Trainer und Berater nutzen für ihre Terminplanung klassische Papierkalender und/oder handschriftliche To-do-Listen. Der Rest greift auch/oder auf synchronisierfähige Kalender auf Smartphones und anderen Endgeräten zurück, ebenso auf Apps sowie Kalender- und Aufgabenfunktionen auf dem Rechner.

Ob man elektronische Helfer nutzt oder auf den guten alten Papierkalender vertraut, ist eine Typfrage und sagt nichts über die Effektivität aus. Wahr bleibt allerdings: Seine Zeit professionell zu verwalten, gehört zum Rüstzeug erfolgreicher Unternehmerinnen und Unternehmer – auch im Weiterbildungssektor. Trainer, Berater und Coachs stehen bei ihrem Selbstmanagement insofern vor denselben Herausforderungen wie viele andere auch. Seinen eigenen Weg zu finden, verschiedene Methoden auszuprobieren und wieder zu verwerfen, scheint dafür notwendig zu sein.

Professionelle Zeitverwaltung – auf die eigene Weise

> Hinter allen großen Erfolgen steckt, dass jemand etwas immer und immer wieder getan hat. Die meisten großartigen Dinge sind dadurch entstanden, dass jemand wieder und wieder und wieder die gleiche Sache gemacht hat, ein bisschen größer geworden ist und noch ein bisschen verändert hat, aber drangeblieben ist an der einen Sache. Und das ist meistens durch ein Ritual oder durch einen Automatismus oder durch ein Räderwerkchen entstanden. Wenn ich das früher gewusst hätte, oder wenn ich das früher als Erfolgsmechanismus erkannt hätte, hätte ich das von Anfang an noch mehr ins Business einbezogen.
>
> *Ralf Senftleben, Herausgeber von „Zeit zu leben"*

„Scanner" und „Kästchendenker"

Hilfreich für ein gutes Selbstmanagement sind Routinen und feste Strukturen, an deren Einrichtung scheint es allerdings immer mal wieder zu hapern. Denn viele „Scanner" sind zwar schnell zu begeistern und können auch andere damit anstecken, Struktur und Systematik sind ihnen allerdings meist irgendwie suspekt. Gleichzeitig beneiden sie die „Kästchendenker", denen das anscheinend so leicht fällt, und sie wünschen sich manchmal etwas mehr Ordnung in ihrem Leben.

Das kommt Ihnen bekannt vor? Dann machen Sie doch mal die Probe aufs Exempel und führen Sie den folgenden Check durch:

Wie stehen Sie zu festen Strukturen?

- To-do-Listen arten bei Ihnen regelmäßig in seitenlange Brainstormings aus.
- Sie haben eine Abneigung gegen feste Messlatten, weil Sie alles immer gleich wichtig finden und Prioritäten sich ja mitunter auch ganz schnell verändern können.
- Sie haben ständig neue Ideen, die ja auch bearbeitet werden wollen – wie soll man da bitteschön den Überblick behalten?
- Menschen sind Ihnen insgesamt einfach wichtiger als Strategien und Ergebnisse – Ablenkung somit vorprogrammiert.
- Und ganz schlimm: Prioritäten setzen fühlt sich so schrecklich unflexibel an. Da fühlen Sie sich einfach gestresst und eingeengt.

Wenn Sie ein typischer Scanner sind, haben Sie bei mindestens drei dieser Aussagen innerlich genickt.

Leider kommen wir auch als Scanner an einem gewissen Maß von Planung nicht vorbei. Die gute Nachricht ist jedoch, dass wir unser eigenes Maß finden können. Vergessen Sie also alle etablierten Zeit- und Selbstmanagement-Empfehlungen und erlauben Sie sich, Ihr eigenes System zu entwickeln, das zu Ihnen und Ihren Bedürfnissen passt.

Um eine sinnvolle Struktur aufzubauen, müssen Sie zunächst eine Entscheidung treffen. Zum Glück haben Sie das in unserem Fall ja bereits getan, denn Sie wollen zu der unternehmerischen Persönlichkeit werden, die Sie sein können! Das bedeutet, Sie sind bereit, auch in den einen oder anderen sauren Apfel zu beißen – aber Sie dürfen sich ruhig eine Portion süße Vanillesoße darüber kippen.

Überlegen Sie nun zunächst einmal, wie eine zu Ihnen passende Planungsstruktur aussehen müsste, damit sie Ihnen Spaß macht. Am besten erstellen Sie eine Liste mit den Faktoren, die Ihnen die Arbeit mit Ihrem persönlichen Planungstool erleichtern würde. Denken Sie dabei an folgende Aspekte:

Voraussetzungen für Ihre Planungsstruktur

- Möchten Sie an bestimmte Dinge regelmäßig erinnert werden?
- Ist Ihnen das Äußere, das Aussehen oder die Haptik wichtig? Was daran genau?
- Wollen Sie Ihre Pläne überallhin mitnehmen können und verfügbar haben?
- Wollen Sie auch eine Möglichkeit haben, die erledigten Themen zu kennzeichnen?

Vielleicht daddeln Sie gerne mit Technik-Gadgets herum? Dann könnte es sich lohnen, sich einmal mit den zahlreichen Online-Tools und Apps zu beschäftigen, mit deren Hilfe man sich das Leben leichter machen kann:

Software-Tool „Trello“

Mit dem kostenlosen Software-Tool „Trello“ beispielsweise kann man sowohl kleinere als auch komplexe Projekte managen. Trello besteht aus mehreren interaktiven Unterlisten, den sogenannten Boards, Listen und Cards. Die Boards stellen dabei sozusagen das

Grundgerüst dar, also das Projekt, wobei man zwischen öffentlichen und privaten auswählen kann. Die Listen sind innerhalb der Boards angelegt und teilen sich in To-do, Doing und Done auf. In diesen Listen befinden sich die Cards, die die Aufgaben aus den Listen in noch kleinere Schritte aufteilen. Die Aufgabenbeschreibung bei den Cards ist versteckt, bis man sie anklickt. So bleibt die Ansicht schön übersichtlich.

App „Evernote"

Auch die App „Evernote" kann für das Selbstmanagement genutzt werden: Sie speichert Notizen, egal ob in Text-, Voice- oder Videoform, online und stellt sie Ihnen auf Ihrem PC und anderen Endgeräten zur Verfügung. Außerdem lassen sich damit To-do-Listen erstellen, die per Facebook oder Twitter geteilt werden können. In Notizbüchern können thematisch zudem verwandte Themen gesammelt und archiviert werden.

„Tageskarten" in Papierform

Wenn Sie mit solchen elektronischen Helferleins gar nichts anfangen können und lieber mit handschriftlichen To-do-Listen arbeiten, dann kann es Ihnen vielleicht helfen, wenn die Listen in einer ansprechenden Form aufbereitet sind, wie zum Beispiel die gedruckten „Tageskarten", die ich vor einiger Zeit entdeckt habe und sehr gerne nutze (*www.ideenmanufaktur-tageskarten.com*).

Andere Kollegen arbeiten mit Classei-Mappen oder Papierkalendern oder einer Kombination aus Online-Tools und Papier.

Blätter und Haftnotizen

Manchmal sind die simplen Mittel am hilfreichsten. Beispielsweise arbeite ich gerne mit Blättern und Haftnotizen, wenn ich überlege, wann und wie ich Dienstleistungen vermarkten möchte. Die hängen an meiner Wand, sodass ich jederzeit den Überblick habe, welche Aktion wann ansteht. Und sollte aus irgendwelchen Gründen wirklich mal etwas verschoben werden müssen, kann ich das elegant lösen, indem ich einfach die entsprechende Haftnotiz an ihren neuen Platz verschiebe. Damit komme ich besser zurecht als mit ähnlichen Funktionen in elektronischen Planungstools – aber wie gesagt, Sie müssen selbst herausfinden, was Ihnen am besten hilft.

Wichtig ist, dass Sie eine Form finden, die Sie gerne nutzen. Wie für alles gilt auch hier: Was uns Freude macht, und sei es nur durch eine ansprechende Gestaltung, nehmen wir lieber in die Hand, als wenn wir uns regelmäßig dazu zwingen müssen. Experimentieren Sie also mit verschiedenen Varianten und Kombinationen, und finden Sie so heraus, welche Planungstools Sie wirklich unterstützen, statt sich permanent ein schlechtes Gewissen zu bereiten, weil Sie mit Ihrem Selbstmanagement nicht zurande kommen.

Nur eins dürfen Sie als unternehmerische Persönlichkeit wirklich nicht tun, nämlich sich vor der Aufgabe drücken, Ihre Aktivitäten zu planen und bis zu einem gewissen Grad auch zu überwachen. Spontane Ideen umzusetzen kann manchmal erstaunliche Erfolge bringen, aber langfristig führt kein Weg daran vorbei, gewisse Schritte systematisch anzugehen.

Das Planen von Zeiträumen und Zwischenzielen

Wenn Sie Ihre Verkaufstreppe angelegt und eine für Sie passende Methode gefunden haben, mit der Sie Ihre Termine im Auge behalten, stimmen die Voraussetzungen für den nächsten Schritt: Die Entwicklung einer groben Roadmap für die nächsten zwölf Monate. Die Verkaufstreppe ist dabei nur ein erster wichtiger Meilenstein, nun steht die Frage im Raum, wie Sie Ihre Leistungen nun auch Ihren Wunschkunden nahebringen. Fixieren Sie also einige Meilensteine: Welche Zwischenziele wollen Sie bis wann erreicht haben?

Zwischenziele in der Roadmap einplanen

Angenommen, Sie wollen im kommenden Jahr ein hochpreisiges Produkt aus Ihrer Verkaufstreppe am Markt platzieren. Überlegen Sie, welche Schritte dafür nötig sind, und wie Sie Ihre Wunschkunden an dieses Produkt heranführen können. Vielleicht wollen Sie eine Reihe mit Gratis-Webinaren konzipieren, wodurch mögliche Interessenten die Möglichkeit erhalten, Sie und Ihre Arbeitsweise schon einmal etwas kennenzulernen? Legen Sie als Nächstes Termine für die Webinare fest. Dann können Sie auch planen, wann Sie diese inhaltlich vorbereiten wollen.

Auf diese Weise entsteht nach und nach ein übersichtlicher und dabei flexibler Plan, der Ihrem Handeln eine Struktur gibt. Achten Sie jedoch darauf, dass Sie nicht zu sehr in die Detailplanung einsteigen. Diese sollten Sie tatsächlich immer nur für den jeweils nächsten Monat machen. Sie kennen ja den Spruch mit dem Leben und den anderen Plänen ... Der ein oder andere unter uns hat vermutlich schon festgestellt, dass es einfach nur frustrierend ist, weit im Voraus zu planen und dann zu merken, dass sich dieser Plan

Detailplanung nur für den nächsten Monat

einfach nicht umsetzen ließ, weil in der Zwischenzeit zu viele andere Faktoren, die unplanbar waren, dazwischenfunkten.

Planen mit dem „Flux-Faktor"

Mein Kollege Martin Weiss nennt das den „Flux-Faktor". „Flux" ist ein Begriff, den man in der Chemie, insbesondere der Membrantechnik, kennt. Er bezeichnet ein Maß für die Permeabilität, also die Durchlässigkeit einer Membran. Im übertragenen Sinne steht der Flux-Faktor für folgendes Phänomen bei der Planung von Projekten: Wir nehmen uns etwas vor, setzen uns ein schickes Ziel und definieren die einzelnen Schritte dorthin. Auf dem Papier sieht das auch alles durchaus machbar aus. Wir haben sogar im Kalender Zeiten für die Umsetzung markiert. Aber dann passiert es: Die „normative Kraft des Faktischen", der tägliche Wahnsinn mit all seinen Anforderungen, überrollt uns. Wir neigen dazu, das vollkommen zu unterschätzen. Die Anrufe von Kunden, Recherchen, die plötzlich nötig werden, die ungeplante Zeit, die wir in sozialen Netzwerken verdaddeln ... Und mit einem Mal stürzt unser ganzer schöner Plan wie ein Kartenhaus in sich zusammen.

Max. 60–70% der Zeit fest verplanen

Das bedeutet, wir müssen unsere Projekte bei der Planung in gewisser Weise durchlässig machen für diese Unwägbarkeiten. Wenn wir 100 Prozent unserer Zeit verplanen, planen wir damit den Frust mit ein, denn 100 Prozent sind schlicht nicht zu schaffen. Wir sollten maximal 60 bis 70 Prozent fest verplanen und die restliche Zeit für den Flux reservieren.

Einen Monat im Voraus können wir einigermaßen verlässlich planen, weil die meisten fixen Termine dann tatsächlich feststehen. Das heißt, jetzt ist die richtige Zeit fürs Feintuning und Einträge im Kalender, damit Sie sich entsprechende Termine auch wirklich dafür freihalten.

> Irgendwann hat sich herauskristallisiert, wie ich am besten arbeite, wie ich am produktivsten bin. Das heißt mittlerweile zum Beispiel, ich arbeite viel, viel weniger, was natürlich auch damit zu tun hat, dass nach ein paar Jahren das Einkommen dann so stabil war, dass ich das runterschrauben konnte. Aber auch, weil ich viel fokussierter arbeiten kann. Das war sehr, sehr wichtig für mich, Struktur in meine Arbeitsroutine zu kriegen. Klar, anfangs ist man natürlich leidenschaftlich, aber irgendwann habe ich dann eingesehen, dass das eine sehr unbewusste Herangehensweise und nicht wirklich produktiv ist.
>
> *Conni Biesalski, Beraterin und Bloggerin*

Neuen Projekten neben dem Tagesgeschäft Zeit einräumen

Das ist nämlich ein weiterer Grund dafür, wieso viele Trainer, Coachs und Berater mit ihren ambitionierten Projekten nicht wirklich vorankommen: Sie räumen ihnen keinen Vorrang ein, das Tagesgeschäft, das ja auch seinen Teil des Zeitbudgets einfordert (s. S. 240), ist immer wichtiger.

Das Problem bei dieser Haltung ist, dass Sie Ihre unternehmerische Entwicklung damit nicht ausreichend wertschätzen. Immer nur dem aktuellen Geschäft hinterherzurennen, hindert Sie daran, Ihr Business zu entwickeln und auf eine neue Stufe zu heben.

Nehmen Sie also diese Termine zur Vorausplanung ebenso ernst wie einen wichtigen Kundentermin, wenn Sie sich wirklich als unternehmerische Persönlichkeit weiterentwickeln wollen. Magische Effekte stellen sich nur dann ein, wenn wir etwas dafür tun, und zwar an den richtigen Stellen.

Auf Bestehendem aufbauen

Mit einigen Ihrer Angebote haben Sie ja vermutlich bereits Erfolg und wissen, worauf Sie achten müssen, um sie zu verkaufen. Lassen Sie uns diese Erfolgsfaktoren einmal untersuchen:

Analyse bestehender Erfolgsfaktoren

- Welche Aspekte lassen sich möglicherweise systematisieren und damit wiederholen, sodass Sie nicht immer wieder von vorn anfangen müssen?

- Welche Kommunikationsinstrumente haben sich für dieses Angebot bewährt? Lassen sich die Erfahrungen auf andere Angebote übertragen?

Wenn Sie beispielsweise festgestellt haben, dass in Ihrer Verkaufstreppe für Produkt X die Stufe mit dem niedrigen Preisniveau zu wenig berücksichtigt wurde, kann das bedeuten, dass Sie ein günstiges Produkt oder Angebot zusätzlich entwickeln sollten – oder dafür einen Aspekt aus dem hochwertigen Angebot ausklammern und separat anbieten.

Vielleicht haben Sie auch Ihren Newsletter als wertvollen Verkaufskanal identifiziert, bisher allerdings nur zu einem bestimmten Thema. Wie könnten Sie dann eine Liste aufbauen, die auch für Ihre anderen Produkte funktioniert?

Wir richten oft den Blick auf die Dinge, die nicht oder nicht ausreichend funktionieren und übersehen dabei zuweilen, dass wir einiges schon ganz richtig machen. Wir müssen das Rad nicht immer wieder neu erfinden, sondern es kann sogar eine ausgezeichnete Strategie sein, sich derselben Mechanismen immer und immer wieder zu bedienen.

Image und Realität

Welche Kommunikationsmaßnahmen Sie verwenden, beeinflusst in der ein oder anderen Weise auch, wie Sie von Ihrem Zielpublikum wahrgenommen werden. Insofern kann es wertvoll sein, sich Gedanken darüber zu machen, wie Sie überhaupt eingeschätzt werden wollen. Zwischen Realität und Image sollte keine allzu große Kluft liegen, doch wir können unser Image tatsächlich nutzen, um eine neue Realität zu gestalten. Und das ist weniger magisch, als es hier vielleicht zunächst klingt.

Wie Sie kommunizieren beeinflusst Ihre Wirkung

Zunächst ist jedoch begrifflich etwas zu klären. Reputation und Image werden häufig synonym verwendet, aber hier soll an dieser Stelle differenziert werden.

Image ist ein Teilaspekt von Reputation, den Sie selbst sehr stark steuern können. Sie nehmen Einfluss auf die Art und Weise, wie Sie sich mit verschiedenen Facetten Ihres professionellen Tuns öffentlich präsentieren. Mit anderen Worten: Sie bestimmen, welche Medien Sie in welchem Umfang einsetzen, um von Ihren Zielgruppen wahrgenommen zu werden.

Ihr Image können Sie stark steuern

Sobald andere Menschen damit beginnen, Ihre Informationen selbst weiterzugeben, sie zu diskutieren und sich darauf zu beziehen, sind wir im Bereich der *Reputation* unterwegs. Es handelt sich bei Reputation also um das, was Menschen außerhalb Ihres Netzwerks von Ihnen wahrnehmen und wie sie über Sie sprechen. Das heißt, bei Reputation geht es darum, dass öffentlich Informationen über Sie und Ihre Tätigkeit wertschätzend verbreitet werden.

Reputation ist, was andere weitergeben

Es kann einen schon immer mal wieder erstaunen, wer einen so alles kennt und auf dem Radar hat. Dabei sollte uns das nicht wirklich überraschen, denn die meisten von uns tun ja bereits einiges dafür, an ihrem Markt wahrgenommen zu werden.

Allerdings sollten Sie auch vom richtigen Personenkreis beachtet werden, also von Ihren Wunschkunden und wichtigen Multiplikatoren. Wenn Kollegen Sie kennen, ist das wunderbar – aber wenn Sie sich mit Ihren Angeboten gar nicht an diese Gruppe wenden, ist das unter Umständen verschenktes Potenzial.

Das Verhältnis zwischen Aufwand und Ergebnis

Daher prüfen wir im ersten Schritt zunächst, welche Ihrer bisherigen Maßnahmen in puncto Image das richtige Verhältnis von Aufwand und Ergebnis haben. Hier zeigt sich nämlich oft ein Phänomen, das nicht unterschätzt werden darf: Der Zeitaufwand für bestimmte Formen des „Reputation Building" ist im Verhältnis zum erwarteten Ergebnis einfach zu hoch. Es geht auch hier darum, die richtigen Hebel zu finden und gekonnt einzusetzen.

Bewusste Imagepflege ist authentisch

Bevor wir uns den Instrumenten widmen, mit deren Hilfe wir unser Image aktiv steuern können, klären wir zunächst die Frage, wie sich Authentizität und Image miteinander vereinbaren lassen. Viele Coachs, Berater und Trainer wären zwar einerseits gerne bekannt(er), weil sie natürlich wissen, dass dies beim Verkaufen der eigenen Dienstleistungen hilft. Andererseits zögern sie jedoch oft, die dafür nötigen Dinge zu tun, weil sie befürchten, sich damit als unauthentisch zu erleben.

Im Zusammenhang mit dem Mosaikstein Rahmenbedingungen haben Sie ja bereits einige Impulse zu Ihrer Einstellung zum Thema Selbstmarketing erhalten (s. S. 125 ff.) und hoffentlich bereits erkannt, dass Sie Ihre Außendarstellung auf Ihre ganz eigene Weise gestalten können.

Zu ergänzen sind an dieser Stelle nur noch zwei weitere Überlegungen, die Ihnen die Entscheidung für eine bewusste Arbeit an Ihrem Image möglicherweise erleichtert:

Authentizität bleibt wichtig

- Erstens bedeutet Image wörtlich einfach nur Bild. Ein Bild entsteht nicht von allein, es wird produziert von einer Künstlerin oder einem Künstler – oder mehreren gleichzeitig. Sie haben quasi den Pinsel in der Hand und entscheiden, welche Konturen

Sie zeichnen, welche Farben Sie nutzen, welches Format Ihr Bild bekommen soll. Wenn Sie das nicht selbst tun, bestimmen andere, wie Ihr Bild aussieht – und das ist dann mit Sicherheit weit weniger authentisch, als wenn Sie Ihre eigenen Pinselstriche setzen.

- Zweitens lassen sich Image und Authentizität als zwei Seiten einer Medaille verstehen. Denn wenn ich gezielte Imagepflege betreibe, verstärke ich damit letztlich nur, was ohnehin bereits da ist. Nur wer ein künstliches Image aufbaut, das wenig mit der echten Persönlichkeit zu tun hat, gerät irgendwann wahrscheinlich ins Trudeln.

Wohin Sie wollen, ist ja bereits seit dem Mosaikstein Persönlichkeit klar, bei dem Sie sich mit Ihrem zukünftigen unternehmerischen Selbstbild befasst hatten (s. S. 51 ff.). Nun wenden Sie nur noch die nötigen Instrumente systematisch an, um dieses Selbstbild auch nach außen zu tragen und erkennbar werden zu lassen.

Instrumente aktiver Imagepflege

Erstellen Sie also zunächst eine Liste mit all den Dingen, die Sie bereits tun, um Ihre Zielgruppe auf sich aufmerksam zu machen und den Weg zu Ihren Wunschkunden zu finden. Die folgende Liste kann Sie dabei unterstützen, aber vielleicht haben Sie ja auch ganz eigene und andere Punkte, die Sie ergänzen könnten:

Wie machen Sie Ihre Zielgruppe bisher auf sich aufmerksam?

- Sie haben ein eigenes Blog, einen Videokanal auf YouTube oder ein Podcast, auf dem Sie regelmäßig Themen aus Ihrem Fachgebiet veröffentlichen.
- Sie publizieren in Fachmedien, die sich an Ihre Zielgruppe richten.
- Sie schreiben Bücher zu Ihrem Fachgebiet.
- Sie halten Vorträge auf Messen und/oder bei lokalen/überregionalen Netzwerken.
- Sie präsentieren sich professionell auf Xing, Facebook oder anderen sozialen Netzwerken.

- Sie gehen auf Netzwerktreffen und stellen sich und Ihre Leistungen dort vor.
- Sie veranstalten selbst Events, online oder offline (Webinar, Stammtisch etc.).
- Sie stellen kostenlose Tools oder Checklisten etc. für Ihre Wunschkunden zur Verfügung.
- Sie schreiben regelmäßig einen Newsletter für Ihre Zielgruppe.
- …

Welchen Zeitaufwand braucht Ihre Imagepflege?

Sollten Sie zu dem Ergebnis kommen, dass Sie bisher keine oder maximal drei Aktivitäten aus dieser Liste nutzen, wird es Zeit, noch einmal darüber nachzudenken, wie Sie mehr für Ihr Image tun können. Prüfen Sie nun außerdem, wie viel Zeit Sie monatlich für die jeweilige Aktivität verbuchen. Sollte Ihnen das schwerfallen, dann schätzen Sie bitte realistisch, was Ihr Einsatz jeden Monat tatsächlich an Aufwand erfordert. Denken Sie dabei auch an eine eventuelle Vorbereitungs- und Nachbereitungszeit. Noch besser wäre es, wenn Sie mithilfe eines Zeiterfassungstools einen Monat lang wirklich dokumentieren, wie hoch Ihr Zeitaufwand pro Tätigkeit ist. Das kann mitunter sehr aufschlussreich sein, weil uns oft gar nicht klar ist, wie viel unserer Arbeitszeit dafür aufgewendet wird.

Richtwert: 10–15% der Zeit für Marketing und Kommunikation

Als Richtwert sollten Sie ca. 10–15 Prozent Ihrer Arbeitszeit für das Marketing und die Kommunikation Ihres Unternehmens und Ihrer Persönlichkeit in Ihren Workflow einbauen. Viele tun das nicht und lassen sich so wertvolle Möglichkeiten entgehen, Kontakt zu ihren Wunschkunden aufzubauen und zu pflegen und so an ihrem Image zu arbeiten.

Wie bereits an anderer Stelle erwähnt, ist Imagepflege jedoch ein wichtiger Aspekt des unternehmerischen Daseins. Je effizienter Sie daran arbeiten, umso höher ist die Chance, Ihre Reputation zu mehren. Und das ist nützlich, denn diese bestimmt definitiv über die Honorare mit, die Sie verlangen können. Je mehr Menschen aus Ihrer Zielgruppe Sie also erreichen und „beeinflussen“, umso besser für Sie und natürlich auch für diese Menschen. Denn das dürfen Sie nie aus dem Blick verlieren: Sie sind schließlich Coach oder Trainerin, weil Sie Menschen mit Ihrem Tun in ihrer Entwicklung unterstützen wollen. Geben Sie diesen Leuten also die Möglichkeit, Sie zu finden, Sie kennenzulernen und Ihr Fan zu werden.

Entscheidend ist allerdings auch hier eine gewisse Planung. Wenn Sie also jetzt wissen, wie viel Zeit Sie bisher für Ihre Reputationspflege eingesetzt haben, dann überprüfen Sie jetzt im nächsten Schritt, wie sinnvoll Ihr Einsatz für jeden dieser Aspekte tatsächlich ist.

Prüfen Sie, wie sinnvoll Ihr bisheriger Einsatz ist

Publizieren Sie also etwa monatlich in einer Fachzeitschrift, dann fragen Sie sich:

- Wie viele meiner Wunschkunden lesen diese Publikation tatsächlich?
- Welche Rückmeldungen habe ich zu meinen Artikeln bereits erhalten?
- Sind vielleicht sogar schon Anfragen daraus entstanden?

Falls Sie regelmäßig Vorträge halten, untersuchen Sie zum Beispiel folgende Aspekte:

- Wie viel Vorbereitungszeit benötigen Sie dafür?
- Welche Resonanz können Sie verzeichnen?
- Falls Sie unbezahlte Vorträge halten, ist es das wirklich wert? Oder könnten Sie über ein Honorar verhandeln?

Untersuchen Sie alle Kanäle, über die Sie Ihre Außenwirkung steuern, in ähnlicher Weise. Falls Sie in der obigen Liste Instrumente oder Aktivitäten gefunden haben, die Sie derzeit noch nicht bespielen, überlegen Sie, ob Sie Möglichkeiten für sich sehen, den jeweiligen Kanal sinnvoll für sich zu nutzen.

Lassen Sie sich nicht davon kirre machen, dass ja „alle" bloggen oder auf Facebook unterwegs sind. Tatsächlich sollten Sie ehrlich überprüfen, ob Sie den ein oder anderen Kanal in Wahrheit nur deshalb nicht nutzen, weil Sie Vorbehalte gegenüber der Technik haben oder den Betreibern eines Portals nicht vertrauen. Doch wenn Sie feststellen, dass Sie zum Beispiel einfach nicht gerne schreiben, dann ist ein Blog wirklich nichts für Sie – es sei denn, Sie lagern das Bloggen aus. Das können Sie durchaus erwägen, wenn klar ist, dass Sie über diesen Kanal Ihre Wunschkunden gut erreichen könnten. Sie erinnern sich: Sie müssen nicht immer alles selbst machen.

Haben Sie Vorbehalte?

Das Auslagern von Tätigkeiten

Wenn Ihre Wunschkunden nicht oder nur wenig auf Facebook unterwegs sind, sollten Sie hingegen ernsthaft überlegen, ob Sie dort wirklich weiter so viel Zeit verbringen wollen – oder ob Sie diese nicht in sinnvollere Aktivitäten investieren möchten.

Leider gibt es den goldenen Pfad zu Ihren Wunschkunden, den alle gleichermaßen nutzen könnten, nun mal nicht, auch wenn manche Anbieter Ihnen das suggerieren möchten. Es führt kein Weg daran vorbei, sehr genau zu untersuchen, welche Aktivitäten wirklich zum gewünschten Erfolg führen, und wie man seine verschiedenen Kanäle so gut wie möglich und so effizient wie nötig aufeinander abstimmt.

Die Weiterverwertung von Inhalten

Ergänzen Sie Ihre obige Liste daher nun noch um folgende Überlegung: Welche Inhalte könnten Sie auf den anderen Kanälen ein weiteres Mal verwenden? Beispielsweise könnten Sie Ihre Blogbeiträge auch für einen Podcast nutzen. Oder Sie könnten Teile eines Vortrags zu einer Infografik verarbeiten und zur Verfügung stellen.

Der Vorteil daran ist, dass Sie sich im Prinzip nur einmal die Arbeit machen, aber mehr Menschen erreichen können. Denn nicht jeder, der einen Vortrag besucht, liest auch Ihren Newsletter. Wer gerne auf Facebook unterwegs ist, verpasst eventuell Ihre Fachartikel in Zeitschriften.

Haben Sie sich einmal so intensiv mit den Aktivitäten befasst, über die Sie Ihre Außenwirkung steuern, werden Sie rasch merken, welche davon wirklich sinnvoll und produktiv sind und womit Sie Ihre Zeit eher verschwenden. Auf diese Weise Bilanz zu ziehen, kann Ihnen helfen, zukünftig konzentrierter und damit effektiver an Ihrem Image zu arbeiten. Es geht ja leider immer viel Energie verloren, wenn wir uns verzetteln.

Die folgende Beispielgrafik kann Sie dabei unterstützen, Ihre verschiedenen Kanäle sinnvoll miteinander zu verknüpfen:

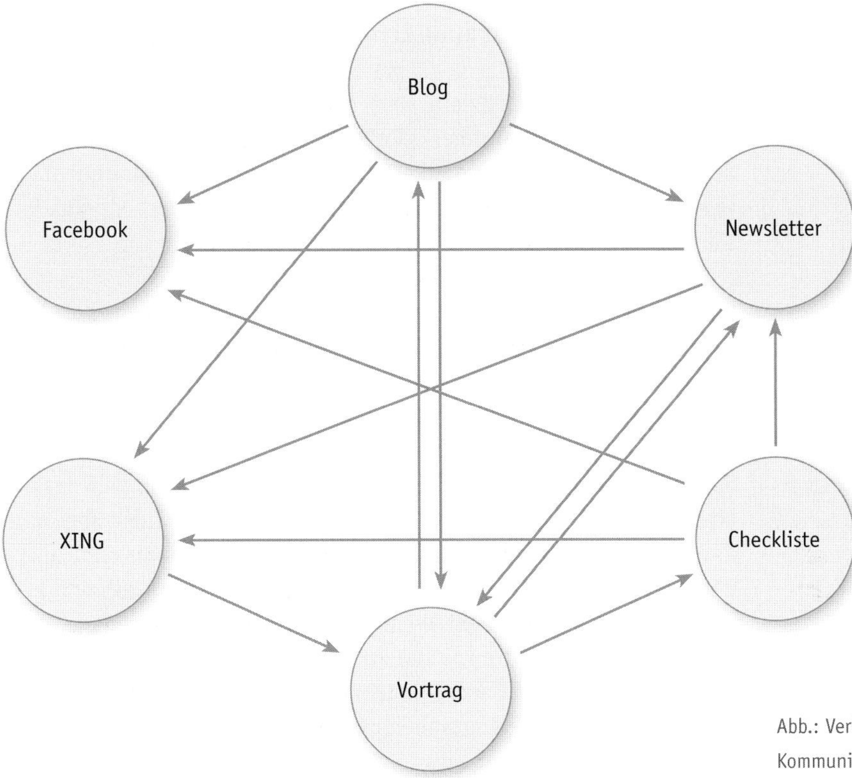

Abb.: Verknüpfen der Kommunikationskanäle

Ordnen Sie in ähnlicher Weise Ihre Kommunikationskanäle in Kreisen an – es können auch durchaus mehr sein – und überlegen Sie, wie Sie die verschiedenen Kanäle miteinander kombinieren können. Auf dieser Beispielgrafik sehen Sie zum Beispiel, dass Blogartikel über Facebook und Xing geteilt sowie über den Newsletter verbreitet werden. Ein Vortrag wird im Newsletter angekündigt, aber auch inhaltlich vorgestellt. Aus dem Material des Vortrags lässt sich eventuell eine Checkliste erstellen, die dann wieder über Xing und Facebook sowie den Newsletter verbreitet wird.

Natürlich sind auch in dieser Grafik nicht alle Möglichkeiten aufgeführt. Es hilft aber, auf diese Weise einmal zu erfassen, welche Optionen Ihnen grundsätzlich zur Verfügung stehen und wie Sie die diversen möglichen Kombinationen optimieren können.

Über die Projektion zum Erfolg

Sie sehen, es lohnt sich sehr, dem Aspekt Außenwirkung in unserem Mosaik einige Aufmerksamkeit zu widmen. Ihr zukünftiges Selbstbild wird es Ihnen danken, denn – und hier sei Ihnen mal wieder ein Geheimnis erfolgreicher Menschen verraten – die Realität folgt dem Image.

Die Sogwirkung kluger Positionierung

Wer sich also intensiv mit seinen Stärken und seinem Angebot auseinandersetzt, wer seine Wunschkunden und ihre Probleme wirklich studiert und Lösungen dafür entwickelt hat, verfügt am Ende dieses Prozesses über eine kluge Positionierung mit viel Erfolgspotenzial. Wenn Sie sich nach außen so darstellen, als hätten Sie das selbst gesetzte Ziel bereits erreicht, dann entwickelt das einen gewissen Sog. So nähern Sie sich Schritt für Schritt über eine Projektion dem angepeilten Ziel. Das kann allerdings wirklich nur dann funktionieren, wenn erstens die Positionierung passt und klar ist, wohin die Reise gehen soll. Und zweitens sollte das Image, das Sie produzieren möchten, nicht zu weit weg sein von der Realität, weil Sie sonst eine unsanfte Bauchlandung hinlegen können. Doch wenn diese beiden Bedingungen gegeben sind, kann Ihr Image echte Zugkraft entwickeln.

Selbstbewusstes Auftreten mit klaren Aussagen

Das bedeutet, Sie können mit selbstbewussten und klaren Aussagen nach draußen gehen und Ihren Kunden zeigen, dass Sie der richtige Anbieter für sie sind – natürlich mit einem professionellen Außenauftritt und durchdachten Kommunikationsmaßnahmen, die zu Ihnen und Ihren Wunschkunden passen.

Manchmal stehen Sie dann vielleicht erst einmal da mit breiter Brust, aber noch geringem Kundenaufkommen. Das macht aber gar nichts. Denn die richtigen Kunden kommen, einer nach dem anderen, und immer mehr. Da brauchen Sie ein bisschen Durchhaltevermögen und Glauben an sich und „Ihr Ding". Sie dürfen dann auch mal ein bisschen dick auftragen und sich zum Beispiel „Vordenkerin für authentisches Marketing" nennen, wie ich das vor einiger Zeit mal getan habe. Das ist gut fürs Image und gibt Ihren Wunschkunden die nötige Orientierung. Wenn noch kein anderer erkannt hat, wie gut Sie wirklich sind, dürfen Sie den Rest der Welt ruhig mit der Nase darauf stoßen. Glauben Sie es, das wirkt! Männer können so was übrigens meist viel besser als Frauen – höchste Zeit zum Aufholen, meine Damen!

Manche knicken aber in dieser Phase ein. Sie denken, ihre Positionierung zieht nicht und schmeißen alles wieder über Bord, was sie sich mühsam erarbeitet haben. Sie nehmen den nächstbesten Auftrag an, auch wenn sie schon von vorneherein wissen, dass das wahrscheinlich nur Stress bedeutet und wenig Erfüllung.

Durchhaltevermögen in der ersten Phase

Kluge Unternehmerinnen und Unternehmer jedoch wissen, dass die Realität dem Image folgt und bleiben ihrer Positionierung treu. Irgendwann hat die Realität Ihr Image nämlich eingeholt. Und dann gibt es keine echten Erfolgsgrenzen mehr.

Die Realität folgt dem Image

Referenzen und Testimonials

Erfolg zeigt sich, wie wir gesehen haben, auch darin, wie andere über Sie sprechen. Daher ist es extrem wichtig, solche Rückmeldungen auch öffentlich verfügbar zu machen, denn sie dienen anderen als Orientierung und Entscheidungshilfe.

Rückmeldungen öffentlich machen

Der Wert Ihrer Arbeit wird durch Referenzen und Testimonials belegt, zwei Begriffe, die ebenfalls häufig synonym benutzt werden. Hier soll jedoch begrifflich klar unterschieden werden: Es sind allerdings nur Listen bisheriger Kunden, die zum Beispiel durch das Logo und eine Kurzbeschreibung des jeweiligen Projekts auf der Website zu sehen sind, *Referenzen*. Das heißt, Besucher der Website können sehen, für welche möglicherweise namhaften Kunden Sie bereits tätig waren. Daraus lassen sich natürlich Rückschlüsse auf die Qualität Ihrer Arbeit ziehen.

Referenzen sind Listen bisheriger Kunden

Wertvoller sind jedoch *Testimonials* – Worte der Wertschätzung für Ihre Leistung in Verbindung mit dem Klarnamen und vielleicht sogar einem Foto des Empfehlungsgebers.

Testimonials sind Wertschätzungen Ihrer Leistung

Beide Varianten von Empfehlungen sind im Hinblick auf Ihre Außenwirkung extrem wichtig, denn machen wir uns nichts vor: Positive Bewertungen, wie zum Beispiel die Anzahl der vergebenen Sterne beim großen Online-Buchhändler, beeinflussen uns alle definitiv bei unserer Kaufentscheidung. Daher ist es eine gute Idee, in den eigenen Werbemitteln mit Referenzen und Testimonials zu arbeiten. Das kann ganz unterschiedliche Formen annehmen:

Darstellungsformen von Referenzen und Testimonials

Sehr häufig sieht man inzwischen neben den bereits erwähnten Referenzen auf den Websites von Coachs, Trainern und Beratern Ausschnitte aus Testimonials, manchmal unter einem eigenen Menüpunkt, zuweilen auch als rotierende Einblendung in der Seitenleiste oder im Footer, was natürlich aufmerksamkeitsstärker ist.

Sie können Testimonials aber auch hin und wieder in Ihren sozialen Netzwerken platzieren oder im Newsletter erwähnen, oder sie auch explizit beim Marketing konkreter Produkte einsetzen. Insbesondere wenn Sie sogenannte Landing oder Lead Pages konzipieren, mit denen Sie ein Angebot am Markt platzieren möchten, sollten Sie auf Testimonials keinesfalls verzichten.

Testimonials zeigen, dass sich ein Kauf lohnt

Testimonials erfüllen eine wertvolle Funktion: Sie bestätigen Ihren Interessenten, dass Ihre Kaufentscheidung sich lohnen wird, denn andere haben ja bereits von diesem Angebot profitiert.

Success Stories

Sollten Sie im Projektgeschäft tätig sein, kann es darüber hinaus eine gute Idee sein, Ihre Kunden zu bitten, mit Ihnen gemeinsam eine Success Story zu produzieren, die Sie dann über Ihre eigenen Kanäle verbreiten können. Und zusätzlich lassen sich solche Geschichten teilweise auch in Fachmagazinen platzieren, sodass Sie Ihre Leistung für noch mehr Menschen erkennbar machen.

Projektbeschreibungen

Sollten Ihre Kunden nicht genannt werden wollen, können Sie auch Projektbeschreibungen in Betracht ziehen, insbesondere bei größeren Projekten mit komplexen Anforderungen. Damit demonstrieren Sie Ihren Interessenten, was sie bei Ihnen erwarten können. Ob Sie solche ausführlichen Texte direkt auf Ihrer Website platzieren oder nur auf Anfrage verschicken, bleibt Ihnen überlassen und ist abhängig von Ihrem konkreten Geschäft. Denken Sie auf jeden Fall darüber nach, ob Sie diese Form der Außendarstellung für sich nutzen können.

Aktives Empfehlungsmarketing

Das Zauberwort heißt „Sprich mit deinen Kunden!". Wenn Sie darauf warten, dass Ihre Kunden Ihnen von allein ein schönes Testimonial schreiben, kann das manchmal dauern … und dauern. Der beste Zeitpunkt, Ihre Kunden um eine Referenz oder eine Empfehlung zu bitten, ist zeitnah nach dem erfolgreichen Abschluss Ihrer Tätigkeit. Rufen Sie Ihren Kunden an oder schreiben Sie eine freundliche Mail, um sich für die Zusammenarbeit zu bedanken. Manchmal reicht das schon, und Sie erhalten eine positive Resonanz, aber es spricht nichts dagegen, gleich aktiv um eine Referenz oder ein Testimonial zu bitten. Machen Sie Ihrem Kunden dabei möglichst klare Vorgaben, mit welchen Punkten Ihnen am meisten geholfen wäre. Erfahrungsgemäß wissen die meisten nämlich gar nicht so recht, worauf es wirklich ankommt, und dann erhalten Sie gut gemeinte, aber oft sehr unspezifische Sätze, die möglichen Interessenten wenig Aufschluss darüber geben, was sie von Ihnen zu erwarten hätten.

Zeitnah aktiv um Empfehlung bitten

Stellen Sie also Ihren Kunden ganz konkrete Fragen, etwa in folgendem Tenor:

Leitfragen für ein aussagekräftiges Testimonial

- Was hat Ihnen an unserer Zusammenarbeit besonders gut gefallen?
- Bei welchem Problem konnte ich Ihnen am meisten helfen?
- Wie beurteilen Sie meinen persönlichen Stil im Umgang mit Ihnen und Ihrem Anliegen?
- Wofür würden Sie mich anderen Kunden am ehesten weiterempfehlen?
- Wovon haben Sie am meisten profitiert?
- In welcher Weise sparen Sie vielleicht Geld, Zeit oder Nerven durch meine Leistung?
- Was ist für Sie der wichtigste Grund dafür, dass Sie immer wieder mit mir arbeiten?

Das zwingt Ihre Kunden, wirklich konkret zu werden und auf den Punkt zu kommen. Überlegen Sie, für welche Ergebnisse, Eigenschaften oder Fähigkeiten Sie gerne gelobt werden möchten. Was wollen Sie besonders hervorheben? Womit könnten Sie bei potenziellen Kunden am meisten punkten? Dann versuchen Sie, Ihre Empfehlungsgeber sanft in diese Richtung zu lenken, damit Sie auch wirklich von den Testimonials profitieren.

Sie können auch nach einem Telefonat, bei dem Sie wertvolles positives Feedback erhalten haben, einen Text daraus basteln und Ihrem Kunden zur Freigabe vorlegen. Manchen Kunden, die einfach nicht so gut formulieren können oder wollen, bestimmte Sätze „in den Mund zu legen", kann eine gute Strategie sein, die oft als Entlastung wahrgenommen und gerne akzeptiert wird.

Testimonials im Coaching

Im Bereich Coaching sind Testimonials natürlich ein Balanceakt. Viele Klienten wünschen nicht, dass ihr Coaching öffentlich wird – und das ist ja auch durchaus verständlich. In solchen Fällen können Sie zum Beispiel fragen, ob ein anonymes Testimonial in Ordnung wäre. Damit sind dann viele einverstanden. Natürlich ist ein Testimonial ohne Namensnennung nicht ganz so wirkungsvoll wie eins, wo Name und Berufsbezeichnung sichtbar sind. Doch wenn der individuelle Stil jeweils zu erkennen ist und erklärt wird, wieso hier keine Namen genannt werden, gibt das Ihren potenziellen Interessenten neben der Information über den Erfolg eines Coachings zusätzlich die Sicherheit, dass auf Ihre Diskretion Verlass ist.

Scheuen Sie sich also nicht, aktiv um Testimonials zu bitten – je mehr, je besser, damit Sie auch immer mal etwas Neues zu erzählen haben. Empfehlungen sind für viele Coachs, Trainer und Berater sehr wertvolle Türöffner. Die meisten meiner Neukunden kommen inzwischen über Empfehlungen, und das ist letztlich doch die angenehmste Art der Akquise. Wenn Sie Ihre zufriedenen Klienten und Kunden also nicht aktiv um Empfehlungen bitten, verschwenden Sie damit eine relativ leichte Möglichkeit, neue Kunden zu gewinnen.

Geben und Nehmen

Wir haben nun schon einige Aspekte Ihrer Außenwirkung betrachtet, und kurz vor dem Ende dieses Buches wird es Zeit, noch einmal etwas grundsätzlicher zu werden. An diesem Punkt ist es angebracht, noch einmal innezuhalten und sich darüber klar zu werden, welche Intention hinter Ihren auf Außenwirkung bedachten Aktivitäten steckt.

Hinter Ihrer Außenwirkung steht die Bilanz von Geben und Nehmen

Die Bilanz zwischen Geben und Nehmen sollte ausgeglichen sein. Bestimmt haben auch Sie diesen Satz schon oft gehört oder gelesen. Er klingt nach einer typischen Binsenwahrheit. Im Kontext der unternehmerischen Persönlichkeit und ihrer Außenwirkung können wir aber auf einer tieferen Ebene untersuchen, was das für Sie ganz individuell bedeutet: Wir könnten zum Beispiel die Frage danach stellen, wie großzügig Sie sind im Teilen Ihres Wissens. Oder welche Zugeständnisse Sie Ihren Kunden machen – und aus welcher Haltung heraus Sie das tun.

Erfolgreiche Unternehmer sind großzügig

Wenn Sie erfolgreiche Unternehmerinnen und Unternehmer beobachten, werden Sie fast immer feststellen, dass diese selten geizen: Sie teilen zum einen ihr Know-how und ihr Wissen und verraten ihre „Erfolgsgeheimnisse" gern. Sehr oft sind sie zum anderen auch großzügige Mentoren und Mäzene, die Teile ihres Umsatzes für soziale oder kulturelle Zwecke spenden oder sich in irgendeiner Weise gesellschaftlich engagieren.

Großzügigkeit ist eine innere Haltung, in der sich ausdrückt, wie wir der Welt begegnen. Mit offenem Herzen geben zu können, hat oft den scheinbar paradoxen Effekt, dass ganz viel zu uns zurückkommt. Schielen wir dabei allerdings in erster Linie auf den eigenen Nutzen, tritt eher das Gegenteil ein.

Anderen Menschen ein Geschenk zu machen, gibt beiden Seiten ein warmes Gefühl, solange keine Erwartungen auf eine Reaktion damit verbunden sind. Wer nur gibt, weil er sich davon eine Gegenleistung verspricht, ist nicht großzügig, sondern kleingeistig. Umgekehrt erfordert es ebenfalls ein offenes Herz, Geschenke annehmen zu können mit einem Gefühl von Dankbarkeit und Wertschätzung.

> Ich arbeite nach dem Prinzip des sogenannten „Karma-Marketing". Das bedeutet für mich, dass alles, was ich an Gutem in die Welt reinbringe, auch wieder zurückkommt. Und das bedeutet wiederum, bevor ich überhaupt jemandem was verkaufen will, biete ich den Leuten erst mal was Gutes dazu an. Ich habe mir angewöhnt, bei diesen Kostproben nicht zu geizig zu sein, sondern eher mehr zu geben. Wenn ich über diese Kostproben nachdenke, denke ich auch sehr genau drüber nach, was gebe ich von meinem Produkt wirklich preis und was nicht. Denn am Ende muss ich ja auch noch was zu verkaufen haben. Aber ich weiß auch, der inhaltliche Teil ist ja nur ein Aspekt des ganzen Angebotes: Die Betreuung, der persönliche Service, die Leute zu begleiten, das ist mindestens genauso wichtig. Inhalte kann man klauen, aber die persönliche Betreuung, den Service, den Support, das gibt's nur bei mir, in der Martin-Weiss-Form.
>
> *Martin Weiss, Trainer, Coach und Autor*

Insofern sollen die folgenden Denkfragen Sie anregen, einmal aufrichtig zu prüfen, welche großen und kleinen Dinge Sie täglich tun, in denen sich Ihre Großzügigkeit ausdrückt, insbesondere im Kontext Ihrer unternehmerischen Tätigkeit:

Wie drückt sich Ihre Großzügigkeit aus?

- In welcher Weise teilen Sie Ihr Wissen?
- Wo unterstützen Sie Ihre Kunden, ohne das auf der Rechnung zu verbuchen?
- Wie viel Zeit investieren Sie in soziale oder kulturelle Belange?
- Welchen Menschen haben Sie ganz konkret in den letzten vier Wochen geholfen?
- Wo erwarten Sie eigentlich eine Gegenleistung?

Bei aller Großzügigkeit gilt es allerdings auch aufzupassen, dass die Wertschätzung gegenüber den eigenen Leistungen erhalten bleibt, wie wir bereits bei dem Mosaikstein Persönlichkeit gesehen haben (s. S. 35 ff.). Denn wir können nur dann wirklich großzügig sein, wenn wir wissen, was wir wert sind und an der richtigen Stelle auch eine Grenze ziehen können. Großzügig zu sein, bedeutet definitiv nicht, immer und überall unentgeltlich zur Verfügung zu stehen. Damit machen wir uns moralisch erpressbar. Wir sind Unternehmerinnen und Unternehmer, kennen den Wert unserer Leistungen und entscheiden frei, wem wir wie viel davon zur Verfügung stellen. Niemand hat ein Anrecht darauf.

Den Wert unserer eigenen Leistung erhalten

Wenn Sie also merken, dass Sie bei der Beschäftigung mit diesem Thema an der ein oder anderen Stelle möglicherweise ein mulmiges Gefühl bekommen, dann schauen Sie genau hin: Geben Sie mehr als Sie eigentlich möchten? Fühlen Sie sich ausgenutzt? Sollte das der Fall sein, ziehen Sie eine klare Grenze – zunächst für sich, und dann auch im Außen. Machen Sie sich klar, dass niemandem gedient ist, wenn Sie zu viel geben: Es gibt weder Ihnen noch dem Empfänger ein gutes Gefühl.

Geben Sie mehr als Sie möchten?

Es wird immer Menschen geben, auch unter Ihren Kunden, die versuchen, so viel wie möglich von Ihnen zu bekommen. Wenn Sie jedoch klar kommunizieren, wie weit Ihre Großzügigkeit geht und ab wann sozusagen Ihr innerer Buchhalter wieder das Heft in die Hand nimmt, bleiben Sie souverän und erwerben sich Respekt und Achtung. Wundersamerweise wird der Anteil der Schnorrer unter Ihren Kunden deutlich abnehmen ...

Verhandeln tut gut

Es bleibt jedoch definitiv ein Balanceakt, im Miteinander mit seinen Kunden die eigenen Ansprüche umzusetzen und dennoch hier und da Zugeständnisse zu machen. Wenn Sie sich darüber im Klaren sind, wie weit Sie Ihren Kunden entgegenkommen wollen und können und wo Ihre persönlichen Grenzen sind, ist schon viel gewonnen. Besonders deutlich zeigt sich das beim Thema Honorarverhandlungen.

Als Sie sich im Kontext des Mosaiksteins Rahmenbedingungen mit dem Thema Geld und Honorare befasst haben (s. S. 160 ff.), war das vielleicht bereits ein Schmerzpunkt: Verkaufsgespräche. Unsere Außendarstellung mag insgesamt überzeugend wirken, doch wenn wir dann in der konkreten Honorarverhandlung nicht entsprechend souverän agieren und beim ersten Gegenwind „einknicken", dann ist das weder förderlich fürs unternehmerische Selbstbewusstsein noch fürs Portemonnaie. Wie Sie sich im Verkaufsgespräch präsentieren, ist ein sehr wesentlicher Aspekt Ihrer professionellen Außenwirkung, und daher lohnt es sich gleich in mehrfacher Hinsicht, diesem Thema einige Aufmerksamkeit zu widmen.

Wie präsentieren Sie sich im Verkaufsgespräch?

Wir begegnen im unternehmerischen Alltag immer wieder Situationen, in denen unser Verhandlungsgeschick gefragt ist. Wenn Sie beispielsweise Unternehmenskunden haben, verhandeln Sie oft mit dem Einkauf – und dort sitzen leider nicht die tatsächlichen Empfänger Ihres Angebots, sondern Menschen, die darauf geschult sind, möglichst günstig Leistungen für das Unternehmen einzukaufen. Das ist deren Job, und sie versuchen natürlich, einen günstigen Preis für Ihre Leistung zu bekommen. Bevor Sie in ein Gespräch über Ihr Honorar gehen, bereiten Sie sich daher möglichst gut vor. Sie sollten Ihre Stunden- und Tagessätze klar definiert haben, sodass Sie bei entsprechenden Nachfragen Ihren Preis souverän nennen können.

Damit das im Ernstfall wirklich klappt, können Sie die folgenden Schritte unterstützen:

Wie Sie lernen, Ihren Preis souverän zu nennen

- Machen Sie sich Ihre Stärken und die Vorteile Ihres Angebots noch einmal bewusst, am besten in Form einer schriftlichen Liste. Und ja, Sie dürfen auch für eine Leistung, die Ihnen richtig viel Freude macht, gutes Geld verlangen!
- Üben Sie das Aussprechen Ihres Honorars mit einem Freund oder Ihrer Co-Coach (s. Mosaikstein Zugehörigkeit, S. 205 ff.). Je öfter Sie diese Zahl laut aussprechen, umso vertrauter wird sie Ihnen, und umso leichter wird es Ihnen fallen, sie im konkreten Gespräch zu nennen.

- Überlegen Sie auch, welche Aspekte Ihres Angebots Sie weglassen könnten, um den Preis gegebenenfalls senken zu können.

Angebotsverkleinerung

- Extra-Tipp: Verschaffen Sie sich von Anfang an Verhandlungsspielraum! Gerade Frauen setzen leider aus lauter Angst, den Auftrag nicht zu erhalten, ihr Honorar in vorauseilendem Gehorsam oft schon eher niedrig an. Das ist ein taktischer Fehler. Zum einen bringen Sie damit Ihrer Leistung selbst nicht genügend Wertschätzung entgegen, was natürlich bei allen Verhandlungen mitschwingt. Zum anderen wird es dann schwierig, an der ein oder anderen Stelle dem Kunden entgegenzukommen.

  Wenn Sie also Ihr Angebot erstellt haben mit einem Betrag, der für Sie erst einmal in Ordnung ist, überlisten Sie sich selbst und schlagen noch mal entspannte 20 Prozent drauf. Probieren Sie es aus! Sie werden überrascht sein, wie viel Spielraum Ihnen das gibt – und wie oft Sie den höheren Preis tatsächlich verkaufen können.

20% für Spielraum draufschlagen

Sollten Sie dann tatsächlich eine Verhandlungsrunde fahren müssen, können Sie das mit einem viel besseren Gefühl machen, denn schlimmstenfalls landen Sie bei Ihrem ursprünglichen Honorar – aber mit weniger Leistung. Denn natürlich sollten Sie nur dann Ihr Angebot nach unten korrigieren, wenn Sie dann auch weniger Leistung erbringen müssen. Machen Sie nicht den Fehler, nachzugeben, ohne zugleich auch Abstriche im Leistungsumfang zu machen. Denn sonst wirkt Ihr ursprüngliches Angebot plötzlich unglaubwürdig, und Sie werden bei diesem Kunden nie wieder mit einem höheren Preis gebucht werden.

Nachgeben nur mit Abstrichen im Leistungsumfang

Können Sie aber begründen, wieso sich der Nutzen reduziert, wenn Sie inhaltliche Abstriche machen, liegen Ihre Chancen wesentlich besser, zu guter Letzt doch das avisierte Honorar zu erhalten. Kommen Sie also Ihrem Gesprächspartner erst einmal insofern entgegen, dass Sie ihm anbieten, auf bestimmte Leistungen zu verzichten, aber machen Sie gleichzeitig deutlich, welche Nachteile für das gewünschte Ergebnis das aus Ihrer Sicht haben könnte. Wird die Karte ausgespielt, dass es ja Kollegen gäbe, die Ihre Leistung günstiger anbieten, reagieren Sie souverän und begründen Sie, weshalb Sie davon überzeugt sind, dass Sie die besseren Ergebnisse liefern können als irgendein Feld-, Wald- und Wiesentrainer. Wenn Sie selbst davon überzeugt sind, dass Ihr Angebot wertvoll ist, werden Sie genügend Argumente finden, um andere zu überzeugen.

Eine Kollegin erzählte mir außerdem vor Jahren von einer hilfreichen Strategie, die Sie auch einmal testen können: Sie fragt nämlich nach einem Gegenangebot, und wenn das deutlich unter ihrem ursprünglichen Angebot liegt, fängt sie an zu lachen und sagt: „O.k., darüber amüsieren wir uns jetzt mal 'ne Runde, und dann können wir noch mal ernsthaft von vorne anfangen, oder?" Damit entwaffnet sie in der Regel ihre Gesprächspartner sehr charmant, und oft gelingt es ihr im Anschluss, ihren Preis durchzusetzen.

Zudem spielen Sie mit der Strategie, den anderen nach seinem Budget zu fragen, den Ball ins andere Feld – und Sie wirken dadurch souveräner, selbst dann, wenn Ihr Gesprächspartner sich nicht aus der Reserve locken lässt.

Machen Sie sich immer wieder klar: In Verhandlungen geht es darum, dass beide Seiten gewinnen. Es geht nicht um Siegen oder Verlieren, jedenfalls sollte das nicht so sein. Jemand benötigt Sie und Ihre Dienstleistung und hat dafür einen Betrag X zur Verfügung. Sie haben umgekehrt eine klare Vorstellung über den Wert Ihres Angebots und sind bereit, es zu einem festgesetzten Preis zu verkaufen.

Sprechen Sie recht früh vom Honorar

Manches unangenehme Verkaufsgespräch könnten Sie daher schon im Ansatz vermeiden, wenn Sie recht früh auf Ihr Honorar zu sprechen kommen. Viele Coachs, Trainer und Berater haben davor Angst. Sie fürchten, den Gesprächspartner zu verscheuchen. Die Erfahrung zeigt allerdings, dass eine klare Ansage schon früh die Spreu vom Weizen trennt. Wieso sollten Sie Ihre und die Zeit Ihres Gesprächspartners darauf verschwenden, lange über Inhalte und Ziele eines Trainings oder einer Beratung zu sprechen, wenn schon nach fünf Minuten klar sein könnte, dass die Person am anderen Ende nicht bereit oder fähig ist, Ihr Honorar zu bezahlen?

Die Empfehlung lautet daher auch konsequenterweise, Honorare bereits auf der eigenen Website zu veröffentlichen, zumindest gewisse Richtlinien, die zur Orientierung dienen. Das fungiert ausgezeichnet als Filter, und es bedeutet, dass wahrscheinlich nur Menschen bei Ihnen anrufen oder anfragen, die grundsätzlich in der Lage und auch willens wären, Ihren Preis aufzurufen.

Trainingsplan für bessere Honorarverhandlungen

Fassen wir noch einmal zusammen, welche Schritte nötig sind, damit Sie sich in Zukunft in Honorarverhandlungen gelassen und souverän geben können:

Schritte für erfolgreiche Honorarverhandlungen

1. Sie kennen Ihren Stunden- und/oder Tagessatz und können ihn ohne zu zögern nennen.
2. Wenn Sie ein umfängliches Angebot geschrieben haben, schlagen Sie am Ende auf alle Leistungen noch mal 20 Prozent drauf, bevor Sie es verschicken, um sich Verhandlungsspielraum zu ermöglichen.
3. Bei Projekten, die sich über einen längeren Zeitraum erstrecken, legen Sie sich verschiedene Szenarien zurecht, wie Sie Ihrem Kunden zwar einerseits entgegenkommen könnten, dann aber gleichzeitig Ihre Leistungen stutzen.
4. Sie kennen Ihr absolutes Minimum und wissen, dass Sie keinesfalls unter diese Grenze gehen werden.
5. Sie erlauben sich, Ihren Kunden nach seinem Budget zu fragen, um auszuloten, ob Sie überhaupt zusammenkommen können.
6. Im Gespräch halten Sie die Pause nach der Nennung Ihres Preises aus. Pausen sind für empathische Menschen oft ganz schlecht zu ertragen, sie neigen dazu, dann entweder in eine Rechtfertigungsschleife zu gehen oder gleich einen Rabatt anzubieten. Das ist eine der härtesten Übungen, also: Trainieren Sie das ganz bewusst!
7. Fassen Sie am Ende des Gesprächs noch einmal zusammen, zu welcher Einigung Sie gekommen sind und bedanken Sie sich für das schöne Ergebnis.

Sie werden feststellen, dass es Ihnen von Mal zu Mal leichter fällt, Ihr Honorar durchzusetzen, wenn Sie den obigen Schritten folgen. Jedes Mal, wenn Sie das von Ihnen angestrebte Honorar erhalten haben, schaffen Sie sich damit eine weitere positive Referenzerfahrung. Das ist ein sich selbst verstärkender Regelkreis, und es wird jedes Mal leichter werden. Irgendwann kommt dann die Königsdisziplin: wenn Sie nämlich eine Honorarerhöhung kommunizieren.

Es gibt vielerlei Gründe, wieso Sie Ihr Honorar von Zeit zu Zeit erhöhen sollten:

Gründe für Honorarerhöhungen

- Die Lebenshaltungskosten steigen insgesamt.
- Sie wollen mehr investieren.
- Sie wollen vielleicht weniger arbeiten und dennoch den gleichen Umsatz wie bisher erzielen.
- Sie haben eine Fortbildung absolviert, die Ihre Qualifikation erhöht.
- Sie haben mehrere Jahre Erfahrung gesammelt und gelten als Expertin oder Experte.

Kommunikation von Honorarerhöhungen

Das sind alles legitime Gründe, die Sie allerdings gegenüber Ihren Kunden nicht unbedingt nennen sollten. Überhaupt ist es wenig zielführend, Ihre Preisanpassung erklären zu wollen, auch wenn uns das meist ein Bedürfnis ist. Teilen Sie bestehenden Kunden in einem freundlichen Schreiben einfach mit, dass Sie ab Zeitpunkt X Ihre Honorare auf EUR Y erhöhen werden, dass aber Ihre Stammkunden im laufenden Rechnungsjahr alle Leistungen noch zum alten Preis erhalten. Stellen Sie den Nutzen heraus, den Ihre Kunden bisher durch die Zusammenarbeit hatten und legen Sie vielleicht noch ein Goodie obendrauf. Neukunden teilen Sie einfach die neuen Preise mit. Da besteht ohnehin kein Erklärungsbedarf. Das ist Ihr Preis, fertig.

Viele Kunden werden Ihre klare Ansage ohne Diskussion akzeptieren, denn das ist einfach das Gesetz des Marktes: Preise werden angepasst. Oft wird die Erfahrung gemacht, dass zwar jede Preiserhöhung einen gewissen Schwund zur Folge hat, der jedoch mehr als wettgemacht wird durch die Neukunden, die anstandslos bereit sind, den neuen Preis zu bezahlen.

Denken Sie noch einmal an den Mosaikstein Rahmenbedingungen und Ihre Wunschkunden zurück (s. S. 132 ff): Hatten Sie nicht dort definiert, dass diese bereitwillig Ihr Honorar bezahlen? Eben.

Zusammenfassung des Mosaiksteins Außenwirkung

Die Außenwirkung der unternehmerischen Persönlichkeit ist für den Erfolg sehr wichtig. Sie haben daher in diesem Kapitel folgende Aspekte untersucht:

- Sie haben Ihre Produkte und Leistungen auf Herz und Nieren geprüft und überdacht, worauf Sie ab jetzt Ihren Fokus legen werden.
- Sie haben für jedes Ihrer Angebote eine Verkaufstreppe etabliert.
- Sie haben Ihre Planungen systematisiert und Ihre eigene Struktur dafür entwickelt.
- Sie haben eine Marketing-Roadmap für die nächsten zwölf Monate entwickelt.
- Sie haben den Zusammenhang zwischen Image und Authentizität für sich geklärt und überlegt, welche Instrumente aktiver Imagepflege Sie nutzen können.
- Sie wissen, wie Sie Referenzen und Testimonials von Ihren Kunden erhalten.
- Sie haben sich mit Ihrer ganz eigenen Balance zwischen Geben und Nehmen beschäftigt und erforscht, was Großzügigkeit für Sie bedeutet.
- Sie kennen jetzt Wege, um souverän und gelassen über Ihr Honorar verhandeln zu können.

Mit dem Abschluss dieses Kapitels haben Sie die vier Mosaiksteine zusammengesetzt, welche die unternehmerische Persönlichkeit ausmachen. Damit sollten Sie einige interessante Impulse mitgenommen haben und nun Ihr unternehmerisches Selbstbild eindeutiger als bisher definieren können.

Selbsttest: Welche Potenziale dürfen Sie noch entwickeln?

Sollten Sie überprüfen wollen, wie Sie nun auf den Mosaikfeldern der unternehmerischen Persönlichkeit aufgestellt sind, können Sie ganz einfach den folgenden Selbsttest durchführen.

Wie schätzen Sie sich selbst bei den folgenden Aussagen ein?

1. Persönlichkeit

Ich bringe mir selbst und meinen Bedürfnissen Wertschätzung entgegen.

Ich kenne meinen inneren Antrieb und weiß, was mich wirklich motiviert.

Unternehmer/-in zu sein gehört zu meinem persönlichen Selbstbild und ich fühle mich wohl dabei.

Mir ist klar, nach welcher Vision ich mein Business ausrichten möchte.

Ich kenne meine Widerstände und weiß, wie ich sie überwinden kann.

Ich habe Erfolgsroutinen etabliert, die mich dabei unterstützen, mein Business erfolgreich zu gestalten.

Ich folge bei vielen Entscheidungen meinem Bauchgefühl.

Ich übernehme Verantwortung für meine Bedürfnisse und sorge gut für mich.

2. Rahmenbedingungen

Ich kenne meine Zielgruppe und meine Wunschkunden und weiß genau, was sie von mir erwarten sollen.

Ich halte mich über Trends und Marktentwicklungen auf dem Laufenden und antizipiere Bedürfnisse meiner Wunschkunden.

Ich kenne die informellen Spielregeln in meinem professionellen Kontext und kann mich entspannt darauf einlassen.

Ich habe mich mit dem Thema Macht auseinandergesetzt und erfahre mich als selbstmächtig.

Meine Beziehung zu Geld ist positiv, und ich kann angemessene Honorare fordern und erhalten.

3. Zugehörigkeit

Ich habe alle „Energievampire" aus meinem Umfeld verbannt.

Ich glaube an mich und weiß, wie ich meine inneren Ressourcen aktivieren kann.

Ich bin ein Networking-Profi und weiß, wie ich meine Netzwerke kontinuierlich ausbauen kann.

Ich habe meine eigene Herangehensweise zum Thema Selbstmarketing gefunden.

Ich nutze Social Media gekonnt und professionell.

Ich kenne verschiedene Möglichkeiten, wie ich mir Unterstützung für meine Aufgaben organisieren kann.

Ich habe mich damit auseinandergesetzt, was die Rolle als Coach, als Beraterin oder als Trainer für mich bedeutet und nutze die verschiedenen Aspekte eines Rollenverständnisses flexibel.

4. Außenwirkung

Meine Leistungen und Angebote sind für meine Wunschkunden unwiderstehlich.

Ich steuere mein Image bewusst und nutze dafür verschiedene Instrumente.

Ich kenne Planungstools, die für mich funktionieren und nutze sie professionell.

Ich weiß, was ich in den nächsten 12 Monaten erreichen möchte und habe die dafür notwendigen Schritte definiert.

Ich bin großzügig, lasse mich aber nicht über den Tisch ziehen.

Auswertung

1. Persönlichkeit

Alles im positiven Bereich? Herzlichen Glückwunsch, Sie haben sich intensiv mit den Facetten Ihrer Persönlichkeit auseinandergesetzt und wissen, auf welche Ihrer Stärken Sie bauen können, um unternehmerisch voranzukommen.

Sollten Sie einige negative Smileys angekreuzt haben, dann beschäftigen Sie sich am besten ab S. 29 ff. ausführlich mit dem ersten Mosaikstein zum Thema Persönlichkeit.

2. Rahmenbedingungen

Finden sich Ihre Kreuzchen hier überwiegend auf den positiven Smileys? Toll, denn offenbar haben Sie sich gründlich mit den Themen befasst, die mit dem Mosaikstein Rahmenbedingungen ab S. 121 ff. behandelt werden.

Wenn Sie hier Handlungsbedarf entdeckt haben, können Sie sich noch einmal ausführlich mit dem Thema Zielgruppe und Wunschkunden beschäftigen. Sie erfahren, wie Sie zu den Kunden finden, mit denen Sie wirklich gerne arbeiten möchten – bzw. wie Sie für diese Kunden so attraktiv werden, dass diese gar nicht mehr an Ihnen vorbeikommen.

3. Zugehörigkeit

Haben Sie hier viele Kreuze auf den linken Smileys? Dann haben Sie wahrscheinlich eine ganz gute Vorstellung darüber, welche Ihrer persönlichen und geschäftlichen Beziehungen Ihnen zuträglich sind und welche Ihnen vielleicht eher Energie rauben.

Eher nicht? Dann gibt Ihnen der Mosaikstein „Zugehörigkeit" ab S. 173 ff. die Möglichkeit, zu überlegen, welchen Personen(gruppen) Sie sich vielleicht zuwenden oder von wem Sie sich in Dankbarkeit trennen möchten, um damit wieder mehr Kraft freizusetzen.

4. Außenwirkung

Wie werden Sie von außen wahrgenommen, und an welchen Schräubchen können Sie noch drehen? Wenn Sie hier viele positive Smileys aufweisen, dann kennen Sie die Möglichkeiten, Ihre Angebote so zu platzieren, dass Sie Ihnen ein sicheres und regelmäßiges Einkommen ermöglichen.

Sehen Sie hier überwiegend schwarz, dann können Sie mit dem Mosaikstein „Außenwirkung" ab S. 221 ff. Ihre Produkte und Leistungen auf Herz und Nieren prüfen und checken, worauf Sie ab jetzt Ihren Fokus legen werden.

Kapitel 6

Wahre Größe

Eine gutes Stück Arbeit an dem Mosaik Ihrer unternehmerischen Persönlichkeit liegt hinter Ihnen, und Sie haben sicher einige schwierige Stellen gemeistert. Ist Ihnen manchmal fast ein wenig der Atem weggeblieben, als Sie sich trauten, größer zu denken als bisher, alte Grenzen zu überwinden, neue Perspektiven und Möglichkeiten zu entdecken?

Im Laufe der Jahre habe ich festgestellt, dass viele Gründe für ausbleibenden Erfolg letztlich nur vorgeschoben sind. Ja, wir haben alle mit diversen Blockaden zu kämpfen, es gibt tatsächlich äußere Umstände, die uns bisweilen in unserem Handlungsspielraum einschränken. Das ist alles richtig.

Doch dahinter steckt oft ein ganz anderes Phänomen: die Angst vor der eigenen Größe. Da hat jemand „eigentlich" alle Voraussetzungen, um seine durchaus ambitionierten Vorhaben zu erreichen. Das Ziel ist exakt durchdekliniert, der Zielzustand geankert in allen Sinnesbereichen. Die Vision leuchtet strahlend, Meilensteine sind definiert – eigentlich ist alles im Lot, und eine Zeitlang läuft es auch bestens. Hoch motiviert und mit Freude werden die anstehenden Aufgaben abgearbeitet. Und dann, ganz plötzlich, kommt der Einbruch. Nix geht mehr. All die alten Ängste, Selbstzweifel und Unsicherheiten werden wieder nach oben gespült und gewinnen an Macht.

Wahrscheinlich kennt dieses Phänomen beinahe jeder, der sich und sein Handeln immer wieder in Frage stellt. Das macht ja auch einen Teil unserer Kompetenz aus, dass wir uns nicht so schnell zufriedengeben, uns hinterfragen. Und ganz häufig steht dahinter nicht etwa „angeborene Bescheidenheit". Wir würden ja gern! Wirklich! Etwas in uns weiß doch, dass wir es könnten! Dass es vielleicht sogar unsere Aufgabe ist, unsere wahre Größe zum Vorschein kommen zu lassen, unser volles Potenzial zu nutzen. Und trotzdem … rudern wir zurück, verlieren an Schwung, ja, geben vielleicht sogar auf.

Wir finden natürlich Gründe dafür: Das andere Projekt ist gerade wirklich wichtiger. Es ist halt wieder die alte Angst, hinter der man sich so gut verstecken kann. Die anderen (das Kind, der Partner, die Freunde …) finden das nicht gut oder leiden darunter.

Aber die Wahrheit ist: Damit hat das oft gar nichts zu tun. Was uns hier im Weg steht, ist ein Teil unseres Selbst. Ein Teil, den wir noch nicht gut kennen. Den wir möglicherweise verleugnen, weil er nicht zu unserem Selbstbild passt. Ein Teil unserer Persönlichkeit, der etwas will, was nicht mit dem aktuellen Ziel harmoniert. Dieser Teil schießt quer. Und zwar genau so lange, bis wir gelernt haben, ihn zu erkennen und ihn zu integrieren.

Möglicherweise kennen Sie den folgenden Text von Marianne Williamson, den Nelson Mandela bei seiner Antrittsrede als erster schwarzer Präsident Südafrikas 1994 vorgetragen hat. Er bringt so wunderbar auf den Punkt, wovor wir uns am meisten fürchten:

Unsere tiefgreifendste Angst ist nicht, dass wir
ungenügend sind,
unsere tiefgreifendste Angst ist,
über das Messbare hinaus kraftvoll zu sein.
Es ist unser Licht, nicht unsere Dunkelheit,
die uns am meisten Angst macht.
Wir fragen uns, wer bin ich,
mich brillant, großartig, talentiert, fantastisch zu nennen?
Aber wer bist Du, Dich nicht so zu nennen?
Du bist ein Kind Gottes.
Dich selbst klein zu halten, dient nicht der Welt.
Es ist nichts Erleuchtetes daran, sich so klein zu machen,
dass andere um Dich herum sich nicht unsicher fühlen.
Wir sind alle bestimmt, zu leuchten, wie es die Kinder tun.
Wir sind geboren worden, um den Glanz Gottes, der in uns ist,
zu manifestieren.
Er ist nicht nur in einigen von uns, er ist in jedem Einzelnen.
Und wenn wir unser Licht erscheinen lassen,
geben wir anderen Menschen die Erlaubnis, dasselbe zu tun.
Wenn wir von unserer eigenen Angst befreit sind,
befreit unsere Gegenwart automatisch andere.

Marianne Williamson

Ich hoffe, dass Ihnen die Arbeit mit diesem Buch über alle vier Mosaiksteine hinweg dabei geholfen hat, in Ihre wahre Größe zu kommen und die Angst davor, sich selbst ganz großartig zu finden, zu überwinden. Das ist die eigentliche Magie, auf die es mir ankommt, damit Menschen sich persönlich und unternehmerisch entwickeln.

Wunder passieren nicht so oft. Auch Erfolg kommt selten über Nacht. Wir sind immer wieder gefragt, uns unseren Widerständen zu stellen, beharrlich weiter an unsere Ideen zu glauben und dafür zu arbeiten, sie in die Welt zu bringen.

Für mich macht sich Erfolg nur mittelbar an Zahlen fest. Erfolg führe ich zurück auf Erfüllung, und die stellt sich ein, wenn wir unser volles Potenzial kennen und uns erlauben, es wirklich zu leben, mit allen Konsequenzen. In sehr vielen Fällen, nicht immer, wirkt sich das auch positiv auf den Umsatz aus.

Die Angst vor der wahren Größe ist für viele von uns das größte Hindernis. Wir finden unzählige Wenns und Abers, um uns davor zu drücken, statt das Wagnis einzugehen. Vielleicht hilft Ihnen dazu noch folgender Gedanke: Wer auf einem Berg steht, der kann nicht erkennen, wie groß er ist. Sie schauen an sich herunter, und alles scheint wie immer. Doch andere Menschen stehen am Fuße des Berges und schauen nach oben. Für diese Leute sind Sie eine Riesin oder ein Riese!

Diesen Impuls verdanke ich einer meiner Klientinnen, und dafür bin ich dankbar – ebenso wie für die vielen, vielen anderen Rückmeldungen und wertvollen Anregungen, die ich aus meinen Coachings und Beratungen mitnehmen durfte. Sie alle haben dazu beigetragen, dass ich dieses Buch geschrieben habe und meine Erkenntnisse und Ideen in diese Form bringen konnte.

Ich hoffe und wünsche mir, dass ich wiederum Ihnen den ein oder anderen Anstoß geben konnte, damit Sie Ihr Leben als Coach, Trainer oder Beraterin erfüllt und erfolgreich leben können – sodass sich Ihre ganz eigene Magie als unternehmerische Persönlichkeit voll entfalten kann.

Quellen und Verzeichnisse

Interviewte Unternehmerinnen und Unternehmer

Conni Biesalski

Auf www.planetbackpack.de schreibt Conni Biesalski über das Leben, Reisen und ortsunabhängiges Arbeiten mit Seele. Hier geht es um holistisches Lifestyle Design mit Rucksack auf dem Rücken. Daneben leitet sie Online-Trainings und Präsenz-Workshops und hält Vorträge. Ihr Ziel ist es immer, das Mindset und die Perspektive der Menschen in allen Bereichen des Lebens und Reisens zu erweitern.

▶ *www.planetbackpack.de*

Herbert Haberl

Herbert Haberls Mission ist, mit Einfühlungsvermögen, guten Ideen und wirksamen Methoden Menschen und Organisationen zu bestärken, ihren Einfluss, ihr Wissen, ihre Kreativität, ihren Mut und ihre Fähigkeiten zu nutzen, um Wege zu finden, sich und die Gesellschaft voranzubringen. Er ist seit 12 Jahren selbstständig als zertifizierter Mittelstandsberater und hat zudem zwei Unternehmen gegründet – die Agentur für Erledigungen und die Akademie für Empathie. Die Entfaltung von Empathie und Gestaltung kooperativer Arbeitsweisen ist sein Beitrag für eine ökohumane Wirtschaft und Gesellschaft.

▶ *www.empathieakademie.de*

Carola Heine

Carola Heine aus Düsseldorf ist Online-Marketing Professional und Beraterin. Sie gibt Workshops für Einsteiger und Profis, berät und betreut Unternehmen von Corporate Blog bis Onpage SEO und betrachtet das Internet seit seinen ersten Tagen als Zweitwohnsitz.

▶ *www.carola-heine.de*

Ralf Senftleben

Ralf Senftleben ist seit 1998 Herausgeber von „Zeit zu leben", Unternehmer und Geschäftsführer sowie Autor, Selbstlernkurs-Entwickler und Informatiker. Er legt großen Wert auf Selbstverantwortung, Vielfalt und Flexibilität sowie Lösungsorientierung. Auf „Zeit zu leben" bietet er zusammen mit seinem Team hochwertige, pragmatische, wissenschaftlich fundierte und nützliche Hilfe zur Selbsthilfe.

▶ *www.zeitzuleben.de*

Melanie Vogel

Melanie Vogel ist seit 1999 Unternehmerin aus Überzeugung, Andersdenkerin aus Begeisterung und Impulsgeberin aus Leidenschaft. Als Innovations- und Change-Management-Expertin engagiert sie sich für das Thema Zukunftsfähigkeit von Menschen und Organisationen und bietet inspirierende Impulse, um Veränderungsprozesse sinnstiftend zu gestalten. Sie ist Geschäftsführerin der InnoLead Academy und der AGENTUR ohne NAMEN GmbH, die als Initiatorin der women&work, Deutschlands größtem Messe-Kongress für Frauen, 2012 mit dem Innovationspreis „Land der Ideen" ausgezeichnet wurde.

▶ *www.melanie-vogel.com*

Martin Weiss

Martin Weiss ist seit über 20 Jahren als Trainer, Coach und Autor unterwegs. Zu seinen Kunden zählen Unternehmen wie Daimler oder Bertelsmann. Außerdem betreibt er die Website bigshift.life, auf der er jährlich Tausende von Menschen begleitet, ihren eigenen großen (big) Wandel (shift) von Misstrauen zu Vertrauen, von Gegeneinander zu Miteinander, von Angst zu Liebe zu meistern.

▶ *www.bigshift.life*

Allen meinen Interviewpartnerinnen und -partnern ein herzliches Dankeschön für ihre Offenheit und ihre Bereitschaft, ihre Erfahrungen mit mir zu teilen – sowohl die Stolpersteine als auch die Entwicklungsbeschleuniger.

Weiterführende Literatur

- Alter, U.: Verhandeln als Kommunikationskompetenz, Springer, 2015.
- Ariely, D.: Denken hilft zwar, nützt aber nichts: Warum wir immer wieder unvernünftige Entscheidungen treffen, Droemer TB, 2015.
- Bauer-Jelinek, C.: Die helle und die dunkle Seite der Macht, Ecowin Verlag, 11. Aufl. 2009.
- Beck, D. E. und Cowan, C. C.: Spiral Dynamics – Leadership, Werte und Wandel: Eine Landkarte für das Business, Politik und Gesellschaft im 21. Jahrhundert, Kamphausen 2007.
- Besser-Sigmund, C.: Magic Words. Der minutenschnelle Abbau von Blockaden, Junfermann 2008.
- Bock, P.: Mindfuck. Warum wir uns selbst sabotieren und was wir dagegen tun können, Knaur 2011.
- Büro für Coaching und Organisationsberatung: *http://www.coaching-umfrage.de/PDF/Ergeb%20Coaching-Umfrage%202013.pdf*, 2013.
- Chandler, S. und Litvin, R.: The Prosperous Coach: Increase Income and Impact for You and Your Clients, Maurice Bassett 2013.
- Dijksterhuis, A.: Das kluge Unbewusste: Denken mit Gefühl und Intuition, Klett-Cotta 2010.
- Dilts, R.: Die Veränderung von Glaubenssystemen: NLP-Glaubensarbeit, Junfermann 2006.
- Dilts, R.: Professionelles Coaching mit NLP, Junfermann Verlag 2005.
- Engels, M.: Das Geheimnis der erfolgreichen Unternehmerpersönlichkeit: 18 Eigenschaften für mehr Erfolg – Praxisbuch mit Arbeitshilfen und Checklisten, BoD 2008.
- Ferriss, T.: Die 4-Stunden-Woche: Mehr Zeit, mehr Geld, mehr Leben, Ullstein Taschenbuch 2015.
- Fredrickson, B. L.: Die Macht der guten Gefühle, Campus 2011.
- Gernig, K.: Werde was du kannst, Murmann Verlag 2014.

- Gigerenzer, G.: Bauchentscheidungen: Die Intelligenz des Unbewussten und die Macht der Intuition, Goldmann 2008.
- Graf, J.: Honorar- und Gehaltstudie für Trainer, Berater und Coachs. Weiterbildungsszene Deutschland 2013, managerSeminare Verlags GmbH 2013.
- Grochowiak, K.: Fachvortrag „Ordnungen der Macht II", Dez. 2004.
- Hall, S. und Stringer, J.: Das Leuchtturm-Prinzip. Wie Sie die richtigen Kunden gewinnen, Gabal 2006.
- Hamburger, N.: Glücklich als Trainer: So bleiben Sie kraftvoll selbstständig, managerSeminare Verlags GmbH 2008.
- Hamburger, N.: Was Deutschlands Trainer bewegt, managerSeminare Verlags GmbH 2008.
- Höcker, A.: Business Hero: Eine Heldenreise in 7 Etappen, Gabal 2010.
- Kast, B.: Wie der Bauch dem Kopf beim Denken hilft: Die Kraft der Intuition, Fischer Taschenbuch 2009.
- Kierdorf, W. H.-D.: Wie man ein verdammt gutes Unternehmen gründet - Band 1: Der ganzheitliche Unternehmer: Alles, was Sie als Gründer und Unternehmer wissen müssen, BoD 2011.
- Kopp-Wichmann, R.: Gewohnheiten verändern durch Achtsamkeit. Intelligent. Dauerhaft. Ohne Druck, Kindle Edition 2014.
- Kreggenfeld, U.: Erfolgreich systemisch verhandeln, Springer Gabler 2014.
- Liebmann, H.: Der Nasenfaktor. Wie Berater sich unverwechselbar positionieren, Gabler 2007.
- Mischel, W.: Der Marshmallow-Test, Siedler 2015.
- Nussbaum, C.: Organisieren Sie noch oder leben Sie schon? Zeitmanagement für kreative Chaoten, Campus 2010.
- Pricken, M. und Klell, C.: Kribbeln im Kopf. Creative Sessions, Verlag Hermann Schmidt Mainz, 3. Aufl. 2007.
- Ries, E.: Lean Startup: Schnell, risikolos und erfolgreich Unternehmen gründen, Redline Verlag 2014.
- Scheuermann, U.: Das Leben wartet nicht: 7 Schritte zum Wesentlichen, Knaur MensSana TB 2011.
- Schmid, B. und König, O.: Train the Coach: Methoden. Übungen und Interventionen für die professionelle Weiterbildung von Coachs, Teamcoachs, Change-Agents, Organisationsentwicklern und Führungskräften, managerSeminare Verlags GmbH 2014.
- Schmid, W.: Ich plädiere für das Glück der Fülle, in: *http://www.welt.de/print-wams/article134958/Ich-plaediere-fuer-das-Glueck-der-Fuelle.html*

- Sher, B.: Du musst dich nicht entscheiden, wenn du tausend Träume hast, Deutscher Taschenbuchverlag 2008.
- Stollreiter, M.: Act Big! Das oscarverdächtige Programm für mehr Glück und Erfolg, Campus 2014.
- Strelecki, J.: The Big Five for Life: Was wirklich zählt im Leben, Deutscher Taschenbuch Verlag 2009.
- Wehrle, M.: Die 50 kreativsten Coaching-Ideen, managerSeminare Verlags GmbH 2014.
- Weisner, J.: Erfolgreiche Gewohnheiten: Vergiss Selbstdisziplin, erfolgreiche Gewohnheiten bringen Dich voran, OG-Verlag 2008.
- Weiss, M.: Quest: Die Sehnsucht nach dem Wesentlichen, Junfermann 2006.
- Wilber, K.: Wege zum Selbst: Östliche und westliche Ansätze zu persönlichem Wachstum, Goldmann 2008.
- Wiseman, R.: Wie Sie in 60 Sekunden Ihr Leben verändern, Fischer Tschenbuch Verlag 2013.
- Zeuch, A.: Feel it! So viel Intuition verträgt Ihr Unternehmen, Wiley-VCH Verlag 2010.

Stichwortverzeichnis

N

O

P

Q

R

S

T

U

V

W

X

Z